“十二五”职业教育国家规划教材

经全国职业教育教材审定委员会审定

U0727477

C#程序设计实训教程

新世纪高职高专教材编审委员会 组编

主　编　汤承林

副主编　张兴飞　张中兴

　　　　刘　艳　刘升贵

大连理工大学出版社

图书在版编目(CIP)数据

C♯程序设计实训教程 / 汤承林主编. — 大连：大
连理工大学出版社，2015.8(2018.7 重印)
新世纪高职高专软件专业系列规划教材
ISBN 978-7-5611-8604-6

Ⅰ．①C… Ⅱ．①汤… Ⅲ．①C 语言—程序设计—高等
职业教育—教材 Ⅳ．①TP312

中国版本图书馆 CIP 数据核字(2014)第 023769 号

大连理工大学出版社出版

地址：大连市软件园路 80 号　邮政编码：116023
发行：0411-84708842　邮购：0411-84708943　传真：0411-84701466
E-mail：dutp@dutp.cn　URL：http://dutp.dlut.edu.cn
大连日升彩色印刷有限公司印刷　　大连理工大学出版社发行

幅面尺寸：185mm×260mm　　印张：20.5　　字数：523 千字
2015 年 8 月第 1 版　　　　2018 年 7 月第 4 次印刷

责任编辑：高智银　　　　　　　　责任校对：李　慧
封面设计：张　莹

ISBN 978-7-5611-8604-6　　　　　　定　价：46.80 元

总　序

　　我们已经进入了一个新的充满机遇与挑战的时代,我们已经跨入了 21 世纪的门槛。

　　20 世纪与 21 世纪之交的中国,高等教育体制正经历着一场缓慢而深刻的革命,我们正在对传统的普通高等教育的培养目标与社会发展的现实需要不相适应的现状做历史性的反思与变革的尝试。

　　20 世纪最后的几年里,高等职业教育的迅速崛起,是影响高等教育体制变革的一件大事。在短短的几年时间里,普通中专教育、普通高专教育全面转轨,以高等职业教育为主导的各种形式的培养应用型人才的教育发展到与普通高等教育等量齐观的地步,其来势之迅猛,发人深思。

　　无论是正在缓慢变革着的普通高等教育,还是迅速推进着的培养应用型人才的高职教育,都向我们提出了一个同样的严肃问题:中国的高等教育为谁服务,是为教育发展自身,还是为包括教育在内的大千社会? 答案肯定而且唯一,那就是教育也置身其中的现实社会。

　　由此又引发出高等教育的目的问题。既然教育必须服务于社会,它就必须按照不同领域的社会需要来完成自己的教育过程。换言之,教育资源必须按照社会划分的各个专业(行业)领域(岗位群)的需要实施配置,这就是我们长期以来明乎其理而疏于力行的学以致用问题,这就是我们长期以来未能给予足够关注的教育目的问题。

　　众所周知,整个社会由其发展所需要的不同部门构成,包括公共管理部门如国家机构、基础建设部门如教育研究机构和各种实业部门如工业部门、商业部门,等等。每一个部门又可做更为具体的划分,直至同它所需要的各种专门人才相对应。教育如果不能按照实际需要完成各种专门人才培养的目标,就不能很好地完成社会分工所赋予它的使命,而教育作为社会分工的一种独立存在就应受到质疑(在市场经济条件下尤其如此)。可以断言,按照社会的各种不同需要培养各种直接有用人才,是教育体制变革的终极目的。

随着教育体制变革的进一步深入,高等院校的设置是否会同社会对人才类型的不同需要一一对应,我们姑且不论,但高等教育走应用型人才培养的道路和走研究型(也是一种特殊应用)人才培养的道路,学生们根据自己的偏好各取所需,始终是一个理性运行的社会状态下高等教育正常发展的途径。

高等职业教育的崛起,既是高等教育体制变革的结果,也是高等教育体制变革的一个阶段性表征。它的进一步发展,必将极大地推进中国教育体制变革的进程。作为一种应用型人才培养的教育,它从专科层次起步,进而应用本科教育、应用硕士教育、应用博士教育……当应用型人才培养的渠道贯通之时,也许就是我们迎接中国教育体制变革的成功之日。从这一意义上说,高等职业教育的崛起,正是在为必然会取得最后成功的教育体制变革奠基。

高等职业教育才刚刚开始自己发展道路的探索过程,它要全面达到应用型人才培养的正常理性发展状态,直至可以和现存的(同时也正处在变革分化过程中的)研究型人才培养的教育并驾齐驱,还需假以时日;还需要政府教育主管部门的大力推进,需要人才需求市场的进一步完善,尤其需要高职高专教学单位及其直接相关部门肯于做长期的坚韧不拔的努力。新世纪高职高专教材编审委员会就是由全国100余所高职高专院校和出版单位组成的、旨在以推动高职高专教材建设来推进高等职业教育这一变革过程的联盟共同体。

在宏观层面上,这个联盟始终会以推动高职高专教材的特色建设为己任,始终会从高职高专教学单位实际教学需要出发,以其对高职教育发展的前瞻性的总体把握,以其纵览全国高职高专教材市场需求的广阔视野,以其创新的理念与创新的运作模式,通过不断深化的教材建设过程,总结高职高专教学成果,探索高职高专教材建设规律。

在微观层面上,我们将充分依托众多高职高专院校联盟的互补优势和丰裕的人才资源优势,从每一个专业领域、每一种教材入手,突破传统的片面追求理论体系严整性的意识限制,努力凸现高职教育职业能力培养的本质特征,在不断构建特色教材建设体系的过程中,逐步形成自己的品牌优势。

新世纪高职高专教材编审委员会在推进高职高专教材建设事业的过程中,始终得到了各级教育主管部门以及各相关院校相关部门的热忱支持和积极参与,对此我们谨致深深谢意;也希望一切关注、参与高职教育发展的同道朋友,在共同推动高职教育发展、进而推动高等教育体制变革的进程中,和我们携手并肩,共同担负起这一具有开拓性挑战意义的历史重任。

新世纪高职高专教材编审委员会

2001 年 8 月 18 日

前　言

《C#程序设计实训教程》是"十二五"职业教育国家规划教材，也是新世纪高职高专教材编审委员会组编的软件专业系列规划教材之一。

现今，C#作为软件开发的高级语言之一，已经被很多程序设计者所接收，它简单易学，易于实现，是信息管理、软件技术、计算机网络技术等专业的核心课程内容，在人才培养中占有重要的地位和作用。

本教材的编写理念是：以就业为导向、以学生为主体，着眼于学生职业生涯发展，注重职业技能的培养。在教材编写过程中，选材内容紧密结合行业生产实际，与行业、企业共同开发，融"教、学、做"为一体的任务，既考虑教材内容的实用性，与行业、企业结合的紧密性，又体现"教中学、做中学"的教学方法。编者将教材内容结构组织成"单元、任务、子任务"的形式，与传统教材的"章、节、小节"对应，在任务的标题上体现知识的连续、递增，但又不拘泥于传统模式，采用"使用×××操作×××"这样的动宾结构语法，既使读者知道所学的知识（理论），又能体现需要学习的技能。

每个任务或子任务分为知识准备、任务要求、任务分析、操作步骤和注意点五个环节。

知识准备：简述任务所需的基础知识；

任务要求：详细讲解任务所涉及的操作；

任务分析：通过任务分析，提高学生分析问题和解决问题的能力；

操作步骤：给出任务的详细操作步骤，使学生通过"学、仿、做"达到理论与实践的统一；

注意点：易犯错误的提示以及任务知识的扩展，起到举一反三的作用。

本教材以任务形式讲解C#程序设计基础和实训内容，共分两部分，第一部分讲解C#程序设计基础，第二部分讲解C#程序设计实训。

第一部分为C#程序设计基础，共分三个单元，十个任务，36个子任务，基础部分以一个学生成绩表信息贯穿基础知识、面向对象和数据库操作。

单元1：使用C#基础知识操作学生成绩表。本单元主要讲解C#程序的语法基础知识，要求学习者理解、掌握C#的基本语法、数据类型、程序的三种基本结构。

单元2:使用面向对象知识操作学生成绩表。本单元主要讲解C#的面向对象基础知识,要求学习者理解、掌握对象、类、属性、方法、继承与多态、抽象类和接口等。

单元3:使用WinForms操作学生成绩表。本单元主要讲解使用ADO.NET控件访问数据库和ADO.NET对象访问数据库技术,实现对数据库表中数据的增、删、改、查操作。

第二部分为C#程序设计实训,共分四个单元,24个任务,36个子任务,实训内容以一个数据库(POS进销存数据库)贯穿教学过程中,学生不必在多个数据库之间来回穿梭,更容易理解与掌握。

单元1:POS进销存管理系统设计。本单元主要介绍"POS进销存后台管理系统"中的数据库(表建立,数据库连接,数据库表中数据的增、删和改)操作方法、系统登录功能的设计、数据库操作类的构造、系统主界面(主菜单、工具栏和状态栏)的设计。

单元2:后台管理系统中的基础资料和采购入库功能设计。本单元主要介绍基础信息的录入(供应商信息、商品信息、商品类别和商品计量单位)、采购入库模块功能(主界面、初始化工作和辅助录入)设计与实现、水晶报表打印采购入库单的设计与实现。

单元3:后台管理系统中的查询统计和权限管理等功能设计。本单元主要介绍商品查询统计功能的实现,它包括模块功能的介绍、商品分类采购统计功能、Excel统计报表的输出、用户设置与权限管理功能的设计与实现。

单元4:POS商品销售前台管理系统功能实现。本单元主要介绍"POS商品销售前台管理系统"中模块功能介绍、主界面设计、初始化工作、商品信息录入、商品销售和使用RDLC报表打印销售小票等功能。

本部分还有一大亮点是报表输出功能:单元2"采购入库单"采用水晶报表;单元3"查询统计"采用Excel输出统计报表;单元4销售"小票打印"采用RDLC报表。

本教材编程环境是Visual Studio 2010,所有程序都在此环境调试通过。

本教材由淮安信息职业技术学院汤承林任主编,内蒙古电子信息职业技术学院张兴飞、郑州信息科技职业学院张中兴、湖南网络工程职业学院刘艳、淮安信息职业技术学院刘升贵任副主编。本教材编写分工如下:第一部分单元1由汤承林编写,单元2由张中兴编写,单元3由刘艳编写;第二部分单元1和单元2由张兴飞编写,单元3和单元4由刘升贵编写。在教材编写过程中还得到了淮信科技有限公司姜仲秋研究员级高工、管曙亮高工的大力帮助,在此深表感谢。

由于时间仓促,加之编者水平有限,书中难免存在不当之处,敬请广大读者批评指正,并将意见和建议反馈给我们,以便修订时改进。

编　者

2015 年 8 月

所有意见和建议请发往:dutpgz@163.com

欢迎访问教材服务网站:http://www.dutpbook.com

联系电话:0411-84707492　84706104

目录

第一部分 C#程序设计基础

第二部分 C#程序设计实训

第一部分

C#程序设计基础

本单元目标

- 理解与掌握 C# 的数据类型、运算符和表达式基础知识；
- 理解.NET Framework 框架知识；
- 理解 C# 的顺序、选择和循环三种程序结构知识及其使用方法；
- 理解与掌握一维数组、二维数组的概念及使用方法。

任务 1　使用 Visual C#. NET 集成开发环境创建一个控制台应用程序

1. 知识准备

📖 Microsoft . NET 平台概述

2000 年，Microsoft 公司正式推出了 Microsoft . NET，该平台为开发者进行网络计算应用提供了两个技术支持：一是 Microsoft . NET 虚拟机，也就是说在该平台下，开发的程序源代码首先被编译成与处理器无关的中间语言（Microsoft Intermediate Language，MSIL）代码，当程序运行时，利用即时编译（Just-in-Time，JIT）把中间语言代码编译成特定 CPU 和操作系统的本机机器语言代码进行运行，这就实现了程序跨平台的良好移植性；二是开发出了面向对象的程序开发语言——C#，该语言是专门为.NET 应用开发的。

首先，Microsoft . NET 是一个开发平台，定义了一种公用语言子集（Common Language Subset，CLS），这是一种为符合其规范的语言与类库之间提供了无缝集成的混合语言；其次，Microsoft . NET 统一了编程类库，提供了对下一代网络通信标准 XML（eXtensible Markup Language）的完全支持；再次，Microsoft . NET 还实现了人机交互方面的革命，如在软件中添加手写和语言识别等功能，增加了对各种用户终端的支持能力。总之，Microsoft . NET 是一种面向网络、支持各种用户终端的开发平台环境。

📖 . NET Framework 框架简介

. NET Framework 是 . NET 平台的基础架构，其强大功能来自于公共语言运行库（Common Language Runtime，CLR，简称"运行库"）和基础类库（Basic Class Library，BCL）。. NET Framework 包括 Windows Forms ADO. NET 和 ASP. NET，二者紧密结合在一起，提供了不同系统之间交叉与综合的解决方案和服务,. NET Framework 创造了一个完全可操控的、安全的、特性丰富的应用执行环境，这不但使得应用程序的开发与发布更加简单，并且成就了众多种类语言间的无缝集成。

. NET Framework 包含 CLR 和统一的类库集。

重用代码，避免重复开发并缩短开发时间，这一直是软件开发人员的目标.. NET

Framework 提供了许多开发人员可重用的基础类,包括线程、文件 I/O、数据库支持、XML 分析和数据结构等各个方面。并且这些类库可以用于所有支持.NET Framework 的编程语言。通过 CLR 支持,任何.NET 语言都可使用.NET 类库中的所有类,例如 VB.NET、C♯ 和 C++.NET,实际上使用的都是.NET 提供的统一的基础类,这意味着对一种语言可用的功能对于任何其他任何.NET 语言也是可用的。

除 CLR 和类库之外,.NET Framework 还包括编程语言和 ASP.NET。其中,支持.NET Framework 的编程语言有 C♯、VC++、VB.NET 和 JScript。ASP.NET 主要用于简化 Web 应用和服务的开发,不但是传统意义上的应用和服务,而且包括移动设备上的应用和开发。

.NET Framework 框架如图 1-1 所示。

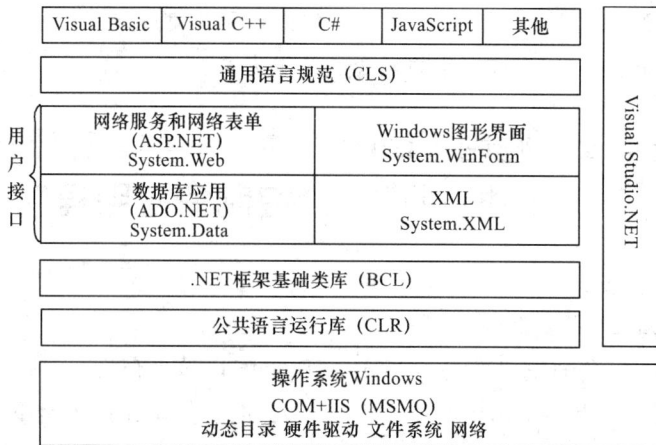

Visual Basic	Visual C++	C#	JavaScript	其他

通用语言规范 (CLS)

用户接口	网络服务和网络表单 (ASP.NET) System.Web	Windows图形界面 System.WinForm	Visual Studio.NET
	数据库应用 (ADO.NET) System.Data	XML System.XML	

.NET框架基础类库 (BCL)

公共语言运行库 (CLR)

操作系统Windows
COM+IIS (MSMQ)
动态目录 硬件驱动 文件系统 网络

图 1-1 .NET Framework 框架

(1)公共语言运行时(CLR)

.NET Framework 框架是一组用于建立 Web 服务器应用程序和 Windows 桌面应用程序的软件组件,在该平台下开发的应用程序是在 CLR 的控制下运行的。

.NET Framework 的主要目的之一是将各种运行时环境组合起来,使开发人员可以使用单一的运行时服务。CLR 为与.NET Framework 配合使用的任何语言提供了诸如内存管理、安全性和错误处理等功能。.NET 中的所有代码都由 CLR 管理,因此称为"托管代码"。托管代码包含关于代码的信息,例如在代码中定义的类、方法和变量。

(2)公用语言规范(CLS)

公用语言规范(Common Language Specification,CLS),是 CLR 定义的语言特性集合,主要用来解决互操作问题。

CLS 是确保.NET Framework 中语言互操作性的功能。.NET Framework 将 CLS 定义为一组规则,所有.NET 语言都应该遵循此规则才能创建与其他语言可互操作的应用程序。但是,最重要的是,为了使各种语言可以互操作,只能使用具有 CLS 中列出的功能对象,这些功能统称为与 CLS 兼容的功能。

2. 任务要求

用 C♯编写一个控制台应用程序,输出一行"张小楼,310111 班。",再输出一行"这是我编写的第一个 C♯程序。"。

3. 任务分析

(1)Visual Studio 2010 主界面中"解决方案资源管理器"窗口的功能是显示一个应用程序中的所有属性以及组成该应用程序的所有文件,包括"解决方案""Ex1_1""Properties""引用"和"Program. cs"等。

①解决方案"Ex1_1"。它是顶级的解决方案文件,每个应用程序都有一个类似的文件。根据该项目的创建路径,找到"Ex1_1"项目文件夹,可以看到该解决方案文件,即"Ex1_1. sln"。每个解决方案文件都包含一个或多个项目文件的引用。

②Ex1_1。"Ex1_1"是 C♯ 项目文件,其名称为"Ex1_1. csproj"。每个项目文件都引用一个或者多个包含项目源程序的文件。

③Properties。查看"Ex1_1"项目文件夹可知,"Properties"是其中的一个文件夹,包含一个名为"AssemblyInfo. cs"的文件,该文件是一个特殊的文件,可以用该文件在一个属性中添加如"作者""日期"等属性。

④引用。该文件包含对程序可用的已编译代码的引用。

⑤Program. cs。从代码窗口上方的选项卡中,也可以找到"Program. cs"。很显然,这是一个 C♯ 源代码文件,用户编写的代码都包含在这个文件中,同时 Visual Studio 2010 自动创建的一些代码也被保存在其中。

(2)编写这样的一个控制台应用程序,使读者学习 Visual C♯ 2010 集成开发环境。在类 Program 的 Main 方法中输入如下两行代码:

```
Console.WriteLine("张小楼,310111 班。");
Console.WriteLine("这是我编写的第一个 C♯ 程序。");
```

"Console"是"控制台"之意,"WriteLine"指输出一行信息并换行。

4. 操作步骤

(1)打开 Visual C♯ 2010 开发环境。单击"开始"→"程序"→"Microsoft Visual Studio 2010"→"Microsoft Visual Studio 2010",打开 Visual Studio 2010 集成开发环境,如图 1-2 所示。

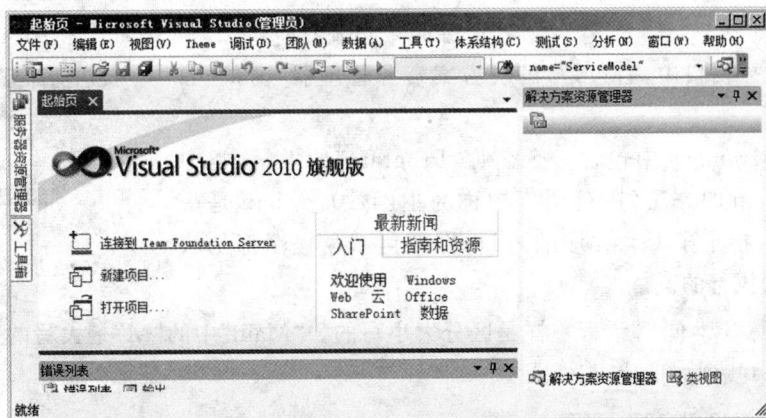

图 1-2　Visual Studio 2010 集成开发环境

(2)选择"文件"→"新建"→"项目"选项(或在起始页中选择"新建项目"),弹出如图 1-3 所示的"新建项目"对话框。

图1-3　Visual Studio 2010"新建项目"对话框

（3）选择 Visual C# 项目的"▣控制台应用程序"，输入项目的名称"Ex1_1"，并选择项目的位置，然后单击"　确定　"按钮，出现 Visual Studio 2010 的主界面，如图1-4 所示。

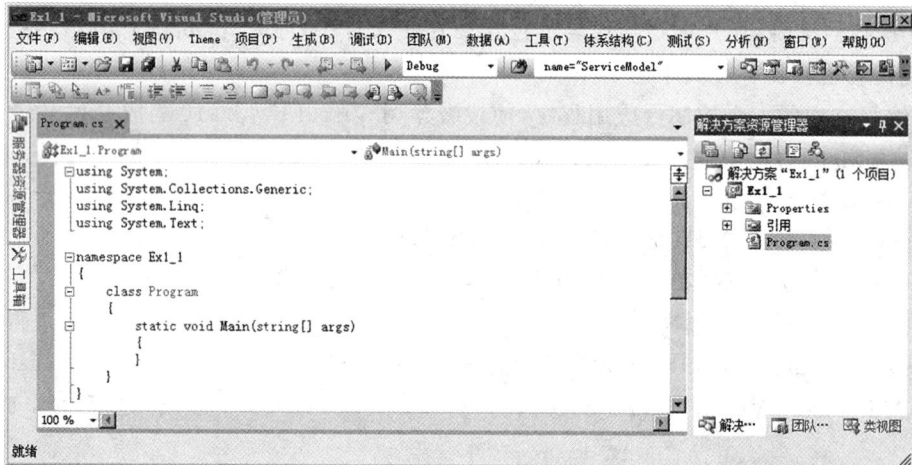

图1-4　主界面

（4）在图1-4 窗口中，右边是"解决方案资源管理器"窗口，如图1-5 所示。

（5）在 Program.cs 中包含一个名为"Program"的类，该类中有一个名为 Main 的方法（在 C 语言中称为主函数）。Main 是一个特殊的方法，指定了 C# 程序的入口，即任何 C# 程序都是从 Main 方法开始执行的。

图1-5　"解决方案资源管理器"窗口

一定要注意，C# 同 C 语言一样是区分大小写的。"Main"中的"M"是大写的。

在图1-4 中找到如下代码：

```
static void Main(string[] args)
{
}
```

其中，"{"表示 Main 函数程序块的开始；"}"表示 Main 函数程序块的结束。

在花括号内添加相应代码，加入代码后 Main 方法如下：

```
static void Main(string[] args)
{
    Console.WriteLine("张小楼,310111 班。");
    Console.WriteLine("这是我编写的第一个 C♯程序。");
}
```

　　"Console.WriteLine("张小楼,310111 班。");"称为语句。C♯中的语句,必须以分号";"结束。

　　"Console.WriteLine();"中"Console"是一个类,而"WriteLine()"是"Console"类的一个方法,用于在控制台输出文本。

　　编写完代码如图 1-6 所示。

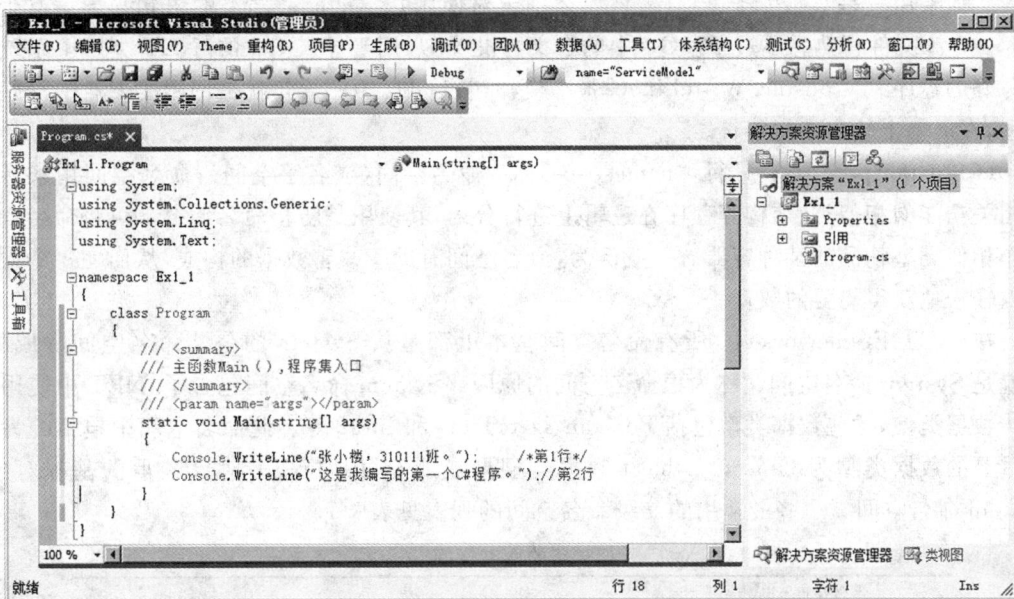

图 1-6　任务 1 代码

　　(6)生成并运行控制台应用程序。选择"生成"→"生成解决方案"菜单项,生成的过程中会在代码编辑器的下方出现一个输出窗口,如图 1-7 所示。

图 1-7　输出窗口

　　(7)在输出窗口中,提示程序编译完成,并显示了生成过程中发生的错误警告。本程序非常简单,只包括两行代码,在输入正确的情况下,不会有任何的错误和警告。

　　选择"调试"→"开始执行(不调试)"选项,即弹出一个窗口,显示程序的运行结果,如图 1-8 所示。

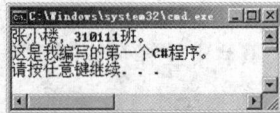

图 1-8　输出窗口

5. 注意点

（1）输入"Console. WriteLine()"有一个快捷方法：输入"C＋W＋Tab＋Tab"，"Tab"为键盘上的"Tab"键。

（2）输入方法"WriteLine"后面的括号时，要养成良好的习惯，即连续地输入匹配的字符对，然后再填写其中的内容，这样可以有效地避免因遗忘配对的结束字符而造成的程序错误。

（3）如果没有输出窗口，可以选择"视图"→"输出"选项实现。

（4）"Console. WriteLine("张小楼，310111 班。")；"语句也可以书写成"System. Console. WriteLine("张小楼，310111 班。")；"，表示 Console 类属于命名空间 System 中。

（5）"using System. Text；"表示导入命名空间。高级语言总是依赖于许多系统预定义的元素。如果用户是 C 或 C＋＋程序员，那么一定对使用"＃include"之类的语句来导入其他 C 或 C＋＋源文件再熟悉不过了。C＃中的含义与此类似，用于导入 C＃的. NET 类库中系统预先写好的程序。"Console. WriteLine("张小楼，310111 班。")；"语句就是调用了 C＃中写好的程序，在屏幕上输出一行字符。

（6）"namespace Ex1_1"行，"namespace"称为命名空间（或名字空间），命名空间用来将具有相关功能的相似类、结构等程序在逻辑上进行分组，其使用是防止命名冲突。可将命名空间看作相似类型物品的某种容器。一般认为，命名空间有助于改善数据的构成，从而使每个人都可以轻松地获得想要的数据。

在. NET Framework 中，所有命名空间基本上都是从 System 的公共命名空间形成的。这就是 System 命名空间又称为根命名空间的原因。System 命名空间包含了. NET 中使用的公共数据类型，这些数据类型包括 Boolean、DateTime 和 Int32 等。此命名空间中包括的另一个重要的数据类型为 Object。Object 数据类型形成所有其他. NET 对象继承的基本对象。System 命名空间下一些最常用的二级命名空间的列表见表 1-1。

表 1-1　　　　　　　　　　常用的命名空间

命名空间	说　明
System. Data	处理数据访问和管理；在定义 ADO. NET 技术中起重要作用
System. IO	管理对文件和流的同步和异步访问
System. Windows	处理基于窗体的 Windows 创建
System. Reflection	包含用于从程序集里读取元数据的类
System. Threading	包含用于多线程编程的类
System. Collections	包含不同的接口和类，这些接口和类用来定义不同的对象

命名空间的声明语法一般格式如下：

```
namespace ABC
{…}
```

（7）注释。注释有助于程序的阅读，提高程序的可读性。

C＃中注释分以下两种：

①块注释

C＃中的块注释（即多行注释，注释内容写在多个代码行）通常用来注释掉一个代码块，当然也可以作为代码的解释。编码时，通常要尽量避免使用块注释。实际上块注释是很少使用到的，一般仅在需要注释掉一段代码或注释内容很多时使用。

例如，"／＊XXXXXX＊／"用"／＊"和"＊／"括住文本。

②单行注释

C♯中的行注释(即注释内容写在同一行)通常用来注释掉一行代码。当然也可以作为代码的单行注释且单独成一行时,书写行注释时必须要将其缩进到与代码对齐。

例如,"//XXXXX"用"//"打头。

任务2　使用数据类型、运算符和表达式操作学生成绩信息

任务2.1　使用变量和变量的简单数据类型操作一名学生成绩信息

1.知识准备

📖 **标识符和关键字**

(1)标识符的命名规则和命名规范

在任务1中,我们没有使用更多符号来表示一个对象,在本任务中我们将接触更多的对象。为了区分各个对象,必须给每个对象定义一个具体的名称,这个名称称为标识符。

标识符是计算机语言里常用的一个术语,就是用户自己定义的一系列字符序列。在Visual C♯ 2010 中,常量、变量、函数和类等的命名必须遵循一定的规则,人们把符合这些规则的名称称为 Visual C♯ 2010 的合法标识符,这些规则是:

①标识符必须由字母、十进制数字、下划线"_"或汉字组成,且只能以字母、下划线或汉字开头。

②如果以下划线开头,则必须至少包括一个其他字符。

③不能是 Visual C♯ 2010 中的关键字(保留字)。

④区分大小写。

在 C♯中变量常采用"Camel(骆驼)"表示法,即标识符第一个单词的首字母小写,而后面连接的单词的首字母都大写,如"stuName"。

在 C♯中类、结构和方法等常采用"Pascal(帕斯卡)"表示法,即标识符第一个单词的首字母及后面连接的单词的首字母都大写,如类名"StuScore"。

(2)关键字

关键字是指 C♯中已经被系统赋予了特殊含义的标识符,又称为保留字。C♯中有 76 个保留字,见表 1-2。

表 1-2　　　　　　　　　　　　　　　C♯中的关键字

abstract	as	base	bool	break	byte
case	catch	char	checked	class	const
continue	decimal	default	delegate	do	double
else	enum	event	explicit	extern	false
finally	fixed	float	for	foreach	goto
if	implicit	in	int	interface	internal
is	lock	long	namespace	new	null
object	operator	out	override	params	private
protected	public	readonly	ref	return	sbyte

sealed	short	sizeof	stackalloc	static	string
struct	switch	this	throw	true	try
typeof	uint	ulong	unchecked	unsafe	ushort
using	virtual	void	while		

📖 变量与常量

编写应用程序时，变量和常量是经常用到的，变量和常量的使用让代码更具有可读性、更容易维护。

（1）常量

使用 const 修饰符声明的变量称为常量。变量的值在程序执行过程中会改变，而常量代表的是永远不会改变的数据。声明常量时要设置常量值，例如"const int x＝10；"。

用 const 定义的常量，对于所有类对象而言都是一样的，因此需要像访问静态成员那样去访问 const 定义的常量，而用对象的成员方式去访问会出现异常错误。

常量在声明时，可以在 const 修饰符前加上常量修饰符 public、protected、internal 或 private。

（2）变量

程序要对数据进行读、写和运算等操作，当需要保存特定的值或计算结果时就需要用到变量（Variable）。在计算机中变量代表存储地址，而变量的类型决定了存储在变量中的数值的类型。变量可以在定义时被赋值，也可以在定义时不赋值。在定义时赋值的变量也就有了一个初始值。

变量的命名要符合标识符的命名规则，在命名时应给出具有描述性质的名称，这样写出来的程序便于理解。

在 Visual C♯ 2010 中，声明变量的语法格式为：

［访问修饰符］＜数据类型＞＜变量名＞［＝＜表达式＞］［，变量名＞＝［＜表达式＞］］

说明：

①"＜变量名＞"遵循 C♯合法标识符的命名规则。

②"［＝＜表达式＞］"为可选项，可以在声明变量时给其赋初值（变量的初始化）。例如：

```
float x = 12.4f;
```

等价于：

```
float x;x = 12.4f;
```

③一行可以声明多个相同类型的变量，且只需指定一次数据类型，变量与变量之间用逗号分开。例如：

```
float x = 2.3f,y = 23.1f,z = 3333.123f;
```

④"［访问修饰符］"为可选项。访问修饰符的作用见下面的访问修饰符知识点。

（3）访问修饰符

访问修饰符是用来描述对变量的访问级别和是否是静态变量等，包括 public、private、protected、internal 和 protected internal 五种类型，其基本含义见表 1-3。

表 1-3　　　　　　　　　　　　　　访问修饰符的含义

访问修饰符	含　义
public	访问不受限制，可以被任意存取

（续表）

访问修饰符	含　义
protected	访问仅限于本类或从本类派生的类
internal	访问仅限于当前程序集，即只可以被本组合体（Assembly）内所有的类存取，组合体是 C#语言中类被组合后的逻辑单位和物理单位，其编译后的文件扩展名通常是“.DLL”或“.EXE”
protected internal	唯一的一种组合限制修饰符，只可以被本组合体内所有的类和这些类的继承子类所存取
private	访问仅限于本类

📖 数据类型

应用程序总是需要处理数据，而现实世界中的数据类型多种多样，我们必须让计算机了解需要处理什么样的数据，采用哪种方式进行处理，以及按什么格式保存数据，等等。

其实，任何一个完整的程序都可以看成是一些数据和作用于这些数据上的操作的说明。每一种高级语言都为开发人员提供一组数据类型，不同的语言提供的数据类型不尽相同。

对于程序中的每一个用于保存信息的量，使用时我们都必须声明它的数据类型以便编译器为它分配内存空间。C#的数据类型主要分为两大部分值类型和引用类型（还有指针类型），如图 1-9 所示。

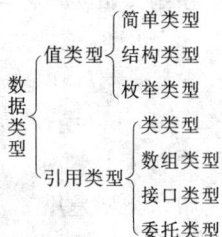

图 1-9　C#中的数据类型

（1）值类型

在具体讲解各种类型之前，我们先提一下变量的概念，从用户角度来看变量就是存储信息的基本单元；从系统角度来看变量就是计算机内存中的一个存储空间。

值类型与引用类型的基本区别在于它们在内存中的存储方式。值类型只将值存放在内存中，在变量的存储单元中存储的是变量的具体的值，这些值类型数据存放在一个叫“栈”的内存特殊区域，如 int、char、float 等。如图 1-10 所示，x、y、z 为三个变量，所在单元的地址假定为 1000、1004、1008。

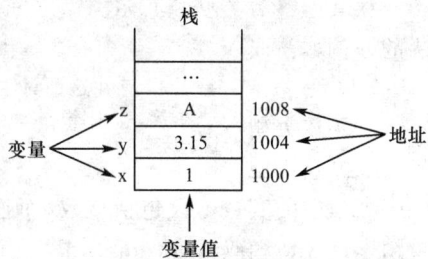

图 1-10　值类型示意图

C#的值类型可以分为以下几种：

- 简单类型（Simple types）
- 结构类型（Struct types）
- 枚举类型（Enumeration types）

简单类型，有时人们也称为纯量类型，是直接由一系列元素构成的数据类型。C#语言中为我们提供了一组已经定义的简单类型。从计算机的表示角度来看这些简单类型可以分为整数类型、布尔类型字符类型和实数类型。

①整数类型

顾名思义，整数类型的变量的值为整数。

C#中有八种整数类型：短字节型（sbyte）、字节型（byte）、短整型（short）、无符号短整型（ushort）、整型（int）、无符号整型（uint）、长整型（long）、无符号长整型（ulong）。划分的依据是根据该类型的变量在内存中所占的位数。位数的概念是按照 2 的指数幂来定义的，比如说 8 位整数则它可以表示 2 的 8 次方个数值，即 256。

这些整数类型在数学上的表示以及在计算机中的取值范围见表1-4。

表 1-4　　　　　　　　　　　　整数类型

数据类型	特　征	取值范围	说　明
sbyte	有符号 8 位整数	$-2^7 \sim 2^7-1$	默认值 0
byte	无符号 8 位整数	$0 \sim 2^8-1$	默认值 0
short	有符号 16 位整数	$-2^{15} \sim 2^{15}-1$	默认值 0
ushort	无符号 16 位整数	$0 \sim 2^{16}-1$	默认值 0
int	有符号 32 位整数	$-2^{31} \sim 2^{31}-1$	默认值 0
uint	无符号 32 位整数	$0 \sim 2^{32}-1$	默认值 0
long	有符号 64 位整数	$-2^{63} \sim 2^{63}-1$	默认值 0
ulong	无符号 64 位整数	$0 \sim 2^{64}-1$	默认值 0

在刚开始学习 C♯ 时,不可能一下子掌握这么多数值类型,可以先记住以下几种:

- int 型:凡是要表示带符号的整数时,先考虑使用 int 型。
- uint 型:凡是需要不带符号的整数时,先考虑使用 uint 型。
- double 型:凡是需要做科学计算,并且精度要求很高时,先考虑使用 double 型。

②布尔类型

布尔类型是用来表示"真"和"假"这两个概念的。布尔类型表示的逻辑变量只有两种取值,即"真"或"假"。在 C♯ 中,分别采用 true 和 false 两个值来表示。

注意:在 C 和 C++ 中,用 0 来表示"假",其他任何非 0 的表达式都表示"真"。这种不正规的表达在 C♯ 中已经被废弃了。在 C♯ 中,true 值不能被其他任何非零值所代替。例如:

bool b = 4＞3;　//b 的值为 true

b = false;

在其他整数类型和布尔类型之间不再存在任何转换,将整数类型转换成布尔类型是不合法的。例如:

bool x = 1;　//错误,不存在这种写法,只能写成"x = true"或"x = false"

③实数类型

a.浮点类型

数学中的实数不仅包括整数,而且包括小数。小数在 C♯ 中采用两种数据类型来表示,即单精度(float)和双精度(double)。它们的差别在于取值范围和精度不同。计算机对浮点数的运算速度大大低于对整数的运算。在对精度要求不是很高的浮点数计算中,我们可以采用 float 型,而采用 double 型获得的结果将更为精确。当然,如果在程序中大量地使用双精度浮点数,将会占用更多的内存单元,而且计算机的处理任务也将更加繁重。浮点数类型见表1-5。

表 1-5　　　　　　　　　　　　浮点数类型

数据类型	特　征	取值范围	大小及说明
float	单精度浮点数	$\pm 1.5 \times 10^{-45} \sim \pm 3.4 \times 10^{38}$	默认值 0.0f,32 位,精度为 7 位数
double	双精度浮点数	$\pm 5.0 \times 10^{-324} \sim \pm 1.7 \times 10^{308}$	默认值 0.0d,64 位,精度为 15～16 位数
decimal	十进制小数	$\pm 1.0 \times 10^{-28} \sim \pm 7.9 \times 10^{28}$	默认值 0.0m,128 位,28～29 位有效数字

- 单精度:取值范围在 $\pm 1.5 \times 10^{-45} \sim \pm 3.4 \times 10^{38}$,精度为 7 位数。
- 双精度:取值范围在 $\pm 5.0 \times 10^{-324} \sim \pm 1.7 \times 10^{308}$,精度为 15～16 位数。

b. 十进制类型

C♯还专门定义了一种十进制类型（decimal），主要用于方便用户在金融和货币方面的计算。

十进制类型是一种高精度、128 位数据类型，其所表示的范围为 $\pm 1.0 \times 10^{-28} \sim \pm 7.9 \times 10^{28}$ 的 28～29 位有效数字。注意该精度是用位数（digits）而不是小数位（decimal places）来表示的。运算结果准确到 28 个小数位。十进制类型的取值范围比 double 类型要小得多，但它更精确。

当定义一个 decimal 变量并为其赋值时，使用 m 后缀以表明该变量是一个十进制类型。例如：

```
decimal abc = 2.0m;
```

如果省略了 m，在变量被赋值之前将被编译器当作双精度 double 类型来处理。

④字符类型

除了数字以外，计算机处理的信息主要就是字符了。字符包括数字字符、英文字母和表达符号等，C♯ 提供的字符类型按照国际上公认的标准，采用 Unicode 字符集。一个 Unicode 的标准字符长度为 16 位，用它可以来表示世界上大多数语言。可以按以下方法给一个字符变量赋值：

```
char c = 'A';
```

另外，我们还可以直接通过十六进制转义符（前缀"\x"）或 Unicode（前缀"\u"）表示法给字符型变量赋值，如下面对字符型变量的赋值写法都是正确的：

```
char c = '\x0032';
char c = '\u0032';
```

注意：在 C 和 C＋＋中，字符型变量的值是该变量所代表的 ASCII 码。字符型变量的值作为整数的一部分，可以对字符型变量使用整数进行赋值和运算。而这在 C♯ 中是被禁止的。

和 C/C＋＋一样，在 C♯ 中仍然存在着转义符，用来在程序中指代特殊的控制字符。见表 1-6。

表 1-6 **转义符（Escape Sequences）**

转义字符	字　符	转义字符	字　符
\'	'	\n	换行
\"	"	\r	回车
\\	\	\t	水平 tab
\0	空字符	\v	垂直 tab
\a	感叹号（Alert）	\uhhhh	1～4 位 Unicode 表示的字符
\b	退格	\xhhhh	1～4 位 16 进制表示的字符
\f	换页		

例如：

```
112f            //float 类型的数值 112.0
318u            //uint 类型的数值 318
12345566ul      //ulong 类型的数值 12345566
12.2m           //decimal 类型的数值 12.2
22.45           //double 类型的数值 22.45
43              //int 类型的数值 43
```

2. 任务要求

使用值类型变量,用于表示一名学生成绩信息,包括语文、数学、外语、物理和化学成绩,输出该学生的各门课程成绩。

3. 任务分析

(1)任务背景。根据高职专业和班级设置情况,考虑本课程教学和学生英语水平的实际需要,便于学生记忆,选择三门必修课程为:语文、数学和外语(英语),使用分数表示,采用百分制;选择两门选修课程:物理和化学,采用等级制,分 A、B、C、D、E 五级。本教材第一部分都是使用建立在此基础上创建的学生成绩表作为讲解的数据库表。

该学生成绩表结构见表 1-7。

表 1-7 学生成绩表(tblStuScore)

列　名	数据类型	长　度	列名含义	是否允许空	说　明
ID	int		序号		标识列
StuNo	char	8	学号	否	主键
StuName	varchar	8	姓名	否	
StuSex	char	2	性别		默认为"男",只能有"男"和"女"两种情况
IdentityID	varchar	18	身份证号		不允许重复
Chinese	tinyint		语文		≥0 且≤100
Maths	tinyint		数学		≥0 且≤100
English	tinyint		英语		≥0 且≤100
Physical	char	1	物理		等级为 A,B,C,D,E
Chemical	char	1	化学		等级为 A,B,C,D,E
Term	char	1	学期	否	'1'或 '2','1'表示第一学期,'2'表示第二学期
ClassID	nchar	6	班级编号	否	

其学生成绩表(tblStuScore)中的数据如图 1-11 所示。

序号	学号	姓名	性别	身份证号	语文	数学	英语	物理	化学	班级编号
1	31011101	张小楼	男	111111111111111	78	56	68	D	E	310111
2	31011102	王品	男	111111111111112	68	66	71	E	C	310111
3	31011103	齐三泰	男	111111111111113	60	60	60	D	NULL	310111
4	31011104	赵一荻	女	111111111111114	48	66	83	E	C	310111
5	31012201	韦一笑	男	111111111111115	77	54	89	B	A	310122
6	31012202	欧阳俊一	男	111111111111116	100	66	64	D	C	310122
7	31012203	李明	男	111111111111117	77	78	78	D	E	310122
8	31012204	郭小江	男	111111111111118	100	66	65	C	NULL	310122
9	31012205	钱红喜	男	111111111111119	77	87	98	E	A	310122
10	31012206	陈晓	女	111111111111110	55	66	86	NULL	NULL	310122
11	31012207	江涛	男	1111111111111X	76	56	87	B	B	310122
12	31012208	李平平	女	1111111111111110	100	46	48	D	B	310122
13	31013301	何三	男	11111111111111111	90	96	N...	D	A	310133
14	31013302	王天一	男	11111111111111112	100	66	56	D	C	310133
15	31013303	秦方明	男	11111111111111113	78	78	84	C	A	310133
16	31013304	王心凌	男	11111111111111114	55	44	34	D	NULL	310133
17	31013305	平三江	男	11111111111111115	68	65	78	D	A	310133
18	31013306	吴晓芳	女	11111111111111116	88	66	65	C	A	310133
19	31013307	胡霆	女	11111111111111117	74	56	88	C	A	310133
20	31013308	战火	男	11111111111111118	65	65	84	B	A	310133
21	31013309	钱程程	女	11111111111111119	91	99	100	A	A	310133

图 1-11　学生成绩表(tblStuScore)中的数据

（2）使用 int、float、double 或 decimal 等数据类型表示语文、数学和外语成绩。

（3）使用 char 数据类型表示物理和化学成绩。

4. 任务操作步骤（或代码）

（1）选择 Visual C♯ 项目的"▨控制台应用程序"，输入项目的名称"Ex1_2_1"，进入代码编辑器窗口，编辑如下代码：

```
using System;                    //命名空间
using System.Collections.Generic;
using System.Linq;
using System.Text;
namespace Ex1_2_1
{
    class Program
    {
        static void Main(string[] args)
        {
            float chinese,maths,english;    //定义三个 float 型变量
            char physical,chemical;         //定义两个 char 型变量
            chinese = 99;
            maths = 55;
            english = 87;
            physical = 'A';
            chemical = 'B';
            Console.WriteLine("语文={0},数学={1},英语={2}",chinese,maths,english);
            Console.Write("物理={0},化学={1}",physical,chemical);
            Console.WriteLine();
        }
    }
}
```

（2）选择"调试"→"开始执行（不调试）"选项，即弹出一个窗口，显示程序的运行结果，如图 1-12 所示。

5. 注意点

（1）"Console. WriteLine("语文＝{0}，数学＝{1}，英语＝{2}"，chinese，maths，english)；"语句中"Console. WriteLine()；"输出一行后换行，其中"{0}""{1}""{2}"（C♯中称为占位符）表示在输出结果的第 0、1、2 位置输出 chinese、maths、english 的值。特别注意，如果语句前面部分改为"Console. WriteLine("语文＝{0}，数学＝{2}，英语＝{1}"""，则输出 chinese、english、maths 的值；如果语句前面部分改为"Console. WriteLine("语文＝{0}，数学＝{1}，英语＝{3}")"，则编译出错，因为后面没有 4 个变量（或表达式）。

（2）"Console. Write("物理＝{0}，化学＝{1}"，physical，chemical)；"语句输出变量（或表达式）值后不换行。

（3）"Console. WriteLine()；"语句输出换行。

（4）有的教材中在"Console. WriteLine()；"语句后增加一行语句"Console. Read()；"，表

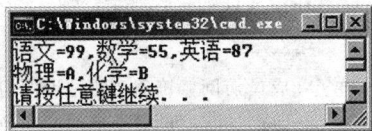

图 1-12　任务 2.1 运行结果

示选择"调试"→"启动调试"选项后,运行结果窗口不会一闪而过,这样程序员可以看到程序的运行结果。

任务 2.2　使用结构类型操作一名学生成绩信息

1. 知识准备

📖 **结构类型**

利用前面介绍过的简单类型,我们进行一些常用的数据运算和文字处理似乎已经足够了。但是我们会经常碰到一些更为复杂的数据类型。例如,学生成绩的记录中,一名学生有五门课程成绩,如果按照简单类型来管理,每一条记录都要存放到五个不同的变量当中,这样工作量很大也不够直观。有没有更好的办法呢?

正如上面的例子,在实际生活中,我们经常把一组相关的信息放在一起。把一系列相关的变量组织成为一个单一实体的过程,称为生成结构的过程,这个单一实体的类型就叫作结构类型。每一个变量称为结构的成员,结构类型的变量采用 struct 来进行声明。例如,可以定义学生成绩记录结构如下:

```
struct StuScore
{
    float    chinese；       //语文
    float    maths；         //数学
    float    english；       //英语
    char     physical；      //物理
    char     chemical；      //化学
}
```

在这个结构定义中,结构名为 StuScore,该结构由 5 个成员组成。第 1～3 个成员为 float 型;第 4 个和第 5 个成员为字符型。

📖 **结构的定义**

结构定义的一般形式为:

［结构访问修饰符］struct 结构名
{
　　［成员访问修饰符］类型说明符 成员名 1;
　　［成员访问修饰符］类型说明符 成员名 2;
　　…
　　［成员访问修饰符］类型说明符 成员名 n;
　　…
}

📖 **结构变量的定义**

定义结构变量的语法一般如下:

结构名＜结构变量名＞[,…,n];

例如:

StuScore stu1,stu2,stu3;

📖 **结构变量的引用**

引用结构变量的语法一般如下:

结构变量名.成员名　　　　　　　//用"."号来访问结构变量的成员

例如：

stu1.chinese

📖 结构成员的赋值

结构成员的赋值可用输入语句或赋值语句来完成。

例如：

stu1.chinese = 88；

stu1.physical = 'A'；

2. 任务要求

（1）编写程序，利用结构变量存储一名学生 5 门课程成绩，仅要求输出成绩。（结构中不含有结构的构造函数或方法）

（2）编写程序，利用结构变量存储一名学生 5 门课程成绩，要求数据通过键盘输入，输出每门课成绩和前三门（语文、数学和英语）课程总分。（结构中含有结构的构造函数或方法）

3. 任务分析

（1）本任务的关键是，通过键盘输入信息的语句要使用"Console. Read（）；"或"Console. ReadLine（）；"。

（2）结构也有自己的构造函数（与结构同名的函数，在结构内部，与 C 语言不同）、方法（与结构名不同的函数，在结构内部，与 C 语言不同）和属性等，在此就不深入叙述了。

结构的构造函数和方法可以像单元 2 中将要介绍的类的构造函数调用一样操作。

4. 操作步骤（或代码）

（1）操作步骤一

①选择 Visual C♯ 项目的"▓控制台应用程序"，输入项目的名称"Ex1_2_2_01"，进入代码编辑器窗口，编辑如下代码：

```
/* 同前命名空间 */
namespace Ex1_2_2_01
{
    struct StuScore            //结构定义
    {
        public float chinese;     //语文,结构成员(或叫字段)
        public float maths;       //数学
        public float english;     //英语
        public char physical;     //物理
        public char chemical;     //化学
    }
    class program
    {
        static void Main(string[] args)//主函数
        {
            StuScore stu1;
            stu1.chinese = 99;
            /* 此处代码同 Ex1_2_1 中部分代码 */
            Console.Write("物理 = {0},化学 = {1}",stu1.physical,stu1.chemical);
```

```
            Console.WriteLine();
        }
    }
}
```

②选择"调试"→"开始执行(不调试)"选项,即弹出一个窗口,显示程序的运行结果,如任务 2.1 中的图 1-12 所示。

③注意点

a. 如果将"public float chinese;"中的访问修饰符"public"改为"private"或省略,则编译会出错。

b. 结构和类(单元 2 内容)一样可以含有构造函数和方法(C 语言中的函数)成员,如下代码表示结构中含有主函数 Main()。

```
/*同前命名空间*/
namespace Ex1_2_2_01
{
    struct StuScore                    //结构定义
    {
        float chinese;                    //语文,结构成员(或叫字段)
        /*此处代码同前成员定义,但不含有访问修饰符*/
        static void Main(string[] args)    //主函数
        {
            StuScore stu1;
            stu1.chinese = 99;
            /*此处代码同 Ex1_2_1 中部分代码*/
            Console.Write("物理={0},化学={1}",stu1.physical,stu1.chemical);
            Console.WriteLine();
        }
    }
}
```

在此代码中没有给变量定义访问修饰符,其默认访问修饰符为 private,因为主函数在结构中,所以不需要增加访问修饰符。

(2)操作步骤二

①选择 Visual C#项目的"🖳控制台应用程序",输入项目名称"Ex1_2_2_02",进入代码编辑器窗口,编辑如下代码:

```
/*同前命名空间*/
namespace Ex1_2_2_02
{
    struct StuScore                //结构定义
    {
        public float chinese;    //语文,结构成员(或叫字段)
        /*此处代码同前成员定义*/
        //含有参数的构造函数
        public StuScore(float chi,float m,float e,char p,char che) //结构成员,构造函数
        {
```

```
            chinese = chi;
            maths = m;
            english = e;
            physical = p;
            chemical = che;
        }
    public float ScoreSum()                      //结构成员,方法 ScoreSum
        {
            return (chinese + maths + english);//返回总分
        }
    }
    class Program
    {
    static void Main(string[] args)
        {
            float x,y,z;                         //局部变量
            char a,b;
            x = float.Parse(Console.ReadLine());    //通过键盘输入变量的值
            y = float.Parse(Console.ReadLine());
            z = float.Parse(Console.ReadLine());
            a = char.Parse(Console.ReadLine());
            b = char.Parse(Console.ReadLine());
            StuScore stu1 = new StuScore (x,y,z,a,b);//通过构造函数给结构成员赋值
            Console.Write("语文 = {0},数学 = {1},英语 = {2}\n",stu1.chinese,stu1.maths,stu1.
            english);
            Console.Write("物理 = {0},化学 = {1}\n",stu1.physical,stu1.chemical);
            Console.Write("三门课总分 = {0}\n",stu1.ScoreSum());
        }
    }
}
```

②选择"调试"→"开始执行(不调试)"选项,即弹出一个窗口,显示程序的运行结果,如图 1-13 所示。

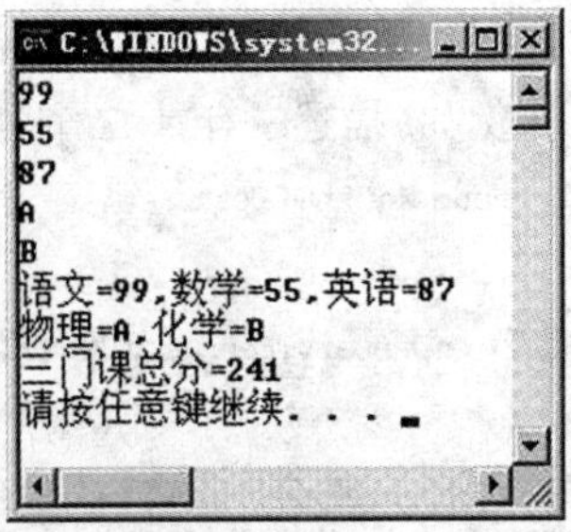

③注意点

(1)"public float ScoreSum();"中的"ScoreSum"为结构中的方法名(C 语言中称为函数)。

(2)"x = float. Parse(Console. ReadLine());"语句中,通过"Console. ReadLine()"从键盘中输入的内容为字符串,不能直接赋值给变量 x,需要通过 Parse()方法将其转换成 float 型,使用 Parse()方法的转换格式为:

<数据类型>. Parse(变量或表达式);

注意其中的"<数据类型>",是数值型和字符型,如果要将数值转换成字符串,就要使用 ToString()方法了。例如:

```
x = 13.2;
```

图 1-13　任务 2.2(2)运行结果

x.ToString();

(3)注意"Console. Write("三门课总分＝{0}\n",stu1. ScoreSum());"语句中"\n"的使用,它使语句等价于"Console. WriteLine("三门课总分＝{0}",stu1. ScoreSum());"语句。

任务2.3　使用枚举类型操作一名学生成绩信息

1.知识准备

📖 枚举类型

在事件的编程中,有时会遇到在一些固定的有限个元素中取其中一个的情况,例如,在一周七天中的一天、一年十二月中的一个月以及一年四个季度中的一个季度等。要说明并使用这些数据,使用一般变量或结构显然都不合适。因此,Visual C# 2010 提供了枚举类型来解决这类问题。

(1)枚举类型的定义

枚举类型也是一种值类型,用于定义一组命名的常数。

枚举定义一般形式如下:

[访问修饰符] enum ＜枚举名＞[:简单类型]

{

　　　　枚举成员 1,枚举成员 2[,…,枚举成员 n]

}

说明:

①enum 为定义枚举类型的关键字。

②枚举变量名一般采用 Pascal 命名法。Pascal 命名法每个组合单词的首字母大写,缩写单词每个字母都大写。

③":简单类型]"为可选项,因为每个枚举都有一系列的整数值与它的元素相关联,数值型的整数有很多种,必须是 byte、sbyte、short、ushort、int、uint、long 和 ulong 类型之一,"简单类型"用于指定对应的数据类型。

④枚举成员是该枚举类型命名的常数。任意两个枚举成员不能具有相同的名称。每个枚举成员均具有相关联的常数值,该值的类型就是枚举的简单类型。每个枚举成员的常数值必须在该枚举的简单类型的范围内。

例如,描述一年十二个月中的一个枚举变量 MonthOfYear 定义如下:

enum MonthOfYear

{

　　　January,February,March,April,May,June,July,August,September,October,November,December

}

枚举元素(成员)默认的简单类型为 int 型,默认情况下,第一个枚举元素的值为 0,后面每个枚举元素递增 1,也可以给枚举元素赋值。例如,January＝1,则 February＝2,否则,根据默认值,January＝0,则 February＝1,不符合实际情况。

(2)枚举变量

定义枚举类型后,可以像使用其他类型(如 int、double 和 bool 等)一样使用它。

枚举变量定义的一般形式如下:

[访问修饰符] ＜枚举类型名＞ ＜枚举变量名＞

说明：

①"＜枚举类型名＞"是枚举名称，不是"enum"关键字。

②"＜枚举变量名＞"遵循 Visual C♯ 2010 的合法标识符规则，一般采用 Camel（骆驼）命名法。

例如，定义一个枚举类型 Abc 及枚举变量 a、b、c：

```
……
class Program
{
    enum Abc
    { x = 2,y,z = -1,x1,y1 = 10,z1 }
    static void Main(string[] args)
    {
        Abc a,b,c;
        int y,x1,z1;
        a = Abc.x; b = Abc.z; c = Abc.z1;
        y = (int)Abc.y; x1 = (int)Abc.x1; z1 = (int) Abc.z1;
        Console.WriteLine("a = {0},b = {1},c = {2}",a,b,c);   //a = x,x1 = z,z1 = z1
        Console.WriteLine("y = {0},x1 = {1},z1 = {2}",y,x1,z1);//y = 3,x1 = 0,z1 = 11
    }
}
……
```

又例如，对 MonthOfYear 的操作：

```
……
class Program
{
    enum MonthOfYear
    {
        January,February,March,April,May,June,
        July,August,September,October,November,December
    }
    static void Main(string[] args)
    {
        MonthOfYear m,n;
        int x,y;
        m = MonthOfYear.February;
        n = (MonthOfYear)3;
        x = (int)m;
        y = (int)n;
        Console.WriteLine("m = {0},n = {1}",m,n);   //m = February,n = April
        Console.WriteLine("x = {0},y = {1}",x,y);   //x = 1,y = 3
    }
}
……
```

2. 任务要求

使用枚举类型表示一名学生的物理和化学成绩的等级,并使用结构表示该学生的其他三门课程(语文、数学、英语)成绩,输出五门课程成绩。

3. 任务分析

(1)定义枚举类型,用 A、B、C、D 四个等级表示物理和化学成绩。

```
enum PhysicalChemical
{
    A,B,C,D              //枚举常量
}
```

(2)在结构类型中定义枚举成员。

```
struct StuScore
{
    public float chinese;
    public float maths;
    public float english;
    public PhysicalChemical physical;   //physical 类型为枚举类型
    public PhysicalChemical chemical;   //chemical 类型为枚举类型
}
```

4. 操作步骤(或代码)

(1)选择 Visual C# 项目的"▓控制台应用程序",输入项目的名称"Ex1_2_3",进入代码编辑器窗口,编辑如下代码:

```
/*同前命名空间*/
namespace Ex1_2_3
{
    public enum PhysicalChemical
    { A,B,C,D }                          //枚举常量
    public struct StuScore
    {
        public float chinese;            //语文
        public float maths;              //数学
        public float english;            //英语
        public PhysicalChemical physical;    //物理
        public PhysicalChemical chemical;    //化学
    }
    class program
    {
        static void Main(string[] args)
        {
            StuScore stu1;
            PhysicalChemical ph,ch;          //枚举变量定义
            ph = PhysicalChemical.A;         //枚举变量赋值
            ch = PhysicalChemical.B;         //枚举变量赋值
            stu1.chinese = 99;
```

```
stu1.maths = 55;
stu1.english = 87;
stu1.physical = ph;                    //结构成员赋枚举变量
stu1.chemical = ch;                    //结构成员赋枚举变量
Console.WriteLine("语文={0},数学={1},英语={2}",stu1.chinese,stu1.maths,
stu1.english);
Console.Write("物理={0},化学={1}",stu1.physical,stu1.chemical);
Console.WriteLine();
        }
    }
}
```

（2）选择"调试"→"开始执行（不调试）"选项，即弹出一个窗口，显示程序的运行结果，如图 1-14 所示。

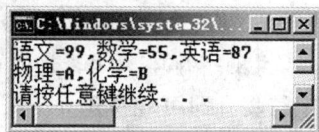

5.注意点

（1）枚举常量 A、B、C、D 不是字符′A′、′B′、′C′、′D′，它们是常量标识符。

图 1-14   任务 2.3 运行结果

（2）"public PhysicalChemical physical;"中的"PhysicalChemical"是枚举类型，"physical"是结构成员。

（3）枚举变量 ph、ch 赋值给结构变量的成员 physical、chemical。

```
stu1.physical = ph;                    //结构成员赋枚举变量
stu1.chemical = ch;                    //结构成员赋枚举变量
```

任务 2.4   使用字符串操作一名学生成绩信息

1.知识准备

📖 **引用类型**

引用类型存储实际数据的引用（即地址）。当将一个数值保存到一个值类型变量后，该数值实际上复制到变量中；而把一个值赋给一个引用类型时，仅是引用（保存数值的变量地址）被复制，而实际的值仍然保留在相同的内存位置。

引用类型的内存单元中只存放内存中"对象"（注意此概念）的地址，这些地址存放在"栈"区域，而"对象"的内容存放在一个叫"堆"的特殊内存区域，如 object 等。如图 1-15 所示，objectx、objecty、objectz 为三个对象，对象的地址的地址假定为 1000、1004、1008，对象的值的地址假定为 2000、2004、2008。

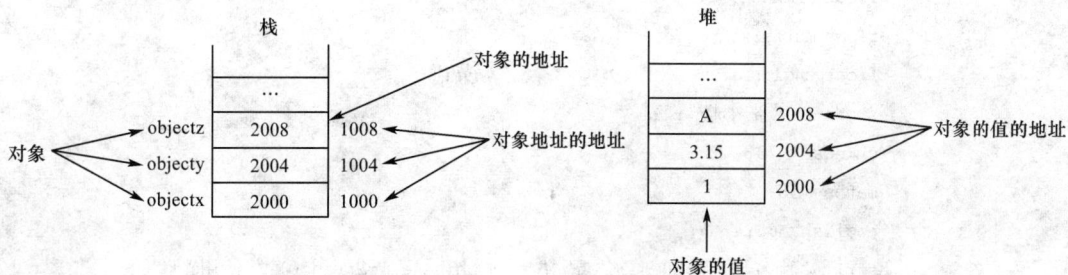

图 1-15   引用类型示意图

C#提供了以下几种引用类型:类类型、字符串类型、数组、接口类型和委托类型。

📖 字符串类型

C#语言中定义了一个 Unicode 码的字符串(string)类,用于对字符串进行操作。

字符串定义的语法结构如下:

string<变量名>[=<初始值>]

例如:

string Name = "张三";

string filename = "c:\\abc\\a.exe";

string filename = @"c:\abc\a.exe";

这时第三行中的"\"并不表示转义字符,而表示本身的符号,就是"\",因为在字符串前面有字符"@"。

C#的字符串 string 是内置的标准对象,它是 System.String 类的别名,用一对双引号内的字符集合即可轻易建立字符串对象,运算"+"和"+="用来结合字符串对象来创建新的结合字符串对象。

2. 任务要求

从键盘上输入一名学生的姓名和语文、数学、英语成绩,将三门课程成绩转化为字符串,并与姓名连接成一个长字符串输出。

3. 任务分析

(1)将数值型(float)转换成字符串需要使用 ToString()方法。

(2)连接两个字符串需要使用"+"字符串连接运算符。

4. 操作步骤(或代码)

(1)选择 Visual C#项目的"🔳控制台应用程序",输入项目的名称"Ex1_2_4",进入代码编辑器窗口,编辑如下代码:

```
/*此处命名空间同前*/
namespace Ex1_2_4
{
    class program
    {
        static void Main(string[] args)
        {
            string stuName,str1;              //姓名
            float chinese;                    //语文
            float maths;                      //数学
            float english;                    //英语
            stuName = "张小楼";
            chinese = 78;
            maths = 56;
            english = 68;
            str1 = "姓名:" + stuName + ",语文 = " + chinese.ToString();//使用"+"
            str1 += ",数学 = " + maths.ToString() + ",英语 = " + english.ToString();//使用"+="
            Console.WriteLine("{0}",str1);
```

```
            Console.WriteLine();
        }
    }
}
```

（2）选择"调试"→"开始执行（不调试）"选项，即弹出一个窗口，显示程序的运行结果，如图 1-16 所示。

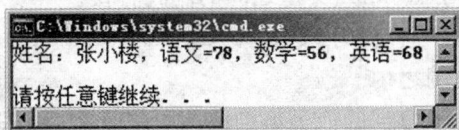

图 1-16　任务 2.4 输出结果

任务 2.5　使用类型转换操作一名学生成绩信息

1. 知识准备

📖 **类型转换**

在 C♯语言中，一些预定义的数据类型之间存在着预定义的转换。例如，从 int 类型转换到 long 类型。C♯语言中数据类型的转换可以分为两类：隐式转换（Implicit Conversions）和显式转换（Explicit Conversions）。

Visual C♯中常见的变量类型转换主要有以下五种方式：

①隐式转换；

②显式（强制）类型转换；

③使用 Tostring()方法；

④使用 Parse()方法；

⑤使用 Convert 类。

（1）隐式类型转换

隐式转换是系统中默认的，不需要加以声明就可以进行的转换。在隐式转换过程中，编译器无须对转换进行详细检查就能够安全地执行转换。例如，从 int 类型转换到 long 类型就是一种隐式转换。隐式转换一般不会失败，转换过程中也不会导致信息丢失。隐式转换见表 1-8。

表 1-8　　　　　　　　　　　　隐式转换

转换前的数据类型	转换后的数据类型
sbyte	short，int，long，float，double，decimal
byte	short，ushort，int，uint，long，ulong，float，double，decimal
short	int，long，float，double，decimal
ushort	int，uint，long，ulong，float，double，decimal
int	long，float，double，decimal
uint	long，ulong，float，double，decimal
long，ulong	float，double，decimal
float	double
char	ushort，int，uint，long，ulong，float，double，decimal

例如：

```
int i = 10;long l = i;
```

说明：

①从 int、uint 或 long 到 float 的转换以及从 long 到 double 的转换后精度可能会降低，但数值大小不受影响。

②不存在到 char 类型的隐式转换，这意味着其他整型值不能自动转换为 char 类型，这和 C 语言有本质的区别。

③不存在浮点型 float 与 decimal 类型之间的隐式转换。

④int 类型的常数表达式可转换为 sbyte、byte、short、ushort、uint 或 ulong，前提是常数表达式的值处于目标类型的范围之内。

结合我们在数据类型中学习到的值类型的范围可以发现，隐式数值转换实际上就是从低精度的数值类型到高精度的数值类型的转换。

（2）显式（强制）转换

显式转换又叫强制类型转换，需要明确指定转换的类型。强制转换工作一般用于高精度数据类型向低精度数据类型的转换。可显式转换的类型见表 1-9。

表 1-9　　　　　　　　显式转换

转换前的数据类型	转换后的数据类型
byte	sbyte，char
sbyte	ushort，uint，ulong，byte，char
short	ushort，uint，ulong，sbyte，byte，char
ushort	short，sbyte，byte，char
int	uint，ulong，ushort，short，sbyte，byte，char
uint	ushort，short，int，sbyte，byte，char
long	ulong，unit，int，ushort，short，sbyte，byte，char
ulong	long，unit，int，ushort，short，sbyte，byte，char
float	decimal，ulong，long，unit，int，ushort，short，sbyte，byte，char
double	float，decimal，ulong，long，unit，int，ushort，short，sbyte，byte，char
decimal	double，float，ulong，long，unit，int，ushort，short，sbyte，byte，char
char	short，sbyte，byte

说明：

①显式转换可能导致精度损失或引发异常。

②将 decimal 值转换为整型时，该值将舍入为与零最接近的整数值。如果结果整数值超出目标类型的范围，则会引发 OverflowException（溢出异常）。

③将 double 或 float 值转换为整型时，值会被截断。如果该结果整数值超出了目标值的范围，其结果将取决于溢出检查上下文。

④将 double 转换为 float 时，double 值将舍入为最接近的 float 值。

⑤将 float 或 double 转换为 decimal 时，源值将转换为 decimal 表示形式，并舍入为第 28 个小数位之后最接近的数（如果需要）。

⑥将 decimal 转换为 float 或 double 时，decimal 值将舍入为最接近的 double 或 float 值。

显式（强制）转换表达式的语法格式为：

（数据类型）表达式；

```
long l = 12;

int i = (int)l;
```

（3）ToString()、Parse()方法和 Convert 类

在 Visual C♯ 2010 中，如果需要在数字和字符串之间转换，不能使用上面强制转换表达式，而需要使用 .NET 框架提供的 ToString()、Parse()方法和 Convert 类。例如：

```
int i = 18;
string str = (string)i;           //错误
string str = i.ToString();        //正确
string str = "12.34";
float i = (float)str;             //错误
float i = float.Parse(i);         //正确
```

Convert 类所有的命名空间为 System。Convert 类的常用方法见表 1-10。

表 1-10　　　　　　　　　　Convert 类的常用方法

方　法	说　明
ToBase64CharArray()	将 8 位无符号整数数组的子集转换为用 Base64 数字编码的 Unicode
ToBase64String()	将 8 位无符号整数数组的子集转换为等效的 string 表示形式
ToBoolean()	将指定的值转换为等效的布尔型
ToByte()	将指定的值转换为 8 位无符号整数
ToChar()	将指定的值转换为 Unicode 字符
ToDateTime()	将指定的值转换为 DateTime 类型
ToDecimal()	将指定的值转换为 decimal 类型
ToDouble()	将指定的值转换为双精度浮点数
ToInt16()	将指定的值转换为 16 位有符号整数
ToInt32()	将指定的值转换为 32 位有符号整数
ToInt64()	将指定的值转换为 64 位有符号整数
ToSByte()	将指定的值转换为 8 位的有符号整数
ToSingle()	将指定的值转换为单精度浮点数
ToString()	将指定的值转换为等效的 string 形式
ToUint16()	将指定的值转换为 16 位无符号整数
ToUint32()	将指定的值转换为 32 位无符号整数
ToUint64()	将指定的值转换为 64 位无符号整数

例如，以下程序是使用 Convert 类实现数据类型的转换：

```
string str = true;                      //string 型转换成 bool 型
bool myBool = Convert.ToBoolean(str);
Console.WriteLine("str = {0} to myBool = {1}",str,myBool);
string str1 = "7654321";                //数字 string 转换成 int 型
int myInt32 = Convert.ToInt32(str1);
Console.WriteLine("str1 = {0} to myInt32 = {1}",str1,myInt32);
long myInt64 = 987654321;               //int64 型转换成 int32 型
myInt32 = Convert.ToInt32(myInt64);
Console.WriteLine("myInt64 = {0} to myInt32 = {1}",myInt64,myInt32);
double myDouble = 43.51;                //进行四舍五入转换，double 型转换成 int
int myInt = Convert.ToInt32(myDouble);
Console.WriteLine("myDouble = {0} to myInt = {1}",myDouble,myInt);
```

（4）枚举类型转换

枚举类型转换的实质是枚举类型的元素类型与相应类型之间的隐式和显式转换。例如，有一个元素类型为 int 型的枚举类型 E，则当执行从 E 到 byte 的显式转换时，实际上是从 int 到 byte 的显式数值转换；当执行从 byte 的显式枚举转换时，实际上执行的是从 byte 到 int 的隐式数值转换。

2. 任务要求

（1）使用隐式类型转换，将一名学生的三门课程（语文、数学和英语）float 型成绩，转换成 double 型，使用显式类型转换，将物理和化学两门课程成绩的枚举类型常量（uint）转换成 int 型。

（2）使用强制类型转换，将一名学生的三门课程（语文、数学和英语）float 型成绩，转换成 uint 型整数，将物理和化学两门课程成绩的枚举类型常量（int）转换成 unit 型。

3. 任务分析

定义物理和化学两门课程的枚举常量（uint）的枚举类型"PhysicalChemical"为：

```
enum PhysicalChemical:uint
{
    A = 90,B = 80,C = 70,D = 60
}
```

4. 操作步骤（或代码）

（1）选择 Visual C# 项目的"▨控制台应用程序"，输入项目的名称"Ex1_2_5_01"，进入代码编辑器窗口，编辑如下代码：

```
/ * 此处命名空间同前 * /
namespace Ex1_2_5_01
{
    public enum PhysicalChemical:uint
    {
        A = 90,B = 80,C = 70,D = 60      //A表示90分以上，依此类推
    }
    struct StuScore
    {
        public float chinese;
        public float maths;
        public float english;
    }
    class Program
    {
        static void Main(string[] args)
        {
            StuScore stu1 = new StuScore();
            stu1.chinese = 99.5f;
            stu1.maths = 55.4f;
            stu1.english = 87.3f;
            double chin,math,engl;
            chin = stu1.chinese;
```

```
        math = stu1.maths;

        engl = stu1.english;

        int phy,che;

        phy = (int)PhysicalChemical.A;

        che = (int) PhysicalChemical.B;

        Console.WriteLine("chinese = {0} to chin = {1}",stu1.chinese,chin);

        //float 转换成 uint

        Console.WriteLine("maths = {0} to math = {1}",stu1.maths,math);

        Console.WriteLine("english = {0} to engl = {1}",stu1.english,engl);

        Console.WriteLine("Physical = {0} to Phy = {1}",PhysicalChemical.A,phy);

        //枚举(int)转换成 uint

        Console.WriteLine("Chemical = {0} to che = {1}",PhysicalChemical.B,che);

        }

    }

}
```

(2)选择"调试"→"开始执行(不调试)"选项,即弹出一个窗口,显示程序的运行结果,如图 1-17 所示。

(3)选择 Visual C♯ 项目的"控制台应用程序",输入项目的名称"Ex1_2_5_02",进入代码编辑器窗口,编辑如下代码:

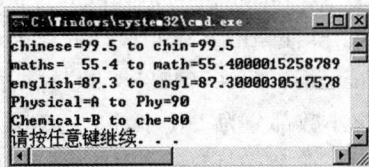

图 1-17   任务 2.5(1)输出结果

```
/*此处命名空间同前*/
namespace Ex1_2_5_02
{
    public enum PhysicalChemical:int
    { A = 90,B = 80,C = 70,D = 60 }
    struct StuScore
    {
        public float chinese;
        public float maths;
        public float english;
    }
    class Program
    {
        static void Main(string[] args)
        {
            StuScore stu1 = new StuScore();
            stu1.chinese = 99.5f;
            stu1.maths = 55.4f;
            stu1.english = 87.3f;
            uint chin,math,engl;
            chin = (uint)stu1.chinese;
            math = (uint)stu1.maths;
            engl = (uint)stu1.english;
```

```
        uint phy,che;
        phy = (uint)(PhysicalChemical.A);
        che = (uint)(PhysicalChemical.B);
        Console.WriteLine("chinese = {0} to chin = {1}",stu1.chinese,chin);
        Console.WriteLine("maths =    {0} to math = {1}",stu1.maths,math);
        Console.WriteLine("english = {0} to engl = {1}",stu1.english,engl);
        Console.WriteLine("Physical = {0} to Phy = {1}",PhysicalChemical.A,phy);
        Console.WriteLine("Chemical = {0} to che = {1}",PhysicalChemical.B,che);
        }
    }
}
```

(4)选择"调试"→"开始执行(不调试)"选项,即弹出一个窗口,显示程序的运行结果,如图 1-18 所示。

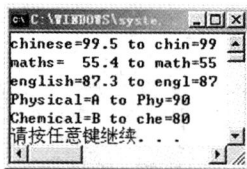

图 1-18　任务 2.5(2)输出结果 1

5. 注意点

"Console. WriteLine (" maths = {0} to math = {1}", stu1. maths,math);"语句执行的结果如图 1-17 所示,此"maths=55.4 to math=55.4000015258789"的结果不是我们希望的,我们希望其结果小数部分为 1 位小数。这就要求了解数据的输出格式。

在 WriteLine( )方法中,可以采用"{N[,M][:格式化字符串]}"的形式来格式化输出字符串,其中的参数含义如下:

(1)货币格式

货币格式"C"或者"c"的作用是将数据转换成货币格式,在格式字符 C 或者 c 后面的数字表示转换后的货币格式数据的小数位数。

例如:

```
double k = 1234.567;
Console.WriteLine("{0,8:c2}",k);      //结果是 ¥ 1,234.57
Console.WriteLine("{0,10:c4}",k);     //结果是 ¥ 1,234.5670
```

其中,"0"为占位符,"8"为输出数据宽度(含有","和".") ,"4"为小数位数。

(2)整数数据类型格式

格式字符"D"或者"d"的作用是将数据转换成十进制整数类型格式。

例如:

```
int k = 12345;
Console.WriteLine("{0:D}",k);         //结果是 12345
Console.WriteLine("{0:d4}",k);        //结果是 12345
Console.WriteLine("{0:d6}",k);        //结果是 012346
```

其中,"0"为占位符,"6"为输出宽度。

(3)科学计数法格式

格式字符"E"或者"e"的作用是将数据转换成科学计数法格式,后面的数字表示小数位数。

例如:

```
int k = 123400;
double f = 1234.5678;
```

```
Console.WriteLine("{0:E}",k);          //结果是 1.234000E + 005
Console.WriteLine("{0:e}",k);          //结果是 1.234000e + 005
Console.WriteLine("{0:E}",f);          //结果是 1.234568E + 003
Console.WriteLine("{0:e}",f);          //结果是 1.234558e + 003
Console.WriteLine("{0:e4}",k);         //结果是 1.2340e + 005
Console.WriteLine("{0:e4}",f);         //结果是 1.2346e + 003
```

其中,"4"为小数位数。

(4)浮点数据类型格式

格式字符"F"或者"f"的作用是将数据转换成浮点数据类型格式,后面的数字表示小数位数,默认两位小数。

例如:

```
int a = 123400;
double b = 12345.6789;
Console.WriteLine("{0, - 8:f}",a);     //结果是 123400.00
Console.WriteLine("{0:f}",b);          //结果是 12345.68
Console.WriteLine("{0, - 8:f4}",a);    //结果是 123400.0000
Console.WriteLine("{0, - 8:f3}",b);    //结果是 12345.679
Console.WriteLine("{0:f6}",b);         //结果是 12345.678900
```

其中,"-"表示左对齐。

(5)通用格式

格式字符"G"或者"g"的作用是将数据转换成通用格式,采用定点数或科学计数法格式。

例如:

```
double k = 1234.789;
int j = 1234567;
Console.WriteLine("{0:g}",j);          //结果是 1234567
Console.WriteLine("{0:g}",k);          //结果是 1234.789
Console.WriteLine("{0:g4}",k);         //结果是 1235
Console.WriteLine("{0:g4}",j);         //结果是 1.235e + 06
```

(6)自然数据格式

格式字符"N"或者"n"的作用是将数据转换成自然数据格式。

例如:

```
double k = 111122.12345;
int j = 1234567;
Console.WriteLine("{0:N}",k);          //结果是 111,122.12
Console.WriteLine("{0:n}",j);          //结果是 1,234,567.00
Console.WriteLine("{0:n4}",k);         //结果是 111,122.1235
Console.WriteLine("{0:n4}",j);         //结果是 1,234,567.0000
```

根据格式(4)的设置要求,把本任务中的代码修改为:

```
Console.WriteLine("chinese = {0} to chin = {1:f1}",stu1.chinese,
chin);
```

则其输出结果如图 1-19 所示。

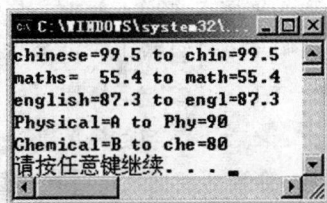

图 1-19　任务 2.5(2)输出结果 2

任务 2.6　使用算术运算、逻辑运算符和表达式操作一名学生成绩信息

1.知识准备

📖 **算术运算符和表达式**

运算符是对一个或者多个返回值的代码元素执行运算的代码单元,Visual C# 2010 的运算符包括算术运算符、逻辑运算符、字符串连接运算符、关系运算符、赋值运算符、位运算符和自增自减运算符等。这些运算符有优先级。

(1)基本的算术运算符

算术运算符最常用的是加、减、乘、除四则运算,分别用＋、－、＊、/来表示。此外,还有对整数进行的求余运算及整数除法等运算,见表 1-11。

表 1-11　　　　　　　　　　　算术运算符

运算符	运算说明	适用类型	举例
＋	加法	实数、整数	$1.2+2.3=3.5;12+23=35$
－	减法	实数、整数	$1.2-2.3=-1.1;12-23=-11$
＊	乘法	实数、整数	$1.2*2.3=2.76;12*23=276$
/	除法	实数、整数	$1.2/2.3=0.522;12/23=0$
％	求余	整数	$12\%23=12$
＋＋	自加	实数、整数	a＋＋;＋＋a
－－	自减	实数、整数	a－－;－－a

(2)算术表达式

算术表达式是由算术运算符和括号连接起来的式子。

例如:

x * y;

(a+2)/b;

(x+y)*5-(a-b)/12;

i++;

sin(x)+sin(y)+5;

(++i)+(j--)+(++k);

(3)自增/自减运算符与表达式

自增 1 运算符记为"＋＋",其功能是使变量的值自增 1。

自减 1 运算符记为"－－",其功能是使变量的值自减 1。

自增 1、自减 1 运算符均为单目运算,都具有右结合性。可有以下几种形式:

＋＋i:i 自增 1 后再参与其他运算;

－－i:i 自减 1 后再参与其他运算;

i＋＋:i 参与运算后,i 的值再自增 1;

i－－:i 参与运算后,i 的值再自减 1。

在理解和使用上容易出错的是 i＋＋和 i－－。特别是当它们出现在较复杂的表达式或语句中时,常常难于弄清,因此应仔细分析。

注意:求余运算符"％"用来求除法的余数,在 C# 语言中,求余运算既适用于整数类型,也同样适用于浮点型。例如,$7\%3=1,7\%1.5=1$。

📖 **关系运算符**

关系运算符用于比较两个表达式之间的关系，比较的对象通常有数值、字符串和对象，关系运算的结果是一个 bool 值，即 true 或 false。

与大多数编程语言一样，C♯ 语言也提供了可用于条件表达式的多种关系运算符。C♯ 中使用的关系运算符见表 1-12，其中操作数可以是变量、常量和表达式。

表 1-12　　　　　　　　　赋值运算符

运算符	表达式	举　例	结果($a=10$)
>	操作数 1>操作数 2	a>8	true
<	操作数 1<操作数 2	a<8	false
>=	操作数 1>=操作数 2	a>=8	true
<=	操作数 1<=操作数 2	a<=8	false
!=	操作数 1!操作数 2	a!=8	true
==	操作数 1==操作数 2	a==8	false

注意 "＝＝" 的使用，若 $a=3.14156789$，$b=3.14156788$，请不要用 "a＝＝b" 来判定其结果的真和假。

📖 **逻辑运算符**

在实际应用中，经常会遇到非常复杂的多个条件的情况。例如，要判定某一年是否为闰年的条件是符合以下二者之一：

①能被 4 整除，但不能被 100 整除；

②能被 400 整除。

要表达这样一种条件，利用前面介绍的表达式就会遇到困难。因此，在高级语言中，需要引进逻辑运算符和逻辑表达式的概念，以表达复杂的条件。C♯ 语言提供了三种逻辑运算符，见表 1-13。

表 1-13　　　　　　　　　C♯ 语言中的逻辑运算符

运算符	举　例	说　明
&&（与）	x&&y	二元运算，仅当 x，y 两者都为真时结果为真，否则为假
||（或）	x||y	二元运算，只要 x，y 两者有一为真时结果为真，否则为假
!（非）	!x	一元运算，当 x 为真时结果为假，x 为假时结果为真

在 &&、||、! 这三种逻辑运算中，!（非）优先级最高，&&（与）优先级次之，||（或）优先级最低。例如 "x&&y||!z"，先运算 "!z"，之后运算 "x&&y"，最后运算 "||"。

非（!）运算作用在 &&、|| 及 ! 运算中有如下规则：

①!(x&&y) 等价于 !x||!y；

②!(x||y) 等价于 !x&&!y；

③!(!x) 等价于 x。

逻辑运算常常与关系运算相结合，形成逻辑运算表达式，在这种表达式中，关系运算要先于逻辑运算。例如：

x+y>z&&x+z>y&&y+z>x；

x>y||x>z；

!x||y>z；

其中 "x+y>z&&x+z>y&&y+z>x" 表示只有当 "x+y>z"，"x+z>y"，"y+z>x" 三

个条件同时成立时,结果才为真。"x>y||x>z"表示"x>y"与"x>z"之一成立,结果为真;"!x||y>z"表示只要"!x"与"y>z"之一为真,结果为真。

逻辑表达式的值也是一个 bool 值,即 true 或 false。

📖 赋值运算符

在 Visual C# 2010 中,赋值运算符有基本赋值运算符和复合赋值运算符两种,通常用于将表达式的值赋给一个变量。

赋值运算符共五个,见表 1-14。

表 1-14   赋值运算符

运算符	计算方法	举例	求值	结果(若 x=10)
+=	结果=操作数 1+操作数 2	x+=10	x=x+10	20
-=	结果=操作数 1-操作数 2	x-=10	x=x-10	0
*=	结果=操作数 1*操作数 2	x*=10	x=x*10	100
/=	结果=操作数 1/操作数 2	x/=10	x=x/10	1
%=	结果=操作数 1%操作数 2	x%=10	x=x%10	0

📖 其他运算符

除了前面介绍的一些运算符,Visual C# 2010 还提供了一些其他的运算符,如条件运算符、is 运算符、typeof 运算符和 sizeof 运算符等。

(1)条件运算符

条件运算符是 C# 语言中唯一的三元运算符,用符号"?:"表示,带有三个操作数。结合方向为从左至右,运算顺序是从右至左,其一般形式为:

表达式 1?表达式 2:表达式 3

其意义是先计算"表达式 1"的结果,如果为真则计算"表达式 2"的结果作为整个表达式的值,否则计算"表达式 3"的结果作为整个表达式的值。例如:

```
int x = 3,y = 5,z;
z = (x>y)?x:y;
```

则 z=5。

(2)is 运算符

is 运算符用来比较两个对象的引用变量,其语法格式如下:

```
result = <表达式>is<类型>
```

result 是一个 bool 值,如果"<表达式>"的数据类型和"<类型>"相同,则 result 的值为 true;否则为 false。例如:

```
int x = 12;
bool result1,result2,result3;
result1 = x is int;
result2 = x is double;
result3 = x is object;
```

则 result1 为 true,result2 为 false,result3 为 true。

(3)typeof 运算符

typeof 运算表达式返回一个表示特定类型的 System. Type 对象。例如,"typeof(int)"返回表示 System. int32 类型的 Type 对象;"typeof(string)"返回表示 System. String 类型的 Type 对象。该运算符在使用反射动态查找对象信息时很有用。

（4）sizeof 运算符

sizeof 是 C＃语言的一种一元运算符，并不是函数。sizeof 运算符以字节形式给出了其操作数的存储大小。操作数可以是一个类型名，操作数的存储大小由操作数的数据类型决定。

例如：

```
int x,y;
x = sizeof(int);
y = sizeof(double);
```

则 x＝4，y＝8。

📖 **运算符优先级**

（1）运算符的优先级

根据运算符所执行运算的特点和它们的优先级，可将其归为一元运算符和括号、算术运算符、移位运算符、比较运算符、位运算及逻辑运算符、赋值运算符、后自增和后自减运算符七个等级。

运算符的优先级顺序根据这七个等级进行划分，见表 1-15（从第 1 级到第 7 级，优先级逐步降低）。

表 1-15　　　　运算符的优先级

序号	运算符
1	＋＋、－－（作为前缀）、()、＋、－（取负）、!、～
2	*、/、%、＋、－
3	<<、>>
4	<、>、<=、>=、==、!=
5	&、^、|、&&、||、?:
6	＝、*＝、/＝、%＝、＋＝、－＝、<<＝、>>＝、&＝、^＝、|＝
7	＋＋、－－（作为后缀）

（2）运算符的结合顺序

运算符的结合顺序分为左结合和右结合两种，在 Visual C＃ 2010 中，所有的一元运算符（＋＋、－－作为后缀时除外）都是右结合的。而对于二元运算符，除了赋值运算符外，其他的均为左结合。

运算符的优先级和结合顺序可以通过小括号来控制，例如表达式：

```
x－y%z
```

本来应当先求余，再相减，如果使用小括号将"x－y"括起来：

```
(x－y)%z
```

则应该先算"(x－y)"，再用"(x－y)"的结果跟 z 求余。

2.任务要求

（1）给一名学生"韦一笑"的三门课程成绩赋值，语文为 77，数学 54，英语 89，每门成绩降 20 分后，开平方乘 10 得到三门课程的新成绩，计算三门课程新成绩总分和平均成绩，输出三门课程的新成绩、总分和平均分。

（2）使用自增或自减运算符，调整（1）中学生"韦一笑"的物理、化学成绩等级，原等级为物理 B、化学 A，调整后的等级物理 A、化学 B，并输出调整后的物理与化学的等级。

（3）使用条件运算符，计算语文、数学和英语成绩的最高分，并输出最高分。

(4)假定学生考核要求分数线为350,物理 A,化学 B,物理或化学必须至少有一门达到 B 等级,请使用逻辑运算判定"韦一笑"是否达到考核要求分数线的要求,如果达到则输出"该学生达到考核要求"。

3. 任务分析

(1)假如某门课程成绩变量为 x,求成绩开平方并乘以 10 的表达式为:

sqrt(x) * 10

这就要使用 C# 中类 System. Math 中内置的数学函数。

(2)达到考核要求分数线,要求学生的总分大于等于 350,且另外两门课程必须达到等级要求。其表达式为:

总分 >= 350&&(物理 >= A&& 化学 >= B|| 物理 >= B&& 化学 >= A)

4. 操作步骤(或代码)

(1)选择 Visual C# 项目的"控制台应用程序",输入项目的名称"Ex1_2_6",进入代码编辑器窗口,编辑如下代码:

```
/ * 此处命名空间同前 * /
namespace Ex1_2_6
{
    class Program
    {
        static void Main(string[] args)
        {
            float chinese,maths,english;
            chinese = 77f;
            maths = 54f;
            english = 89f;
            float chin,math,engl;
            chin = (float)Math.Sqrt(chinese) * 10;      //(1)
            math = (float)Math.Sqrt(maths)  * 10;
            engl = (float)Math.Sqrt(english)  * 10;
            float sum = 0,average,max;
            sum + = chin; sum + = math; sum + = engl;
            average = sum/3;
            char phy = 'A',che = 'B';                     //(2)
            phy = + + phy;
            che = - - che;
            max = ((chin>maths ? chin:maths)>engl) ? (chin>maths ? chin:maths):engl;//(3)
            bool pass;
            pass = sum >= 350&&(phy >= 'A'&&che >= 'B'|| phy >= 'B'&&che >= 'A'); //(4)
            Console.WriteLine("语文 = {0:f0},数学 = {1:f0},英语 = {2:f0}",chin,math,engl);
            Console.WriteLine("总分 = {0:f0},平均分 = {1:f0}",sum,average);
            Console.WriteLine("三门最高分 = {0:f0}",max);
            Console.WriteLine("phy = {0},che = {1}",phy,che);
            Console.WriteLine("该学生达到考核要求:{0}",pass);
        }
    }
}
```

（2）选择"调试"→"开始执行（不调试）"选项，即弹出一个窗口，显示程序的运行结果，如图 1-20 所示。

5. 注意点

（1）"english＝89f;"中"f"表示该数值为 float 型；"Console.WriteLine("三门最高分＝{0:f0}", max);"中"f0"表示以 float 型、小数位数为 0 格式输出。

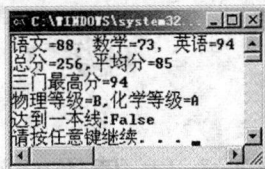

图 1-20　任务 2.6 运行结果

（2）System. Math 表达常用数学函数类，非命名空间，请注意命名空间与类的区别。常用的数学函数见表 1-16。

表 1-16　　　　　　　　常用 C# 中数学函数（含公共字段）

序　号	函数名称	说　明
1	Abs	已重载。返回指定数字的绝对值
2	Acos	返回余弦值为指定数字的角度
3	Asin	返回正弦值为指定数字的角度
4	Atan	返回正切值为指定数字的角度
5	Atan2	返回正切值为两个指定数字的商的角度
6	Ceiling	已重载。返回大于或等于指定数字的最小整数
7	Cos	返回指定角度的余弦值
8	Cosh	返回指定角度的双曲余弦值
9	Exp	返回 e 的指定次幂
10	Floor	已重载。返回小于或等于指定数字的最大整数
11	GetHashCode	用作特定类型的哈希函数。GetHashCode 适合在哈希算法和数据结构（如哈希表）中使用（从 Object 继承）
12	Log	已重载。返回指定数字的对数
13	Log10	返回指定数字以 10 为底的对数
14	Max	已重载。返回两个指定数字中较大的一个
15	Min	已重载。返回两个数字中较小的一个
16	Pow	返回指定数字的指定次幂
17	Round	已重载。将值舍入到最接近的整数或指定的小数位数
18	Sign	已重载。返回表示数字符号的值
19	Sin	返回指定角度的正弦值
20	Sinh	返回指定角度的双曲正弦值
21	Sqrt	返回指定数字的平方根
22	Tan	返回指定角度的正切值
23	Tanh	返回指定角度的双曲正切值
24	ToString	返回表示当前 Object 的 String（从 Object 继承）
公共字段		
1	E	表示自然对数的底，由常数 e 指定
2	PI	表示圆的周长与其直径的比值，通过常数 π 指定

（3）"chin＝(float)Math. Sqrt(chinese) * 10"中函数 Sqrt() 结果是 double 型，必须进行强制转换。

（4）"phy＝＋＋phy;"语句不能书写成"phy＝＋＋('A');"，因为字符'A'不是变量，而自增或自减运算符是针对变量操作的。

（5）注意条件运算符中表达式的书写。

任务 3　使用流程控制语句操作学生成绩表

任务 3.1　使用 if-else 语句、switch 语句操作一名学生成绩信息

1. 知识准备

到目前为止,我们所编写的程序局限于按照编写的顺序执行,中间不能发生任何跳转或者循环等变化。然而在实际生活中,并非所有的事情都是按部就班地进行,程序也是这样的。为了适应各种情况的变化,经常需要跳转或者改变程序执行的顺序。用于实现这些目的的语句称为流程控制语句。这里首先学习选择语句(if-else、switch)。

📖 **简单 if 语句**

前面我们在运算符中讲解的条件运算符,实际就是用来实现选择语句的功能。

简单的 if 语句的一般形式为:

```
if(条件)
{
    语句(或语句块);
}
```

它的含义是当条件满足时,执行括号内的"语句(或语句块)",执行完后接着执行"}"后的语句;如果条件不满足,则括号内语句不执行,转去执行"}"后面的语句。其程序执行流程如图1-21 所示。

注意:

(1)语句块指的是多条语句,如果语句块只是一条语句,则"{"和"}"可以省略。

(2)条件两边的圆括号"("和")"不能省略。

(3)")"后不能有分号";","}"后也不要有分号";"。

例如,输入三个数,并由小到大排序:

```
int x = 5,y = 1,z = 3,t;
if(x>y)            /* 交换 x,y 的值 */
{ t = x; x = y; y = t; }
if(x>z)            /* 交换 x,z 的值 */
{ t = x; x = z; z = t; }
if(y>z)            /* 交换 y,z 的值 */
{ t = y; y = z; z = t; }
```

📖 **二分支 if 语句**

二分支 if 语句的一般形式为:

```
if(条件)
{
    语句1(或语句块 1);
}
else
```

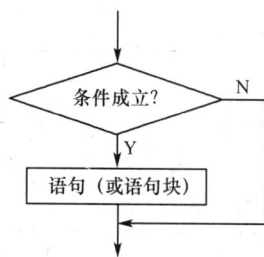

图 1-21　if 语句的执行流程

```
{
    语句 2(或语句块 2);
}
```

它的含义是当条件满足时,执行"语句 1(或语句块
1)";否则执行"语句 2(或语句块 2)"。其程序执行流程如
图 1-22 所示。

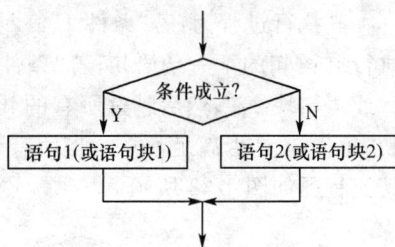

图 1-22　二分支 if 语句的执行流程

例如,给定年份 year,判定 year 是否为闰年:

```
int year = 2010;
if((year % 4 = = 0&&year % 100! = 0)||(year % 400 = = 0))
{
    Console.WriteLine("{0}是闰年!",year);
}
else
{
    Console.WriteLine("{0}不是闰年!",year);
}
```

📖 二分支 if 语句嵌套

在 if 语句中可以是语句块(或称复合语句),而在语句块中又可以嵌套另一个 if 语句,这样可以组成 if 语句的嵌套。

例如,给出三个数 x,y,z,求其最大值:

```
int x = 5,y = 1,z = 3;
if(x<y)
    if(y<z)
        Console.WriteLine("最大值 z = {0}",z);
    else
        Console.WriteLine("最大值 y = {0}",y);
else
    if(x<z)
        Console.WriteLine("最大值 z = {0}",z);
    else
        Console.WriteLine("最大值 x = {0}",x);
```

📖 多分支 if 语句

在二分支基础上"语句 2(或语句块 2)"的进一步复合可实现多分支结构,这就是多分支 if语句。其一般形式为:

```
if(条件 1)
    {语句 1(或语句块 1);}
else if(条件 2)
    {语句 2(或语句块 2);}
    …
else if(条件 n)
    {语句 n(或语句块 n);}
else
    {语句 n + 1(语句块 n + 1);}
```

其执行过程为：若"条件1"满足则执行"语句1(或语句块1)"，然后越过所有的 if 语句去执行 if 语句的下一条语句；若"条件1"不满足，则判断"条件2"是否满足，若满足则执行"语句2(或语句块2)"，然后越过所有的 if 语句去执行 if 语句的下一条语句；若"条件2"不满足，则判断"条件3"是否满足，……，当所有 if 条件均不满足时，则执行"语句 n＋1(或语句块 n＋1)"。其流程图如图 1-23 所示。

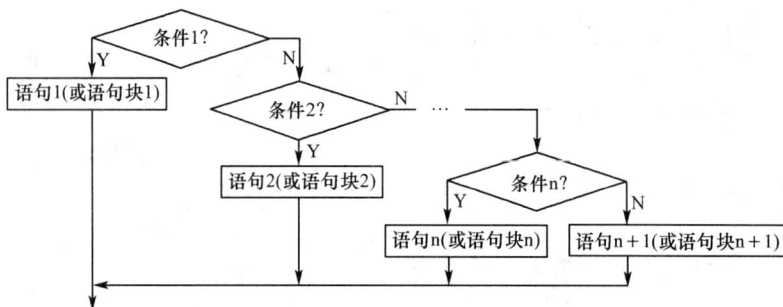

图 1-23　多支 if 语句的执行流程图

注意：

if 与 else 配对规则：C♯语言规定，else 子句总是和前面最近的一个 if 相配对。

📖 **switch 语句**

深层嵌套的 if-else 语句在语法上是正确的，但在逻辑上却没有正确表达程序的意图，而且如果分支太多，嵌套的层次就会很深，使程序冗长而且可读性差。针对这种情况，C♯同其他编程语言一样，提供了 switch 语句来实现多分支结构，来替代 if-else 语句。switch 语句将一个表达式的值与多个常量表达式的值一一比较，如果相等，则与之相应的语句被执行。

switch 语句的一般形式为：

```
switch(表达式)
{
    case 常量表达式 1:语句序列 1;break;
    case 常量表达式 2:语句序列 2;break;
    …
    case 常量表达式 n:语句序列 n;break;
    [default:语句序列 n＋1; break]
}
```

注意：

(1)switch 语句是关键字，其后面大括号括起来的部分称为 switch 语句体。特别注意大括号不能缺省。

(2)switch 后的表达式不能缺省，表达式两边的括号也不能缺省，其运算结果可以是整型、字符型或枚举型等。

(3)语句序列称为 switch 语句的子语句；switch 语句后的表达式称为开关控制表达式，所以有时称 switch 语句为开关语句；方括号内的语句可缺省，视具体情况而定。

switch 语句的执行过程如下：

(1)计算 switch 语句后的表达式的值；

(2)逐个比较表达式的值与 case 后面的常量表达式的值是否相等；

(3)当"表达式"的值与"常量表达式 i"的值相等时，则转去执行"语句序列 i"的各个语句，当执行到 break 语句时,终止 switch 语句,然后继续执行 switch 语句体后的下一条语句。

在 switch 语句中,break 语句的使用需要注意的是:break 语句也称间断语句,在各个 case 之后的语句必须加上 break 语句,否则,编译出错。switch 语句总是和 break 语句联合使用的,使用 switch 语句真正起到多个分支的作用。

switch 语句执行流程图如图 1-24 所示。

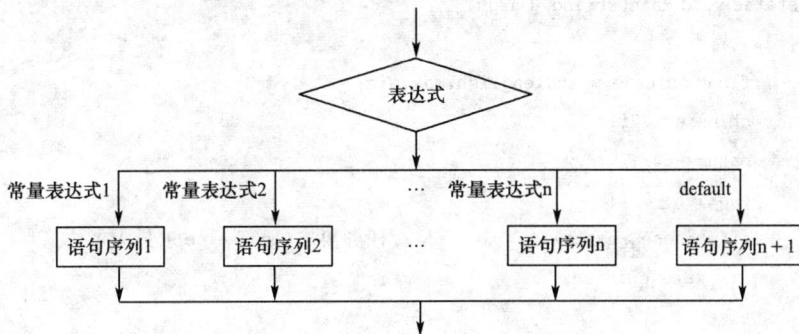

图 1-24　switch 语句的执行流程

2. 任务要求

(1)给一名学生"韦一笑"的三门课程成绩赋值,语文为 77,数学 54,英语 89,要求:①if-else-if 语句;②if-else 嵌套语句判定三门课程成绩最高分和最低分,并输出。

(2)假定考核要求分数线为 350,物理 A,化学 B,物理或化学必须至少有一门达到 B 等级,请使用 if-else 判断该名学生是否达到考核要求。

(3)使用 switch 语句,判定三门课程平均分的等级,要求输出的等级为:A(90～100);B(80～89);C(70～79);D(60～69);E(60 分以下)。

3. 任务分析

(1)if-else 嵌套格式要求:

```
if(条件表达式)
    if(条件表达式)
        …
    else
        …
else
    if(条件表达式)
        …
    else
        …
```

(2)平均分=(语文+数学+英语)/3,平均分类型为 float 型,要使用 switch 语句表示平均分等级,就要将其转化为整型数,并要求减少 case 语句的数量,把平均分转化为 0～10 的整数,使用表达式"等级=(int)(平均分/10)"。

4. 操作步骤(或代码)

(1)操作步骤一

①选择 Visual C♯项目的"█████控制台应用程序",输入项目的名称"Ex1_3_1_01",进入代码编辑器窗口,编辑如下代码:

```
/* 此处命名空间同前 */
namespace Ex1_3_1_01
{
    class Program
    {
        static void Main(string[] args)
        {
            float chinese,maths,english,max,min;
            chinese = 77f;
            maths = 54f;
            english = 89f;
            if(chinese>maths)                //任务要求(1)if-else 求最大者
                max = chinese;
            else
                max = maths;
            if(english>max)
                max = english;
            if(chinese<maths)                //任务要求(1)①求最小者
                min = chinese;
            else
                min = maths;
            if(english<min)
                min = english;
            Console.WriteLine("max = {0:f0},min = {1:f0}",max,min);
            if(chinese<maths)                //任务要求(1)②if-else 嵌套求最大者
                if(maths<english)
                    Console.Write("max = {0},",english);
                else
                    Console.WriteLine("max = {0},",maths);
            else
                if(chinese<english)
                    Console.Write("max = {0},",english);
                else
                    Console.Write("max = {0},",chinese);
            if(chinese>maths)                //任务要求(1)②if-else 嵌套求最小者
                if(maths>english)
                    Console.WriteLine("min = {0}",english);
                else
                    Console.WriteLine("min = {0}",maths);
            else
                if(chinese>english)
                    Console.WriteLine("min = {0}",english);
                else
```

```
        Console.WriteLine("min = {0}",chinese);
      }
    }
}
```

②选择"调试"→"开始执行(不调试)"选项,即弹出一个窗口,显示程序的运行结果,如图 1-25 所示。

(2)操作步骤二

①选择 Visual C♯项目的"■控制台应用程序",输入项目的名称"Ex1_3_1_02",进入代码编辑器窗口,编辑如下代码:

图 1-25　任务 3.1(1)运行结果

```
/* 此处命名空间同前 */
namespace Ex1_3_1_02
{
    class Program
    {
        static void Main(string[] args)
        {
            float chinese,maths,english;
            chinese = 77f;
            maths = 54f;
            english = 89f;
            float sum = chinese + maths + english;
            char phy = 'A',che = 'B';                //任务要求(2)
            bool pass;
            if(sum> = 350&&(phy> = 'A'&&che> = 'B'||phy> = 'B'&&che> = 'A'))
                Console.WriteLine("达到考核要求!");
            else
                Console.WriteLine("没有达到考核要求!");
        }
    }
}
```

②选择"调试"→"开始执行(不调试)"选项,即弹出一个窗口,显示程序的运行结果,如图 1-26 所示。

(3)操作步骤三

①选择 Visual C♯项目的"■控制台应用程序",输入项目的名称"Ex1_3_1_03",进入代码编辑器窗口,编辑如下代码:

图 1-26　任务 3.1(2)运行结果

```
/* 此处命名空间同前 */
namespace Ex1_3_1_03
{
    class Program
    {
        static void Main(string[] args)
        {
            float chinese,maths,english;
```

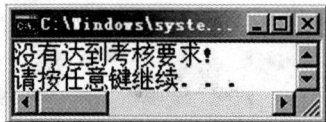

```
            chinese = 77f;
            maths = 54f;
            english = 89f;
            float sum = chinese + maths + english, average;
            int grade;
            average = sum/3;
            grade = (int)average/10;
            switch(grade)
            {
                case 10: Console.WriteLine("A(90 - 100)"); break;
                case 9: Console.WriteLine("A(90 - 100)"); break;
                case 8: Console.WriteLine("B(80 - 89)"); break;
                case 7: Console.WriteLine("C(70 - 79)"); break;
                case 6: Console.WriteLine("D(60 - 69)"); break;
                default: Console.WriteLine("E(60 分以下)"); break;
            }
        }
    }
}
```

②选择"调试"→"开始执行(不调试)"选项,即弹出一个窗口,显示程序的运行结果,如图 1-27 所示。

图 1-27　任务 3.1(3)运行结果

5. 注意点

任务 3.1(1)可以使用如下代码求最大者和最小者。

```
if(chinese<maths)                //最大值赋值 chinese
{
    temp = chinese;
    chinese = maths;
    maths = temp;
}
if(chinese<english)              //最大值赋值 chinese
{
    temp = chinese;
    chinese = english;
    english = temp;
}
if(maths<english)                //最小值赋值 english
{
    temp = maths;
    maths = english;
    english = temp;
}
Console.WriteLine("max = {0:f0},min = {1:f0}",chinese,english);
```

任务 3.2　使用 for 循环语句操作多名学生成绩信息

1. 知识准备

在任务 3.1 中，我们通过选择和判断解决了多分支情况的问题，但有些问题仅通过选择和判断还不能解决。例如，要求输出九九乘法表，如果用前面所学的知识编制输出九九乘法表的一行，程序如下：

```
Console.Write("{0}*{1}={2} {3}*{4}={5} {6}*{7}={8}",1,1,1*1,1,2,1*2,1,3,1*3);
Console.Write("{0}*{1}={2} {3}*{4}={5} {6}*{7}={8}",1,4,1*4,1,5,1*5,1,6,1*6);
Console.Write("{0}*{1}={2} {3}*{4}={5} {6}*{7}={8}",1,7,1*7,1,8,1*8,1,9,1*9);
```

一行九九乘法表就要三条输出语句，如果九行全部输出，就要 27 条输出语句。假如要输出数 1～10000，可能需要 10000 条输出语句，这样既费时又费力。我们需要一种方法可以快速有效地执行重复性操作，在编程语言中可以通过循环结构来解决这类问题。

📖 **for 循环语句**

(1)for 循环语句的一般形式

```
for(表达式 1;表达式 2;表达式 3)
{
    循环体;
}
```

其中，"表达式 1"可以是赋值表达式、逗号表达式或函数调用表达式，通常是循环控制的初始化部分，为循环中所使用的变量赋初值；"表达式 2"通常是关系表达式或逻辑表达式，是循环控制的条件，循环反复执行多次，必须在循环条件满足的情况下(即"表达式 2"的值为非 0)才能执行，否则循环终止；"表达式 3"是赋值表达式或算术表达式，使循环变量的值或循环控制条件得到修改，使循环只能进行有限次；"循环体"是循环结构中反复执行的语句，可以是空语句(;)、单个语句或复合语句。

(2)for 循环的执行过程

①计算表达式 1 的值；

②计算表达式 2 的值，若其值非 0，则执行步骤③；若为 0，则转向步骤⑥；

③执行循环体；

④计算"表达式 3"的值；

⑤跳转到②继续执行；

⑥终止循环，执行 for 语句后的下一条语句。

for 语句的执行流程如图 1-28 所示。

for 语句是 C♯ 中所提供的功能更强，使用更为广泛的一种循环语句。不仅可以用于循环次数已经确定的情况，而且可以用于循环次数不确定的且只给出循环结束条件的情况，它完全可以取代后面将要介绍的 while 循环和 do-while 循环。

(3)for 循环的格式说明

①for 循环语句的一般形式中"表达式 1"可以省略，如下列语句：

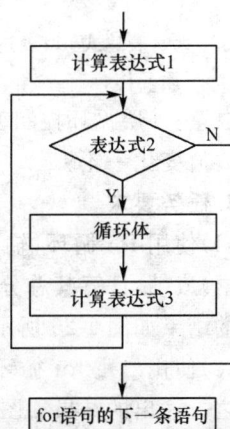

图 1-28　for 语句的执行流程图

```
for(i=1;i<=n;i++)  f=f*I;
```

可以改写为：

```
i=1;
for(;i<=n;i++) f=f*i;
```

②如果"表达式2"省略，即不判断循环条件，循环将无终止地进行下去。例如：

```
for(i=1;;i++) f=f*i;
```

③"表达式3"可以省略，但此时程序设计者必须保证循环能够通过其他设计正常结束。例如：

```
for(i=1;i<=n;)
{ f=f*i;i++;}
```

④可以只有"表达式2"，无"表达式1"和"表达式3"。例如：

```
i=1;
for(;i<=n;) { f=f*i;i++; }
```

⑤省略"表达式1""表达式2"和"表达式3"，必须要有能力终止循环。例如：

```
i=1;
for(;;)
{
    f=f*i;
    i++;
    if(i>n)
    break;        //使用break跳出for循环
}
```

（4）for循环的嵌套

一个循环体内可包含另外一个完整的循环结构。内嵌的循环中还可以继续嵌套循环，这就是循环的嵌套。

嵌套for循环语句的一般形式为：

```
for(表达式11;表达式12;表达式13)
    for(表达式21;表达式22;表达式23)
    …
    for(表达式n1;表达式n2;表达式n3)
    {循环体;}
```

注意：外层循环控制变量变化一次，内层循环控制变量要从初值到终值变化一轮。

2.任务要求

（1）使用for循环，输入一名学生的三门必修课程（语文、数学和英语）成绩，计算其总分和平均分，输出该名学生总分和平均分。输出的结果如图1-29所示。

图1-29　任务3.2(1)运行结果

（2）使用二重for循环，输入三名同学的三门必修课程成绩，计算每人的总分和平均分，并输出之。输出的结果如图1-30所示。

3.任务分析

（1）输入成绩信息采用如下语句：

```
Console.Read();
```

或

```
Console.ReadLine();
```

(2)每人的总分和平均分是指每人的三门课程(必修课程)的总分和平均分。

4.操作步骤

(1)选择 Visual C♯项目的"🔲控制台应用程序",输入项目的名称"Ex1_3_2_01",进入代码编辑器窗口,编辑如下代码:

```
/* 此处命名空间同前 */
namespace Ex1_3_2_01
{
    class Program
    {
        static void Main(string[] args)
        {
            int i;
            float sum = 0,average;
            for(i = 0; i< = 2; i+ +)
                sum + = float.Parse(Console.ReadLine());
            average = sum/3;
            Console.WriteLine("总分 = {0:f0},平均分 = {1:f0}",sum,average);
        }
    }
}
```

(2)选择"调试"→"开始执行(不调试)"选项,即弹出一个窗口,显示程序的运行结果,如图 1-29 所示。

(3)选择 Visual C♯项目的"🔲控制台应用程序",输入项目的名称"Ex1_3_2_02",进入代码编辑器窗口,编辑如下代码:

```
/* 此处命名空间同前 */
namespace Ex1_3_2_02
{
    class Program
    {
        static void Main(string[] args)
        {
            int i,j;
            float sum = 0,average;
            for(i = 0; i< = 2; i+ +)
            {
                for(j = 0; j<3; j+ +)
                {
                    Console.Write("第{0}学生第{1}门课程成绩:",i+1,j+1);
                    sum + = float.Parse(Console.ReadLine());
                }
```

```
        average = sum/3;
        Console.WriteLine("第{0}学生的总分 = {1:f0}，平均分 = {2:f0}", i + 1, sum,
        average);
        sum = 0;
        Console.WriteLine("- - - - - - - - - - - - - - - - - - - - - - - - - -");
            }
        }
    }
}
```

(4)选择"调试"→"开始执行(不调试)"选项，即弹出一个窗口，显示程序的运行结果，如图1-30所示。

5.注意点

(1)任务3.2(1)中的"sum＋＝float.Parse(Console.ReadLine());"不能书写成"sum＋＝float.Parse(Console.Read());"。因为 Parse()方法的参数是 string 型，Read()方法的返回值为 int 型，ReadLine()方法返回值为 string 型。否则会出现如下错误提示：

错误1与"float.Parse(string)"最匹配的重载方法具有一些无效参数；错误2参数"1"：无法从"int"转换为"string"。

或可将其书写成"sum＋＝float.Parse(Console.Read().ToString());"。

(2)任务3.2(2)的希望输出结果如图1-31所示，但由于还没有学习数组知识，无法保存中间结果，只能产生如图1-30所示的结果。

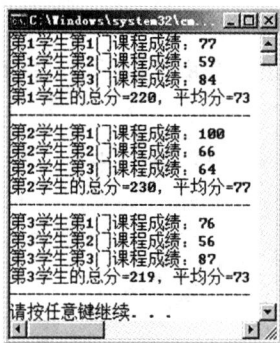

语文	数学	英语	总分	平均分
77	54	89	220	73
100	66	64	230	77
76	56	87	219	73

图1-30 任务3.2(2)运行结果　　　图1-31 任务3.2(2)希望输出结果

任务3.3 使用 while 循环语句操作多名学生成绩信息

1.知识准备

📖 while 循环语句

(1)while 循环的一般形式

```
while(表达式)
{
    循环体;
}
```

说明：

　　"while"为循环关键字,表示该结构为 while 循环结构。圆括号中的"表达式"为循环控制条件,如果表达式结果为 true,则循环执行;如果表达式结果为 false,则循环结束。控制循环的表达式为逻辑表达式,也可为其他复杂表达式,如赋值表达式、函数调用的结果等。无论是何表达式,其最终结果都是作为逻辑值。循环每执行一次,都要计算一次循环控制方式。

　　while 循环称为"当型"循环,当型循环的循环体可能在循环结束时一次都没有执行过。

　　(2)while 执行过程

　　循环开始,计算"表达式",如果其值为 true 则执行"循环体",否则循环结束;当执行完"循环体"后,程序又回到循环开始处继续判断。while 循环的执行流程如图 1-32 所示。

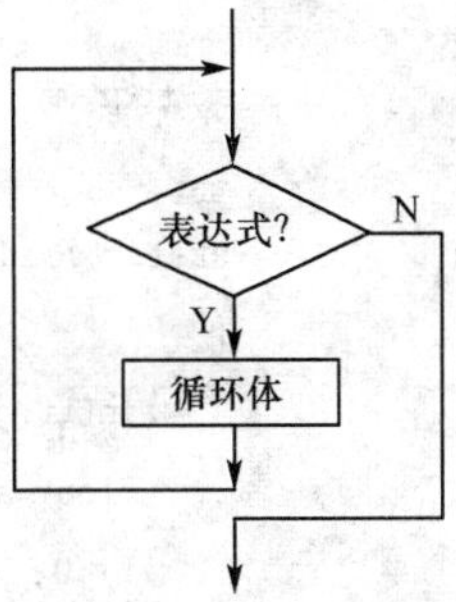

2.任务要求

　　(1)使用 while 循环,输入一名学生的三门必修课程(语文、数学和英语)成绩,计算其总分和平均分,输出该名学生总分和平均分。

　　(2)使用二重 while 循环,输入三名学生的三门必修课程成绩,计算每人的总分和平均分,并输出之。输出的结果见图 1-30。

3.任务分析

　　while 循环的初始化条件应放在循环外面,循环计数应放在循环结束前。

4.操作步骤

　　(1)选择 Visual C# 项目的"▇▇控制台应用程序",输入项目的名称"Ex1_3_3_01",进入代码编辑器窗口,编辑如下代码:

图 1-32　while 语句的执行流程图

```
/*此处命名空间同前*/
namespace Ex1_3_3_01
{
    class Program
    {
        static void Main(string[] args)
        {
            int i;
            float sum = 0,average;
            i = 1;
            while(i<=3)
            {
                sum += float.Parse(Console.ReadLine());
                i++;
            }
            average = sum/3;
            Console.WriteLine("总分={0:f0},平均分={1:f0}",sum,average);
        }
    }
}
```

（2）选择"调试"→"开始执行（不调试）"选项，即弹出一个窗口，显示程序的运行结果，如图 1-29 所示。

（3）选择 Visual C# 项目的"▓▓控制台应用程序"，输入项目的名称"Ex1_3_3_02"，进入代码编辑器窗口，编辑如下代码：

```csharp
/ * 此处命名空间同前 * /
namespace Ex1_3_3_02
{
    class Program
    {
        static void Main(string[] args)
        {
            int i,j;
            float sum = 0,average;
            i = 0;
            while(i<3)
            {
                j = 0;
                while(j<3)
                {
                    Console.Write("第{0}学生第{1}门课程成绩:",i + 1,j + 1);
                    sum + = float.Parse(Console.ReadLine());
                    j + + ;
                }
                average = sum/3;
                Console.WriteLine("第{0}学生的总分 = {1:f0},平均分 = {2:f0}",i + 1,sum,average);
                sum = 0;
                i + + ;
                Console.WriteLine(" - - - - - - - - - - - - - - - - - - - - - - - - - - - - -");
            }
        }
    }
}
```

（4）选择"调试"→"开始执行（不调试）"选项，即弹出一个窗口，显示程序的运行结果，见图 1-30。

任务 3.4　使用 do-while 循环语句操作多名学生成绩信息

1. 知识准备

📖 do-while 循环语句

（1）do-while 循环一般形式

```
do
{
```

循环体；

}while(表达式)；

（2）do-while 循环执行过程

循环开始后，首先执行循环体，然后计算控制表达式。若其值为 true，回到循环开始，继续执行循环体；否则，循环结束。do-while 循环的执行过程如图 1-33 所示。

（3）do-while 循环说明

do-while 循环与 while 循环相似，差别只在于两种循环的控制表达式所处位置。do-while 循环与 while 循环不同之处是：do-while 循环至少执行一次循环体，while 循环可能一次循环体都不会执行。

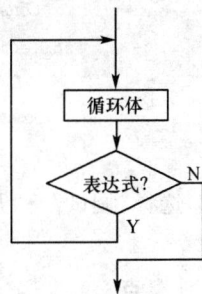

图 1-33　do-while 语句的执行流程图

2. 任务要求

使用二重 do-while 循环，输入三名同学的三门必修课程成绩，计算每人的总分和平均分，并输出之。

3. 任务分析

do-while 循环条件务必注意和 while 循环一样是满足条件才执行循环。

4. 操作步骤

（1）选择 Visual C♯项目的"▓▓控制台应用程序"，输入项目的名称"Ex1_3_4"，进入代码编辑器窗口，编辑如下代码：

```
/ * 此处命名空间同前 * /
namespace Ex1_3_4
{
    class Program
    {
        static void Main(string[] args)
        {
            int i,j;
            float sum = 0,average;
            i = 0;
            do
            {
                j = 0;
                do
                {
                    Console.Write("第{0}学生第{1}门课程成绩:",i + 1,j + 1);
                    sum + = float.Parse(Console.ReadLine());
                    j + + ;
                } while(j<3);
                average = sum/3;
                Console.WriteLine("第{0}学生的总分 = {1:f0},平均分 = {2:f0}",i + 1,sum,
                average);
```

```
            sum = 0;
            i + + ;
            Console.WriteLine(" - - - - - - - - - - - - - - - - - - - - - - - - - ");
        }while(i<3);
    }
 }
}
```

(2)选择"调试"→"开始执行(不调试)"选项,即弹出一个窗口,显示程序的运行结果,见图 1-30。

5. 注意点

(1)注意 do-while 循环中:

```
do
{
    循环体;
}while(循环条件);
```

最后面的";"不能缺省。

(2)注意循环控制变量的边界值。

任务 3.5   使用 for、while 和 do-while 循环嵌套操作多名学生成绩信息

1. 知识准备

📖 **for、while 和 do-while 循环嵌套**

前面在 for 循环中介绍了循环嵌套概念,即一个循环体内又包含另一个完整的循环结构,称为嵌套循环。内嵌的循环中还可以包含嵌套循环,这就是多层循环。

三种循环(for 循环、while 循环和 do-while 循环)可以互相嵌套。例如,下列几种都是合法的形式:

```
(1)while()                    (2)while()
   {                             {
       …                             …
       while()                       do
       {…}                           {…}
   }                                 while();
                                     …
                                 }

(3)do                         (4)for(;;)
   {                             {
       …                             …
       do                            while()
       {…}                           {…}
       while();                      …
   }while();                     }
```

(5)for(;;)   (6)do
```
{                                   {
    for(;;)                             ...
    ...                                 for(;;)
}                                       {}
                                    }while();
```

循环嵌套不能出现交叉嵌套。如图 1-34(a)所示是正确的,图 1-34(b)所示是不正确的。

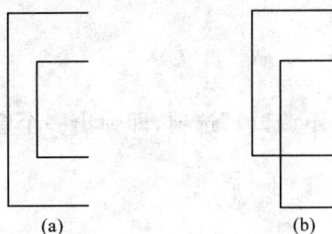

(a)   (b)

图 1-34 循环嵌套

2.任务要求

使用二重 for 与 while 循环,输入三名同学的三门必修课程成绩,计算每人的总分和平均分,并输出之。

3.任务分析

for 与 while 循环格式中初始化要求如下:

for 的初始化变量可以放在 for 后面的括号内和 for 之前,而 while 的初始化条件要求放在 while 之前。

4.操作步骤

(1)选择 Visual C # 项目的“■■控制台应用程序”,输入项目的名称“Ex1_3_5”,进入代码编辑器窗口,编辑如下代码:

```
/ * 此处命名空间同前 * /
namespace Ex1_3_5
{
    class Program
    {
        static void Main(string[] args)
        {
            int i,j;
            float sum = 0,average;
            for(i = 0; i<3;i + + )
            {
                j = 0;
                while(j<3)
                {
                    Console.Write("第{0}学生第{1}门课程成绩:",i + 1,j + 1);
                    sum + = float.Parse(Console.ReadLine());
```

```
            j + + ;
        }
    average = sum/3;
    Console.WriteLine("第{0}学生的总分 = {1:f0},平均分 = {2:f0}",i + 1,sum,
    average);
    sum = 0;
    Console.WriteLine("- - - - - - - - - - - - - - - - - - - - - - - - - -");
        }
    }
}
}
```

(2)选择"调试"→"开始执行(不调试)"选项,即弹出一个窗口,显示程序的运行结果,见图
1-30。

5. 注意点

for、while 和 do-while 三种循环只需熟练掌握其中一种,即可解决所有循环问题,只是每
个人的习惯和循环的适用场合略有不同,不必较真一定要熟练掌握三种循环。

任务 3.6 使用 **break**、**continue** 和循环语句操作多名学生成绩信息

1. 知识准备

📖 **break 语句和 continue 语句**

在循环执行过程中,我们有时不知道循环要执行的次数,所以需要找到一种机制,在满足
某种条件时跳出循环。这时,需要根据条件跳出循环的一些语句,终止循环的条件可在循环体
内。C♯语言提供了 break 和 continue 两个关键字,用于改变程序的控制流。

(1)break 语句

break 语句通常用在 switch 语句及循环语句中,当 break 用于 switch 语句中时,可使程序
跳出 switch 语句,而执行 switch 语句后面的语句;当 break 语句用于三种循环(for 循环、
while 循环和 do-while 循环)中时,可使循环终止而执行循环后面的语句。

break 语句实际上就是为了使用户能方便地从循环执行中退出。通常应把 break 语句放
在条件语句控制之下,以便在某条件满足时立即结束循环。

(2)continue 语句

continue 语句只能用在循环里。continue 语句的作用是跳过循环体中剩余的语句而准备
执行下一次循环。对于 while 和 do-while 循环,continue 执行之后的动作是条件判断;对于
for 循环,随后的动作是变量更新。

注意 break 语句和 continue 语句的差别。break 语句导致循环终止,使程序控制流转向
该循环语句之后;continue 引起的则是循环内部的一次控制转移,使执行控制跳到循环体的最
后,相当于跳过循环体里这个语句后面的那些语句,继续下一次循环。如图 1-35 所示,说明了
break 语句和 continue 语句引起的控制转移的情况。

2. 任务要求

使用二重 for 与 while 循环,要求外层循环使用 for(;;),内层使用 while 循环,输入三名
学生的三门必修课程成绩,当输入的人数小于 3 时,继续循环,大于 3 时结束循环。计算每人

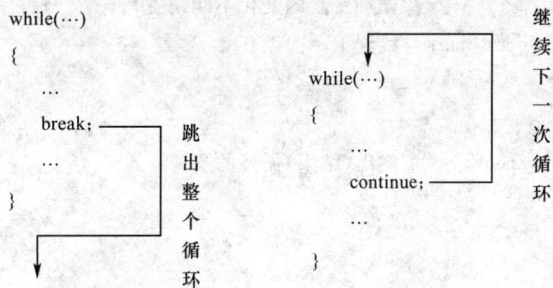

图 1-35　break 和 continue 语句引起的控制转移

的总分和平均分,并输出之。

3. 任务分析

for(;;)循环的初始化在 for 之前,循环控制变量的变化在循环体内部,循环结束的控制也在循环体内部。

4. 操作步骤

①选择 Visual C♯项目的"　控制台应用程序",输入项目的名称"Ex1_3_6",进入代码编辑器窗口,编辑如下代码:

```
/* 此处命名空间同前 */
namespace Ex1_3_6
{
    class Program
    {
        static void Main(string[] args)
        {
            int i,j;
            float sum = 0,average;
            i = 1;                //外层循环初始化
            for(; ;)              //无结束条件和循环变量的变化
            {
                j = 0;            //内层循环初始化
                while(j<3)
                {
                    Console.Write("第{0}学生第{1}门课程成绩:",i,j+1);//提示输入
                    sum + = float.Parse(Console.ReadLine());
                    j+ +;
                }
                average = sum/3;
                Console.WriteLine("第{0}学生的总分 = {1:f0},平均分 = {2:f0}",i,sum,average);
                sum = 0;          //注意此语句
                Console.WriteLine("- - - - - - - - - - - - - - - - - - - - - - - - - - - - -");
                if(i<3)
                {
```

```
            i++;     //循环变量的变化不能缺省
            continue;//跳到下一次循环
        }
        else
            break;    //跳出(结束)循环的条件
    }
  }
}
```

（2）选择"调试"→"开始执行（不调试）"选项，即弹出一个窗口，显示程序的运行结果，见图1-30。

5. 注意点

（1）注意如下语句：

```
if(i<3)
{
    i++;
    continue;
}
else
    break;
```

该语句不能放在 for 循环之前，否则不能达到预期的目的，也不能放在 while 循环之前。

（2）在内层循环结束之后，别忘了语句"sum＝0；"，否则，求出的不是每名学生的总分，而是所有学生的总分。

任务 4   使用数组操作多名学生成绩信息

任务 4.1   使用一维数组操作一名学生成绩信息

1. 知识准备

本任务讲解数组知识，这之前没有把数组放在引用类型的字符串类型后讲解，是因为之前没有讲解循环。我们在使用数组时，如果没有学习循环知识，则学习数组没有太多的实际意义。

在前任务中，我们使用的都是简单数据类型（整型、字符型和实型等）的数据。

在程序运行过程中，使用变量可以存储单个数据，而要存储多个相关的数据则要使用数组。数组是程序设计中处理较复杂问题必须使用的数据存储方式。

将一组有序的、个数有限的、数据类型相同的数据组合起来作为一个整体，用一个统一的名字（数组名）来表示，这些有序数据的集合称为一个数组。

数组元素在数组里顺序排列编号，首元素的编号规定为 0，其他元素依次递增编号。数组元素的编号称为元素的下标，数组中的每个元素都可以通过下标访问。由于元素是按顺序存储的，可以通过下标快速地访问到每个元素，数组大小是数组可容纳的元素的最大数量。

如图 1-36 所示，显示了数组中涉及的概念，包括数组的名称、大小、数组中的元素及数组的下标。

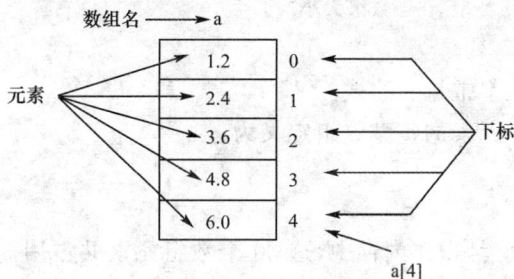

图 1-36　数组元素及下标描述

数组有一维数组和多维数组。一维数组外观上有多行数据，但只有一列二维表，二维数组外观是有多行多列的二维表形式。

图 1-36 所示就是一个一维数组。表 1-17 所示就是一个二维数组（即表中右三列中的数据）。

表 1-17　　　　　　　　　　一个二维数组

姓名	语文	数学	英语
韦一笑	77	54	64
欧阳俊一	100	66	64
江涛	76	56	87

📖 **一维数组**

在 Visual C♯ 2010 中，数组实际上是引用类型，这是 C♯ 的数组与其他程序设计语言的数组的最大差别。此外，在声明及使用方式等方面都有所不同。

仅含有一个下标的数组称为一维数组，其中的数据排列成一行。

（1）一维数组的定义

数组的类型实际上是指数组元素的取值类型。对于同一个数组，其所有的数据类型都是相同的。数组名的书写规则应符合标识符的规定。数组名不能与其他变量名相同。

一维数组的一般形式为：

＜数组类型＞［］＜数组名＞；

说明：

①"＜数组类型＞"是指构成数组的元素的数据类型，可以是任意简单类型或自定义类型（如结构和枚举）。

②方括号"［］"必须放在"＜数组类型＞"之后，而不是放在数组名之后，这与 C 语言有很大的区别。

③声明数组时不能指定数组的大小。

例如：

```
int［］ a；
string［］ str；
```

（2）创建一维数组实例

数组是引用类型，需要使用 new 关键字创建数组的实例，这样才会真正分配内存。声明数组时，不需要指定数组的大小，因此在声明数组时并不分配内存，而只有在创建数组实例时，才指定数组的大小，同时给数组分配相应大小的内存。使用 new 关键字创建的数组实例，应存放在内存的"堆"中。

创建一维数组实例的语法的一般形式为：

＜数组名＞= new ＜数组类型＞[＜数组大小＞]

说明：

＜数组大小＞必须是整常量表达式。

例如，一个含有 30 个元素的整型数组定义为：

int[] a;

a = new int[30];

a[30]数组共有 30 个元素，在内存中，这 30 个数组元素共占用 30 个连续的存储单元，每个存储单元中只能存储一个整数。第一个元素对应的存储单元的地址称为数组首地址（在 Visual C#中每个 int 单元占用 4 个字节）。

(3)一维数组的初始化

数组的初始化是指在定义数组的同时为数组元素赋初始值。一维数组初始化的一般形式为：

＜数组名＞= new ＜数组类型＞[[＜数组大小＞]]{值 1,值 2,…,值 n};

或

＜数组类型＞[] ＜数组名＞= new ＜数组类型＞[[＜数组大小＞]]{值 1,值 2,…,值 n};

或

＜数组类型＞[] ＜数组名＞= {值 1,值 2,…,值 n};

说明：

①其中，"{ }"括号中的各个值依次对应赋给数组中的各个元素，各个元素之间用","分开。

②"[[＜数组大小＞]]"中"[＜数组大小＞]"是可选的，可以不设置数组大小值。

例如：

int[] a = new int[5]{5,4,3,2,1};

或

int[] a;

a = new int[5]{5,4,3,2,1};

或

int[] a;

a = new int[]{5,4,3,2,1};

或

int[] a = {5,4,3,2,1};

即 a[0]=5、a[1]=4、a[2]=3、a[3]=2、a[4]=1。

初始化数组时也应注意以下几点：

①"{}"中初值的个数必须与指定的数组大小完全匹配，不能多也不能少，这与 C 语言有本质的差异。

例如：

int[] e = new int[5]{4,3,2,1};   //编译出错,初始化元素个数小于数组大小

int[] f = new int[5]{6,5,4,3,2,1};   //编译出错,初始化元素个数大于数组大小

则编译出错。

②数组大小可以是常量或常量表达式,但结果必须是整数常量。

例如:

int[ ] g = new int[3.4 + 5];

是错误的。

int[ ] g = new int[(int)(3.4) + 5];

是正确的。

(4)一维数组的引用

C♯ 规定数组不能以整体形式参与各种运算,参与各种运算的只能是数组元素,即在程序中不能一次引用整个数组而只能逐个引用数组元素。一维数组的引用形式为:

<数组名>[<下标>]

其中:

①下标可以是整型常量、整型变量或整型表达式。

②下标值<数组大小。

例如:

int[ ] a = new int[5]{5,4,3,2,1};

则其元素的引用形式为:a[0]=5、a[1]=4、a[2]=3、a[3]=2、a[4]=1。

一个数组元素可以像一般变量那样参与赋值、算术运算及输入/输出等操作。所以,一维数组的元素可称为单下标变量。

2. 任务要求

使用一维数组和 for 循环,输入一名学生的三门必修课程(语文、数学和英语)成绩,计算其总分和平均分,输出每门课程成绩、总分和平均分。

3. 任务分析

假如,定义一维数组 score 来表示一名学生的三门必修课程成绩,则其定义如下:

float[ ] score = new float[3];

4. 操作步骤

(1)选择 Visual C♯ 项目的“▇控制台应用程序”,输入项目的名称“Ex1_4_1”,进入代码编辑器窗口,编辑如下代码:

```csharp
using System;
using System.Collections.Generic;
using System.Text;
namespace Ex1_4_1
{
    class Program
    {
        static void Main(string[] args)
        {
            int i;
            float sum = 0,average;
            float[] score = new float[3];//数组实例的创建
            for(i = 0; i<3; i++)
            {
                Console.Write("请输入第{0}门课程成绩:",i+1);
```

```
            score[i] = float.Parse(Console.ReadLine());
            sum + = score[i];
        }
        average = sum/3;
        Console.WriteLine("  语文   数学   英语");
        Console.WriteLine("- - - - - - - - - - - - - - - - - - - - - - - - -");
        for(i = 0；i<3；i + +)
            Console.Write("{0,6:f0}",score[i]);
        Console.WriteLine();
        Console.WriteLine("- - - - - - - - - - - - - - - - - - - - - - - - -");
        Console.WriteLine("总分 = {0:f0},平均分 = {1:f0}",sum,average);
    }
  }
}
```

(2)选择"调试"→"开始执行(不调试)"选项,即弹出一个窗口,显示程序的运行结果,如图 1-37 所示。

5.注意点

"Console.Write("{0,6:f0}",score[i]);"语句如果书写为:

Console.Write("{0,-6:f0}",score[i]);

"-6:f0"中"-"表示左对齐,"6"表示输出数据宽度,"f"表示输出数据类型,"0"表示小数位数为 0。

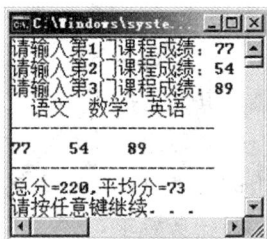

图 1-37 任务 4.1 运行结果

任务4.2 使用二维数组操作多名学生成绩信息

1.知识准备

📖 二维数组

(1)二维数组的定义

前面介绍的数组只有一个下标,称为一维数组。在实际应用中很多情况都需要二维或多维数组。即含有多个下标,以标识它在数组中的位置。含有两个下标的数组称为二维数组,其中的数据是按二维表的形式排列,即数据分为若干行和列。C♯语言规定,二维数组的行下标和列下标也是从 0 开始计算的。

二维数组定义的一般形式为:

<数组类型>[,]<数组名> = new <数组类型>[常量表达式 1,常量表达式 2];

其中,"常量表达式 1"表示行下标的长度,"常量表达式 2"表示列下标的长度。

例如:

int[] a[3,4];

定义了一个 3 行 4 列的数组,数组名为 a,数组元素的数据类型为 int,该数组的元素共有 3×4 = 12 个,即:

a[0,0] a[0,1] a[0,2] a[0,3]
a[1,0] a[1,1] a[1,2] a[1,3]
a[2,0] a[2,1] a[2,2] a[2,3]

对此二维数组可以理解为有三个元素:a[0]、a[1]、a[2],这三个元素都是包含 4 个元素的数组。如图 1-38 所示。

数组 a 在内存中的存放顺序如图 1-39 所示。从图中可看出先存放 a[0]中的四个元素 a[0,0],a[0,1],a[0,2],a[0,3];然后存放 a[1]中的四个元素 a[1,0],a[1,1],a[1,2],a[1,3];最后存放 a[2]中的四个元素 a[2,0],a[2,1],a[2,2],a[2,3]。

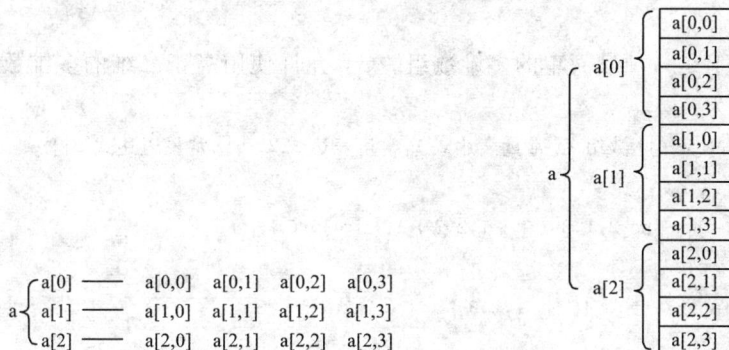

图 1-38　数组 a 的存储结构　　　　　　图 1-39　数组 a 在内存中的存放位置

从上图中还可以看出,a[0]、a[1]、a[2]代表的不是数组的具体元素,不能当作带有下标的变量一样使用,它们每个都相当于一个一维数组,即一维数组名,是代表数组中三行元素的首地址。

(2)二维数组的初始化

二维数组初始化,也需要使用 new 关键字创建二维数组实例。

二维数组初始化的语法一般如下:

<数组类型>[,]<数组名> = new <数组类型>[常量表达式 1,常量表达式 2]{初始化数组值序列};

二维数组的初始化也是在类型说明时给各下标变量赋初值。例如:

int[,] a = new int[3,4]{{1,2,3,4},{5,6,7,8},{9,10,11,12}};

或

int[,] a;

a = new int[3,4]{{1,2,3,4},{5,6,7,8},{9,10,11,12}};

二维数组赋初值应注意如下几点:

①不可以只对部分元素赋初值,这与 C 语言有本质的不同。

int[,]a = new int[3,4]{{1},{2},{3}};//错误

②赋全部初值时,则行、列下标的长度可以不给出。例如:

int[,] a = {{1,2,3,4},{5,6,7,8},{9,10,11,12}};

但是,如下代码是错误的,这与 C 语言有本质的不同:

int[,] a = new int[3,4]{1,2,3,4,5,6,7,8,9,10,11,12};

(3)二维数组元素的引用与赋值

二维数组的元素也称为双下标变量,其一般表示形式为:

<数组名>[<下标 1>,<下标 2>]

其中,"<下标 1>"称为左下标或行下标,"<下标 2>"称为右下标或列下标。下标应为整型常量或整型表达式。

例如:

int[,] a = new int[3,4];

a[2,3] = 12;

但要注意的是:下标变量和数组定义中数组的长度含义不同。数组定义中方括号中给出

的是某维的长度,即可取下标的最大值;而数组元素中的下标是该元素在数组中的位置标识。前者是常量,后者可以是常量、变量和表达式(必须有具体的值)。

(4)多维数组的定义

根据实际需要,我们详细讲解了二维数组的知识,多维数组就不再多叙述了,这里只简单介绍多维数组的概念。

二维数组实际上是一种最简单的多维数组。C#允许使用高于二维的多维数组。多维数组定义的一般形式为:

<数组类型>[,,[,…]] 数组名[常量表达式1,常量表达式2,…[,常量表达式n]];

例如:

int[,,] array3D = new int[2,1,3]{ { { 1,2,3 } },{ { 4,5,6 } } };

或

int[,,] array3D = new int[,,]{ { { 1,2,3 } },{ { 4,5,6 } } };

又如:

float[] a = new float[3,4,5];

以上定义了一个三维数组,可以理解为:三维数组 a 包含三个二维数组(a[0]、a[1]和a[2]),每个二维数组又包含了4个一维数组(如 a[0]包含 a[0,0]、a[0,1]、a[0,2]和 a[0,3]),而每个一维数组包含5个 float 型的数组元素(如 a[0,0]包含 a[0,0,0]、a[0,0,1]a[0,0,2]、a[0,0,3]和 a[0,0,4])。该数组可用表 1-18 表示。

表 1-18 a[3,4,5]的组成

三维数组名	二维数组名	一维数组名	数组元素
a	a[0]	a[0,0]	a[0,0,0],a[0,0,1],a[0,0,2],a[0,0,3],a[0,0,4]
		a[0,1]	a[0,1,0],a[0,1,1],a[0,1,2],a[0,1,3],a[0,1,4]
		a[0,2]	a[0,2,0],a[0,2,1],a[0,2,2],a[0,2,3],a[0,2,4]
		a[0,3]	a[0,3,0],a[0,3,1],a[0,3,2],a[0,3,3],a[0,3,4]
	a[1]	a[1,0]	a[1,0,0],a[1,0,1],a[1,0,2],a[1,0,3],a[1,0,4]
		a[1,1]	a[1,1,0],a[1,1,1],a[1,1,2],a[1,1,3],a[1,1,4]
		a[1,2]	a[1,2,0],a[1,2,1],a[1,2,2],a[1,2,3],a[1,2,4]
		a[1,3]	a[1,3,0],a[1,3,1],a[1,3,2],a[1,3,3],a[1,3,4]
	a[2]	a[2,0]	a[2,0,0],a[2,0,1],a[2,0,2],a[2,0,3],a[2,0,4]
		a[2,1]	a[2,1,0],a[2,1,1],a[2,1,2],a[2,1,3],a[2,1,4]
		a[2,2]	a[2,2,0],a[2,2,1],a[2,2,2],a[2,2,3],a[2,2,4]
		a[2,3]	a[2,3,0],a[2,3,1],a[2,3,2],a[2,3,3],a[2,3,4]

该数组在内存中的存储顺序是先行后列,和二维数组类似。

2.任务要求

(1)使用二维数组和 for 循环,输入三名学生的三门必修课程(语文、数学和英语)成绩,计算每人的总分和平均分,并计算三名学生每门课程的平均分,输出每门课程成绩、总分、平均分和每门课程的平均分。

(2)使用一维数组、for 循环以及结构和枚举类型,输入三名学生的姓名和三门必修课程(语文、数学和英语)成绩,计算每人的总分和平均分,并计算三名学生每门课程的平均分;输入两门选修课程的等级,输出每门必修课程课程成绩、总分、平均分和每门课程的平均分以及选修课程的等级。

3. 任务分析

(1)假如,使用枚举 PhysicalChemical 来表示一名学生的选修课程等级,则其定义如下:

```
enum physicalchemical
{A,B,C,D}
```

(2)假如,使用结构 StuScore 来表示一名学生的必修课程成绩和选修课程等级,则其定义如下:

```
struct StuScore
{
    public float Chinese;
    public float maths;
    public float english;
    public PhysicalChemical physical;
    public PhysicalChemical chemical;
}
```

4. 操作步骤

(1)选择 Visual C♯项目的"🔲控制台应用程序",输入项目的名称"Ex1_4_2_01",进入代码编辑器窗口,编辑如下代码:

```
/ * 此处命名空间同前 * /
namespace Ex1_4_2_01
{
    class program
    {
        static void Main(string[] args)
        {
            float[] score = new float[3];
            int i;
            float sum = 0;
            float average;
            for(i = 0; i<3; i++)
            {
                Console.Write("输入{0}门课程的成绩:",i+1);
                score[i] = float.Parse(Console.ReadLine());
                sum + = score[i];
            }
            average = sum/3;
            Console.WriteLine("  语文  数学  英语  总分  平均分");
            Console.WriteLine(" - - - - - - - - - - - - - - - - - - - - - - - - - - - -");
            Console.WriteLine("{0,6:f0}{1,6:f0}{2,6:f0}{3,6:f0}{4,6:f0}",score[0],
            score[1],score[2],sum,average);
            Console.WriteLine(" - - - - - - - - - - - - - - - - - - - - - - - - - - - -");
        }
    }
}
```

(2)选择"调试"→"开始执行(不调试)"选项,即弹出一个窗口,显示程序的运行结果,如图 1-40 所示。

(3)选择 Visual C#项目的"■控制台应用程序",输入项目的名称"Ex1_4_2_02",进入代码编辑器窗口,编辑如下代码:

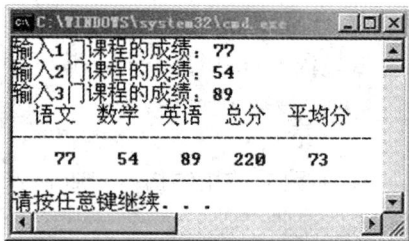

图 1-40   任务 4.2(1)运行结果

```csharp
using System;
using System.Collections.Generic;
using System.Text;
namespace Ex1_4_2_02
{
    public enum PhysicalChemical:int
    {
        A = 1,B,C,D,E                     //枚举常量,对应的值分别为 1,2,3,4,5
    }
    public struct StuScore
    {
        public string stuName;
        public float chinese;             //语文
        public float maths;               //数学
        public float english;             //英语
        public PhysicalChemical physical; //物理
        public PhysicalChemical chemical; //化学
    }
    class program
    {
        static void Main(string[] args)
        {

            StuScore[] score = new StuScore[3];
            int i,j;
            float[] sum = new float[3]{ 0,0,0};
            float[] average1 = new float[3];
            float[] average2 = new float[3]{ 0,0,0};
            for(i = 0; i<3; i++)
            {
                Console.Write("输入第{0}名学生的姓名:",i + 1);
                score[i].stuName = Console.ReadLine();
                Console.Write("输入第{0}名学生的语文成绩:",i + 1);
                score[i].chinese = float.Parse(Console.ReadLine());
                Console.Write("输入第{0}名学生的数学成绩:",i + 1);
                score[i].maths = float.Parse(Console.ReadLine());
                Console.Write("输入第{0}名学生的英语成绩:",i + 1);
                score[i].english = float.Parse(Console.ReadLine());
                Console.Write("输入第{0}名学生的物理等级(1:A,2:B,3:C,4:D,5:E):",i + 1);
```

```
    score[i].physical = (PhysicalChemical)int.Parse(Console.ReadLine());
    Console.Write("输入第{0}名学生的化学等级(1:A,2:B,3:C,4:D,5:E):",i+1);
    score[i].chemical = (PhysicalChemical)int.Parse(Console.ReadLine());
    sum[i] = score[i].chinese + score[i].maths + score[i].english;
    average1[i] = sum[i]/3;
}
for(j=0; j<3; j++)
{
    average2[0] += score[j].chinese;
    average2[1] += score[j].maths;
    average2[2] += score[j].english;
}
for(i=0; i<3; i++)
    average2[i] = average2[i]/3;
Console.WriteLine("  姓  名  语文  数学  英语  物理  化学  总分  平均分");
Console.WriteLine("- - - - - - - - - - - - - - - - - - - - - - - - - -");
for(i=0; i<3; i++)
{
    Console.WriteLine("{0,4:'ABC'}{1,6:f0}{2,6:f0}{3,6:f0}{4,6}{5,6}{6,6:f0}
    {7,6:f0}", score[i].StuName, score[i].chinese, score[i].maths, score[i].
    english,score[i].physical,score[i].chemical,sum[i],average1[i]);
}
Console.WriteLine("- - - - - - - - - - - - - - - - - - - - - - - - - -");
Console.WriteLine("{0,4:'ABC'}{1,6:f0}{2,6:f0}{3,6:f0}"," 平均分",
average2[0],average2[1],average2[2]);
    }
  }
}
```

(4)选择"调试"→"开始执行(不调试)"选项,即弹出一个窗口,显示程序的运行结果,如图
1-41 所示。

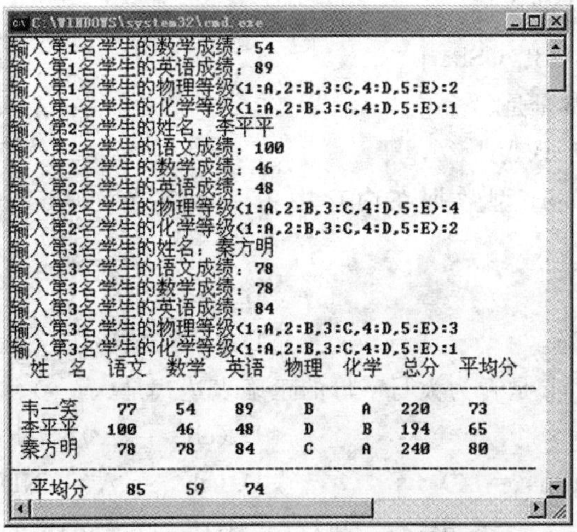

图 1-41　任务 4.2(2)运行结果

5. 注意点

(1)"Console. WriteLine("{0,4:'ABC'}");"语句中"'ABC' "表示原样输出字符串,"4"表示输出宽度为 4 个字符(Unicode 码)。

(2)如下语句:

score[i].chemical = (PhysicalChemical)int.Parse(Console.ReadLine());

首先将输入的数字转换为整数,然后将整数转化为枚举常量,请详细阅读。

单元小结

本单元讲解 C#程序设计的基础知识、数据类型、程序的三种基本结构、运算符、表达式和数组。

本单元内容选取注重实际应用,没有通过各种各样的经典排序(如 C 程序设计)算法讲解 C#基础知识。以一个学生成绩表内容反复讲解 C#的基础知识,其目的是使学生不必追求高难度的算法设计,而注重实际操作,以不变应万变,以一代百,能起到事半功倍之作用。

习　题

一、选择题

1. 一个 C#程序的执行是从(　　)。

A. 本程序的 Main 方法开始,到 Main 方法结束

B. 本程序文件的第一个语句开始,到本程序文件的最后一个语句结束

C. 本程序的 Main 方法开始,到本程序文件的最后一个语句结束

D. 以上说法都不对

2. 下面正确的是(　　)。

A. char ch="a";　　　　　　　　　　B. string str='good';

C. float fNum=1.5;　　　　　　　　　D. double dNum=1.34;

3. 下列(　　)是合法的变量。

A. abc3.0　　　　　B. _CSharp　　　　　C. Main　　　　　D. 985_211

4. 下列正确的字符常量是(　　)。

A. "C"　　　　　　B. '\\'　　　　　　C. '\"'　　　　　　D. '\K'

5. 设 C#中一个 short 型数据在内存中占 2 个字节,则 ushort 型数据的取值范围为(　　)。

A. 0~255　　　　　　　　　　　　B. 0~32767

C. 0~65535　　　　　　　　　　　D. 0~2147483647

6. 判断 char 型变量 ch 是否为大写字母的正确表达式是(　　)。

A. 'A'<=ch<='Z'　　　　　　　　　B. (ch>='A')&(ch<='Z')

C. (ch>='A')&&(ch<='Z')　　　　　D. (ch>='A') AND (ch<='Z')

7. 设有"int a=1,b=2,c=3,d=4;",执行(a>B)&&(c>d)后的值为(　　)。

A. True　　　　　B. False　　　　　C. 0　　　　　D. 1

8. 已知"int x＝10，y＝20，z＝30；"，以下语句执行后 x、y、z 的值是（   ）。

if(x＞y) z＝x;x＝y;y＝z;

A. x＝10，y＝20，z＝30   B. x＝20，y＝30，z＝30

C. x＝20，y＝30，z＝10   D. x＝20，y＝30，z＝20

9. 若希望 A 的值为奇数时，表达式为 True；A 的值为偶数时，表达式的值为 False。则以下不能满足要求的表达式是（   ）。

A. A％2＝＝1   B.！(A％2＝＝0)   C.！(A％2＝＝1)   D. 以上都不对

10. 下面程序段的运行结果是（   ）。

int n＝0；

while(n＋＋＜＝2);Console.WriteLine(n);

A. 2   B. 3   C. 4   D. 有语法错误

11. 正确定义一维数组 a 的方法是（   ）。

A. int a[10];   B. int a(1);   C. int[] a;   D. int[10] a;

12. 下列定义一维数组 a 并初始化错误的方法是（   ）。

A. int[] a＝{1,2,3,4,5};   B. int[] a＝new int[5]{1,2,3,4,5};

C. int[] a＝new int[5];a＝{1,2,3,4,5}   D. int[] a＝new int[]{1,2,3,4,5};

13. 分析下面这段代码，执行后 count 的值为（   ）。

int i,j;

int count＝0;

for(i＝0;i＜4;i＋＋)

　　for(j＝0;j＜6;j＋＋)

　　　　count＋＋;

A. 15   B. 24   C. 20   D. 21

14. 以下函数定义形式正确的是（   ）。

A. static int fun(int,int y){}   B. static int fun(int;int y){}

C. static int fun(int,int y);{}   D. static int fun(int,y){}

15. （   ）命名空间在. NET Framework 中又称根命名空间。

A. System. IO   B. System

C. System. Treading   D. System. Data

16. 值类型存储在（   ）中。

A. 栈   B. 堆内存   C. 队列   D. 列表

17. C# 中的（   ）关键字用于将数组实例化。

A. new   B. init   C. array   D. Object

18. C# 中的所有数据类型都派生自（   ）类。

A. String   B. Int16   C. Int32   D. Object

19. 如果未显式赋值，则将整型值（   ）赋给枚举中的第一个元素。

A. 0   B. 1   C. 2   D. 3

20. C# 源程序文件的扩展名为（   ）。

A. . vb   B. . c   C. . cpp   D. . cs

21. 下列选项中，（   ）是引用类型。

A. enum 类型   B. struct 类型   C. string 类型   D. int 类型

22. 下面是 Visual C♯ 2010 合法的标识符的是（　　）。

　　A. abc? d　　　　　　B. 12　　　　　　　　C. 8 程序　　　　　　D. if_else

23. 字符常量是用（　　）括起来的一个 16 位的 Unicode 字符。

　　A. 单引号　　　　　　B. 双引号　　　　　　C. 小括号　　　　　　D. 花括号

24. 表达式"4＋5/6＊7/8％9"的值是（　　）。

　　A. 4　　　　　　　　B. 5　　　　　　　　　C. 6　　　　　　　　　D. 7

25. Visual C♯ 2010 的字符串连接运算符是（　　）。

　　A. ＆　　　　　　　　B. ＋　　　　　　　　　C. ＆＆　　　　　　　　D. ％

26. 数组的 Length 属性用于（　　）。

　　A. 返回数组所有维数中元素的总数

　　B. 返回数组的维数

　　C. 反转一维数组

　　D. 返回数组指定维度的下限和上限

27. 在编写 C♯ 程序时,若需要对一个数组中的所有元素进行处理,则使用（　　）循环体最好。

　　A. while 循环　　　　B. foreach 循环　　　　C. do 循环　　　　　　D. for 循环

28. C♯ 的数据类型有（　　）。

　　A. 值类型和调用类型　　　　　　　　　　B. 值类型和引用类型

　　C. 引用类型和关系类型　　　　　　　　　D. 关系类型和调用类型

29. 循环体至少执行一次的循环是（　　）。

　　A. do 循环　　　　　　　　　　　　　　B. while 循环

　　C. do-while 循环　　　　　　　　　　　D. 以上都不是

30. 用于终止最近的封闭循环(包括 for 语句、while 语句、do-while 语句和 foreach 语句)或它所在的 switch 语句的语句是（　　）。

　　A. goto 语句　　　　　　　　　　　　　B. break 语句

　　C. continue 语句　　　　　　　　　　　D. return 语句

二、填空题

1. 需要把一个数字字符串转换为数字的方法时,可使用 Convert 的_____方法;可将其他数据类型转换为字符型的方法为_____;可将特定格式的字符串类型数据转换为数值型数据的方法为_____。

2. C♯ 中的注释可以用_____和_____。

3. _____方法是 C♯ 控制台应用程序入口。

4. C♯ 中数据类型主要分为_____和_____。

5. C♯ 中值数据类型主要分为_____、_____和_____。

6. 实现控制台的输出有两个方法,分别是_____和_____。

7. 在循环语句中,break 的作用是_____;continue 的作用是_____。

8. 数组的下标从_____开始。

9. 在 C♯ 中,通过函数体中的_____语句得到返回值。如果函数没有返回值,则需要把返回类型指定为_____。

三、问答题

1. 简述值类型数据与引用类型数据的区别。

2. 简述 C♯ 语言中的数据类型。

3. 简述 C♯ 语言中的数据类型转换。

4. C♯ 语言中的变量包含哪几种类型，各有什么特点？

5. C♯ 中标识符遵循什么命名规则？

四、课外拓展题

课外拓展背景。根据全国计算机等级考试要求，等级考试成绩表（模拟）中包含如图 1-42 所示信息。

学号	姓名	性别	年龄	准考证号	笔试成绩	机试成绩	联系地址
S3109101	张秋芳	男	18	1000	80	58	淮安涟水
S3109102	赵一明	男	31	1001	50	0	地址不详
S3109103	秦方方	女	21	1002	97	82	河南开封
S3109104	欧阳飞虹	男	29	1003	NULL	NULL	山东临沂
S3109105	李明明	男	18	1004	80	58	淮安涟水
S3109106	赵逸	男	31	1005	50	0	地址不详
S3109107	杨四方	女	20	1006	66	89	浙江温州
S3109108	钱万贯	男	29	1007	88	76	江苏南京
S3109110	张三	女	23	1010	97	82	秦皇岛
S3109111	李四	女	22	1011	88	66	北京通州

图 1-42 等级考试成绩表

1. 使用值类型变量，用于表示一名学生成绩信息，包括机试和笔试，输入一名学生的机试和笔试成绩，输出机试、笔试成绩和总分。

2. 使用结构类型操作等级考试信息，输入一名学生的姓名、机试和笔试信息，统计总分，并输出机试、笔试成绩和总分。

3. 一名学生机试和笔试平均分分为五个等级，其等级要求如下：A 大于等于 90 分；B 大于等于 80 且小于 90 分；C 大于等于 70 且小于 80 分；D 大于等于 60 且小于 70 分；E 小于 60 分。输入一名学生机试和笔试成绩，使用枚举类型和选择语句表示其平均成绩等级。

4. 使用二重循环，输入三名学生的机试和笔试成绩，计算每人的总分和平均分，并输出之。

5. 使用数组输入三名学生的机试和笔试成绩，计算每名学生的总分、机试和笔试成绩的平均分。

6. 使用结构数组输入三名学生（含姓名）的机试和笔试成绩，计算每名学生的总分、机试和笔试成绩的平均分。

本单元目标

- 理解与掌握 C# 的类、对象和类的成员基础知识及描述方法。
- 理解与掌握类的继承与多态、抽象类知识及描述方法。
- 理解接口知识及描述方法。
- 理解 Array 类和 ArrayList 类知识及描述方法。

任务1　使用类和对象描述学生成绩信息

任务1.1　使用类和对象描述学生成绩信息

1.知识准备

面向对象的基本概念

（1）面向对象技术的由来

随着计算机硬件技术的飞速发展，计算机的容量和运算速度迅速提高，计算机取得了越来越广泛的应用，这就对软件开发提出了更高的要求。

20 世纪 70 年代流行的面向过程的软件设计方法，目的主要是解决面向过程语言系统的设计问题，主要强调程序的模块化和自顶向下的功能分解。在涉及大量计算的算法类问题上，从算法的角度揭示事物的特点，面向过程的分割是合适的。但是现在的软件应用涉及社会生活的方方面面，面对不断变化的现实世界，面向过程的设计方法暴露出越来越多的不足。

例如：

①功能与数据分离，不符合人们对现实世界的认识。要保持功能与数据的相容也十分困难；

②基于模块的设计方式，导致软件修改困难；

③自顶向下的设计方法，限制了软件的可重用性，降低了开发效率，也导致最终开发出来的系统难以维护。

为了解决面向过程的结构化程序设计的这些问题，面向对象技术应运而生。面向对象是一种非常强有力的软件开发方法，将数据和对数据的操作作为一个相互依赖、不可分割的整体。它符合人们的思维习惯，同时有助于控制软件的复杂性，提高软件的生产效率，从而得到了广泛的应用，已成为目前最为流行的一种软件开发方法。

（2）对象（Object）

对象是面向对象开发方法的基本成分。每个对象可用其本身的一组属性（特征或静态特征）和其上的一组操作（行为或动态特征）来定义。对象可以是现实生活中的一个物理对象，也可以是某一类概念实体的实例。

对象是人们要进行研究的任何事物。

从分析和设计的角度来看，对象表示了一种概念，它们把有关的现实世界的实体实例化。实体的有关声明有描述实体，包括实体的属性和可以执行的操作。

比如一辆汽车、一个人、一本书，乃至一种语言、一个图形、一种管理方式都可以作为一个对象。如图 2-1 所示，汽车、自行车、狗和花都可以作为一个对象。

汽车　　　　　　　　　自行车

狗　　　　　　　　　花

图 2-1　现实世界的对象

又如对于汽车这个对象，其产地、排量、颜色和报价都可以作为对象的属性（特征），该对象可以执行的操作（行为）是行驶、刹车和鸣笛等。

以汽车为例，汽车的特征和行为的描述如图 2-2 和表 2-1 所示。

本田思域1.8 L豪华版　　　　大众甲壳虫2.0 L豪华版

图 2-2　两款汽车对象

表 2-1　　　　　　　　　　**两款汽车的特征与行为**

特　征	行　为	特　征	行　为
名字:本田思域 1.8 L豪华版	行使	名字:大众甲壳虫 2.0 L豪华版	行使
产地:中国广东	刹车	产地:中国上海	刹车
排量:1.8 L	鸣笛	排量:2.0 L	鸣笛
颜色:红色		颜色:银灰	
报价:15.98 万元		报价:22.5 万元	

分析和归纳表 2-1 可知，两种品牌的汽车有共性，如名字、产地、排量、颜色和报价，并且都具有行驶、刹车和鸣笛的行为。另外，我们还可以得出它们都是一种汽车类型——轿车（小汽车）。这种具有对象共同特征（性）的类型在面向对象中称为"类"。面向对象中的类描述了一组相似对象的共同特征（性），是具有相同特征和共同行为的一组对象的集合。也就是说，类是一组相似对象的特征和行为的抽象，而对象则是类的实例（具体化）。

（3）类（Class）

类是一组具有相似特征和行为的对象的集合。类是对一系列具有相同性质的对象的抽象，是对对象共同特征的描述。例如每一辆汽车是一个对象的话，所有的汽车可以作为一个模板，我们就定义汽车这个类。

类中定义的属性和方法则是类的特征和行为的概念描述。

一个类的每个对象都是类的实例，可以使用类中提供的方法。从类定义中产生对象，必须有建立实例的操作。

①类的属性

对象的特征（性）称为其所对应类的属性。例如，汽车类（小汽车类）的属性有名字、产地、排量、颜色和报价等。

②类的方法

对象的操作（行为）称为类的方法。如汽车类（小汽车类）的操作（行为）有刹车、行驶和鸣笛。

③类和对象的关系

由对象归纳为类，是归纳对象共性的过程；在类的基础上，将特征和行为实体（具体）化为对象的过程称为实例化。

📖 类的声明和对象的创建

类是一种数据结构，将字段（属性）和方法以及其他成员组合在一个单元中。类提供了用于动态创建类实例的定义，也就是对象。

类支持继承（Inheritance）和多态（Polymorphism）。

（1）类的声明（或定义）

类的声明要用关键字 class，其一般形式如下：

［属性］［类访问修饰符］class ＜类名＞
{
　　　　［成员访问修饰符］＜类的数据成员＞；
　　　　…
　　　　［成员访问修饰符］　＜类的其他成员＞；
}

说明：

①"［属性］"是可选的，它与 System. Attribute 类有关，比较难以理解，本教材就不涉及了。

②访问修饰符详见表 1-3。class 关键字前的访问修饰符表示访问级别：使用 public 表示任何人都可以基于该类创建对象；如果在类的声明前没有访问修饰符，则该类访问级别为 internal；如果在类的内部声明的成员没有访问修饰符，则该类默认为 private。

另外，访问修饰符还有 new、abstract 和 sealed，说明如下：

a. new，用于隐藏基类（Base 类）的成员。

b. abstract，这个词是抽象之意，也就是说要定义一个类，这个类是抽象类。

c. sealed，这个词是封装的意思，表示这个类拒绝再被继承。

③"＜类名＞"一般采用 Pascal 风格，由名词或名词短语构成，且不要使用任何前缀，每个名词首字母大写，缩写的每个字母均大写（如 ID 为 IDentity 的缩写）。

④一个类可包含下列成员的声明：构造函数、析构函数、常数、字段、方法、属性、索引器、运算符、事件、委托、类、接口和结构。

a.字段。字段是被视为类的一部分的对象实例，通常保存类数据，又称成员变量，与前面讲解的对象属性对应。字段的命名一般采用 Camel(骆驼)命名法，由名词或名词短语构成，且不要使用任何前缀，第一个名词首字母小写，后面的名词首字母大写，缩写的每个字母均大写。

字段的定义一般形式如下：

［访问修饰符］字段名；

字段的访问修饰符，除访问级别修饰符，还有 static 和 const 两个修饰符。const 表示字段为常量，其一般形式如下：

［访问修饰符］const 类型 常量标识符 = 常量表达式；

例如：

```
class A
{
    public const double PI = 3.1415926;        //常量
    public double x;                           //字段，或成员变量
    public int y;
    public char z;
}
```

b.属性。属性是类中可以像字段一样访问的方法。属性可以为类字段提供保护，避免字段在对象不知道的情况下被更改。

c.方法。方法定义类可以执行的操作(或行为)。方法可以接受提供输入数据的参数，并且可以通过参数返回输出数据。方法还可以不使用参数而直接返回值。

d.事件。事件是向其他对象提供有关事件发生(如单击按钮或成功完成某个方法)通知的一种方式。事件是使用委托来定义和触发的。

e.运算符。运算符是对操作数执行运算的术语或符号，如＋、*和＜等。可以重新定义运算符，以便可以对自定义数据类型执行运算。

f.索引器。索引器允许以类似于数组的方式为对象建立索引。

g.构造函数。构造函数是在第一次创建对象时调用的方法，通常用于初始化对象的数据。

h.析构函数。析构函数是当对象即将从内存中移除时由运行库执行引擎调用的方法，通常用来确保需要释放的所有资源都得到了适当的处理。

i.嵌套类型。嵌套类型是在类或结构中声明的类型。嵌套类型通常用于描述仅由包含它们的类型所使用的对象。

这里的部分成员留待后面详细讲解。

⑤在类的定义中，partial 是 C♯2.0 的新特性。partial 关键字把一个 class 分段组合，即 partial 的作用是将 class 分为多个部分，编译器会将多个部分拼到一起。

例如：

```
public partial class SampleClass
{
    public void MathodA()
    { }
}
```

```
public partial class SampleClass
{
    public void MathodB()
    { }
}
```

等价于：

```
public class SampleClass
{
    public void MathodA()
    { }
    public void MathodB()
    { }
}
```

（2）对象的创建

在 Visual C#中，使用 new 关键字来实例化一个类，生成相应的对象。创建对象的一般形式如下：

<类名><对象名> = new <类名>( )；

或

<类名><对象名>；

<对象名> = new <类名>( )；

说明：

①"new <类名>"后面必须跟一个小括号和半角分号。

②"new <类名>( )"后的"<类名>( )"实际是调用与类名同名的构造函数，也就是说通过调用类的构造函数才能创建类的实例。

（3）类的字段的访问

类的成员访问一般形式如下：

对象名.字段名；

（4）结构与类的异同点

单元 1 中，我们学习了结构类型，知道其属于值类型，但没有过多讲解结构的成员。实际上结构与类均可以有字段也可以有方法，其用法非常相似。结构与类的异同点见表 2-2。

表 2-2   结构与类的异同点

	类	结构
不同点	引用类型	值类型
	可以被继承	不能被继承
	可以默认构造函数	不可以默认构造函数
	可以添加无参的构造函数	可以添加无参造函数，但必须带参数
	创建对象必须使用 new	创建结构变量不能使用 new
	类中可以给字段赋值	结构给字段赋值是错误的
相同点	都可以包含字段、方法	
	都可以实现接口	

2. 任务要求

（1）在一个 Program.cs 文件中，定义一个学生成绩类 StuScore，描述学生必修课程（语文、数学和英语)、选修课程(物理和化学)成绩,通过给对象赋值,输出两个学生的成绩信息;计算两名学生三门必修课程的总分和平均分,并输出。

(2)新建文件 StuScore.cs,定义一个学生成绩类 StuScore,完成(1)中的操作。

3.任务分析

(1)定义的类可以单独成为一个".cs"文件的方法有两种:一是在解决方案资源管理器中创建;二是在主菜单的"项目"下选择"添加类"选项创建。

(2)定义的".cs"文件名与类名可以不同。

4.操作步骤

(1)选择 Visual C♯ 项目的"█控制台应用程序",输入项目的名称"Ex2_1_1_01",进入代码编辑器窗口,编辑如下代码:

```
/ * 此处命名空间同前 * /
namespace Ex2_1_1_01
{
    class StuScore
    {
        public String stuName;
        public float chinese;
        public float maths;
        public float english;
        public char physical;
        public char chemical;
    }
    class Program
    {
        static void Main(string[] args)
        {
            float sum1,average1,sum2,average2;
            StuScore stu1 = new StuScore();        //创建类的实例
            stu1.stuName = "韦一笑";
            stu1.chinese = 77;
            stu1.maths = 54;
            stu1.english = 89;
            stu1.physical = 'B';
            stu1.chemical = 'A';
            sum1 = stu1.chinese + stu1.maths + stu1.english;
            average1 = sum1/3;
            StuScore stu2 = new StuScore();
            stu2.stuName = "李平平";
            stu2.chinese = 100;
            stu2.maths = 46;
            stu2.english = 48;
            stu2.physical = 'D';
            stu2.chemical = 'B';
```

```
        sum2 = stu2.chinese + stu2.maths + stu2.english;
        average2 = sum2/3;
        Console.Write("{0}{1,4:f0}",stu1.stuName,stu1.chinese);
        Console.Write("{0,4:f0}{1,4:f0}",stu1.maths,stu1.english);
        Console.Write(" {0} {1}",stu1.physical,stu1.chemical);
        Console.WriteLine("{0,4:f0}{1,4:f0}",sum1,average1);
        Console.Write("{0}{1,4:f0}",stu2.stuName,stu2.chinese);
        Console.Write("{0,4:f0}{1,4:f0}",stu2.maths,stu2.english);
        Console.Write(" {0} {1}",stu2.physical,stu2.chemical);
        Console.WriteLine("{0,4:f0}{1,4:f0}",sum2,average2);
        }
    }
}
```

　　(2)选择"调试"→"开始执行(不调试)"选项,即弹出一个窗口,显示程序的运行结果,如图2-3 所示。

　　(3)选择 Visual C# 项目的"███控制台应用程序",输入项目的名称"Ex2_1_1_02",进入代码编辑器窗口,编辑代码。

　　在"解决方案管理器"中,右击项目名"Ex2_1_1_02",在弹出的快捷菜单中选择"添加"选项下的"类"选项(或可选择主菜单"项目"→"添加类"的菜单项添加类),如图 2-4 所示。

图 2-3　任务 1.1 运行结果

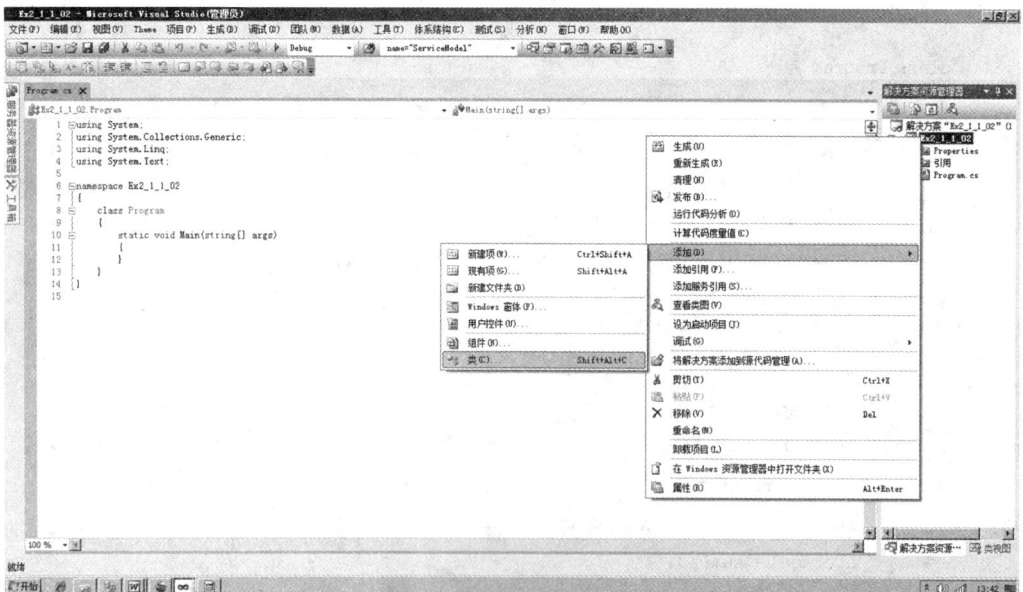

图 2-4　任务 1.1(2)添加类 1

　　(4)在弹出的"添加新项"对话框中,输入类名"StuScore"后,单击"███添加(A)███"按钮,在"解决方案资源管理器"中出现"StuScore.cs"文件。如图 2-5 所示。

　　(5)双击 StuScore.cs 文件,在代码编辑器中的 class StuScore 中输入步骤(1)第 6~11 行的代码。

StuScore. cs 文件的内容如下：

```
/* 此处命名空间同前 */
namespace Ex2_1_1_02
{
    class StuScore
    {
        …//步骤(1)第 6~11 行的代码
    }
}
```

图 2-5　任务 1.1(2)添加类 2

(6)双击 Program. cs 文件，在 class Program 中输入代码。

Program. cs 文件的内容如下：

```
/* 此处命名空间同前 */
namespace Ex2_1_1_02
{
    class Program
    {
        static void Main(string[] args)
        {
            …//步骤(1)第 16~43 行的代码
        }
    }
}
```

(7)选择"调试"→"开始执行(不调试)"选项，即弹出一个窗口，显示程序的运行结果，见图 2-3。

5. 注意点

(1)从代码中可以看出，类 StuScore 和 Program 在同一命名空间"Ex2_1_1_02"中，只是类 StuScore 单独在一个文件"StuScore. cs"中。

(2)步骤(1)中的代码"StuScore stu1＝new StuScore();"用于创建对象实例，也可以使用如下语句：

```
StuScore stu1;       //创建类的实例
stu1 = new StuScore();
```

先创建对象名(其引用值为 null，即没有在内存"堆"中为其分配内存空间)，后创建对象(在"堆"中为其分配内存空间)。

(3)从代码中还可以看出，使用类和单元 1 任务 2.2 中使用的结构几乎相同，只是类需要创建实例，其实例数据存放在内存"堆"中，而结构的数据存放在内存"栈"中而已。

任务 1.2　使用类的构造函数描述学生成绩信息

1. 知识准备

📖 构造函数的声明

在现实世界中，一台电脑、一部手机往往在出厂时都会设置其初始数据(属性)，如电脑显示屏的分辨率、内存大小及 CPU 型号等。类似地，在一个类的构造过程中，也可以对类的字段设置初始值。事实上，即使不设置类的字段的初始值，C＃也会自动完成初始化设置。例如，定义一个整型变量，则其初始值为0。设置类的字段的初始值，主要通过构造函数来实现。

新创建的对象都会赋初值，类的字段在声明时可以通过如下形式赋值：

对象名.字段＝＜初始值＞；

该形式通常能够满足需求，但有时仍需做一些复杂的初始设置，字段的初始设置就是通过构造函数（Constructor）来完成的。

构造函数用于执行类的实例的初始化，每个类都有构造函数。即使我们没有声明它，编译器也会自动地为我们提供一个默认的构造函数（称为默认构造函数），也就是说，构造函数在类的声明中属于可选项目。

在访问一个类时，系统将最先执行构造函数中的语句。构造函数可以没有参数，称为默认（或无参）构造函数。

所有值类型都隐式声明一个默认构造函数。默认构造函数返回一个零初始化实例，即该值类型的默认值。

（1）对于所有简单类型，默认值如下：

①sbyte、byte、short、ushort、int、uint、long 及 ulong 的默认值为0。

②char 的默认值为'\x0000'。

③float 的默认值为 0.0f。

④double 的默认值为 0.0d。

⑤decimal 的默认值为 0.0m。

⑥bool 的默认值为 false。

（2）枚举类型，默认值为0，即枚举的基类型 int 的默认值0。

（3）对于结构类型，将其所有值类型的字段设置为它们的默认值，将所有引用类型的字段设置为 null 而产生的值。

例如，一个值类型的初始化，其变量 i 和 j 都初始化为0：

```
class A
{
    void Static Main()
    {
        int i = 0;
        int j = new int();
    }
}
```

构造函数的声明的一般形式如下：

［访问修饰符］＜构造函数名＞（［参数列表］）

```
{
    //构造函数体，用于初始化类的字段值
}
```

使用构造函数时请注意以下几个问题：

①构造函数可以不带参数，即为默认构造函数。

②一个类的构造函数通常与类名相同，参数个数不同或类型不同，则构造函数不同，可选一个或多个构造函数，也就是说构造函数是可以重载的（如果两个标识符同名，且在同一作用

范围内(如一个类中),则称该标识符被重载。C♯中通常体现在方法重载、运算符重载和构造函数重载)。

③构造函数不声明返回类型。

④"[访问修饰符]"是可选的。一般地,构造函数总是 public 类型的。如果是 private 类型的,表明类不能被实例化,这通常用于只含有静态成员的类。

⑤在构造函数中不要做对类的实例进行初始化以外的事情,也不要尝试显式地调用构造函数。

下面的代码示范了构造函数的使用:

```
/* 此处命名空间同前 */
namespace Ex2_1_201
{
    class A                     //无访问修饰符,默认为 internal
    {
        public int x,y,z;       //可以在此初始化 x,y,z 为 0,注意访问修饰符 public
        public A()              //默认构造函数
        {
            x = 0; y = 0; z = 0;    //可以在定义字段时初始化
        }
        public A(int x1,int y1)     //带两个参数构造函数
        {
            x = x1;y = y1;
        }
        public A(double x2,int y2)  //带两个参数构造函数,与前一个构造函数的参数的类型不同
        {
            x = (int)x2;            //强制类型转换
            y = y2;
        }
        public A(int x3,int y3,int z3)//带三个参数构造函数,与第一个构造函数的参数的个数不同
        {
            x = x3;y = y3;z = z3;
        }
    }
    class Program
    {
        static void Main(string[] args)
        {
            A a1 = new A();         //调用默认构造函数实例化类
            A a2 = new A(1,2);      //调用含有两个参数的构造函数实例化类
            A a3 = new A(2.1,3);    //调用含有两个参数且参数类型不同的构造函数实例化类
            A a4 = new A(4,5,6);    //调用含有三个参数的构造函数实例化类
            Console.WriteLine("x = {0},y = {1},z = {2}",a1.x,a1.y,a1.z);
            Console.WriteLine("x = {0},y = {1},z = {2}",a2.x,a2.y,a2.z);
            Console.WriteLine("x = {0},y = {1},z = {2}",a3.x,a3.y,a3.z);
```

```
            Console.WriteLine("x={0},y={1},z={2}",a4.x,a4.y,a4.z);
        }
    }
}
```

代码的运行结果如图 2-6 所示。

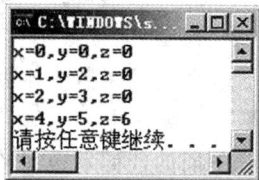

📖 **构造函数的参数**

在上例中,类 A 同时提供了不带参数和带参数的构造函数。

构造函数可以是不带参数的,这样对类的实例的初始化是固定的。有时,我们在对类进行实例化时,需要传递一定的数据,来对类中的各种数据初始化,使得初始化不再是一成不变的,此时可以使用带参数的构造函数,来实现对类的不同实例的初始化。

图 2-6 构造函数的使用

在带有参数的构造函数中,类在实例化时必须传递参数,否则该构造函数不被执行。

📖 **析构函数**

在类的实例不再被使用时,我们希望确保它所占的存储能被收回。C#中提供了析构函数,用于专门释放被占用的系统资源。

析构函数的名字与类名相同,只是在前面加了一个符号"～"。析构函数不接受任何参数,也不返回任何值。如果试图声明其他任何一个以符号"～"开头而不与类名相同的方法,或试图让析构函数返回一个值,编译器都会产生错误。

析构函数不能是继承而来的,也不能显式地调用。当某个类的实例被认为不再有效,即符合析构的条件,析构函数就可能在某个时刻被执行。C++的程序员常常需要在析构函数中写上一系列 delete 语句来释放存储,而在 C#中不必再为此担心了。垃圾收集器会帮助我们完成这些易被遗忘的工作。

析构函数声明的一般形式如下:

～＜类名＞()
{
    //析构函数体
}

2. 任务要求

(1)使用默认构造函数给一名学生的三门必修课程(语文、数学和英语)赋初值 60 分,两门选修课程(物理、化学)赋初值等级为 D,该学生的实际成绩见表 2-3 的第 2 行。

(2)使用不同类型参数和不同个数参数的构造函数操作表 2-3 中的学生成绩。

表 2-3			学生成绩信息		
姓名	语文	数学	英语	物理	化学
韦一笑	77	54	89	B	A
李平平	100	46	48	D	B
秦方明	78	78	84	C	A
王天一	100	66	56	B	C

3. 任务分析

(1)根据任务要求可以定义一个默认构造函数,给第一个学生的成绩信息赋值。

(2)定义一个带四个参数的构造函数,其中三个参数表示必修课程成绩,其数据类型与字段(必修课程)类型一致,均为 float 型。

（3）定义一个带四个参数的构造函数，其中三个参数表示必修课程成绩，其数据类型与字段（必修课程）类型（float）不一致，均为 int 型。

（4）定义一个带有六个参数的构造函数，其中三个参数表示必修课程成绩，另两个参数表示选修课程成绩，其数据类型与字段数据类型一致。

4. 操作步骤

（1）选择 Visual C♯ 项目的"███控制台应用程序"，输入项目的名称"Ex2_1_2"，进入代码编辑器窗口，编辑如下代码：

```
/* 此处命名空间同前 */
namespace Ex2_1_2
{
    class StuScore
    {
        public String stuName;
        public float chinese;
        public float maths;
        public float english;
        public char physical;
        public char chemical;
        ///<summary>
        ///默认构造函数
        ///</summary>
        public StuScore()
        {
            stuName = "韦一笑"; chinese = 77;
            maths = 54; english = 89;
            physical = 'B'; chemical = 'A';
        }
        ///<summary>
        ///带四个参数的构造函数
        ///</summary>
        public StuScore(string name1,float score1,float score2,float score3)
        {
            stuName = name1; chinese = score1;
            maths = score2; english = score3;
            physical = 'D'; chemical = 'B';
        }
        ///<summary>
        ///带四个参数的构造函数,但参数类型不同
        ///</summary>
        public StuScore(string name1,int score1,int score2,int score3)
        {
            stuName = name1; chinese = score1;
            maths = score2; english = score3;
```

```csharp
            physical = 'C'; chemical = 'A';
        }
        ///<summary>
        ///带六个参数的构造函数,参数个数不同
        ///</summary>
        public StuScore(string name1,float score1,float score2,float score3,char score4,char
        score5)
        {
            stuName = name1; chinese = score1;
            maths = score2; english = score3;
            physical = score4; chemical = score5;
        }
        ~StuScore()
        { Console.WriteLine("调用""" + stuName + """实例的析构函数!"); }
    }
    class Program
    {
        static void Main(string[] args)
        {
            float sum1,average1,sum2,average2,sum3,average3,sum4,average4;
            StuScore stu1 = new StuScore();//创建类的实例
            sum1 = stu1.chinese + stu1.maths + stu1.english;
            average1 = sum1/3;
            StuScore stu2 = new StuScore("李平平",100.0f,46.0f,48.0f);
            sum2 = stu2.chinese + stu2.maths + stu2.english;
            average2 = sum2/3;
            StuScore stu3 = new StuScore("秦方明",78,78,84);
            sum3 = stu3.chinese + stu3.maths + stu3.english;
            average3 = sum3/3;
            StuScore stu4 = new StuScore("王天一",100,66,56,'B','C');
            sum4 = stu4.chinese + stu4.maths + stu4.english;
            average4 = sum4/3;
            …//任务 2.1 操作步骤(1)第 39~46 行的代码
            Console.Write("{0,3}{1,4:f0}",stu3.stuName,stu3.chinese);
            Console.Write("{0,4:f0}{1,4:f0}",stu3.maths,stu3.english);
            Console.Write(" {0} {1}",stu3.physical,stu3.chemical);
            Console.WriteLine("{0,4:f0}{1,4:f0}",sum3,average3);
            Console.Write("{0,3}{1,4:f0}",stu4.stuName,stu4.chinese);
            Console.Write("{0,4:f0}{1,4:f0}",stu4.maths,stu4.english);
            Console.Write(" {0} {1}",stu4.physical,stu4.chemical);
            Console.WriteLine("{0,4:f0}{1,4:f0}",sum4,average4);
        }
    }
}
```

（2）选择"调试"→"开始执行（不调试）"选项，即弹出一个窗口，显示程序的运行结果，如图 2-7 所示。

5. 注意点

（1）"StuScore stu2＝new StuScore("李平平",100.0f, 46.0f,48.0f);"语句中"100.0f"表示赋的值为 float 型，C♯默认的浮点是 double 型，在调用构造函数时，若不带"f"，则传递给构造函数的参数要求采用强制类型转换。

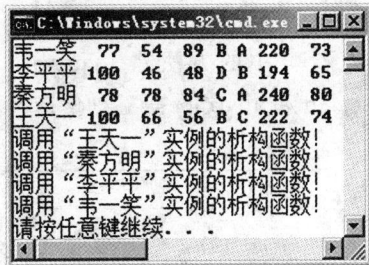

（2）第 12～14 行的代码，在构造函数定义好之后，在构造函数前输入"///"，即会自动产生多行注释，并把构造函数的参数在注释中描述出来，这种添加注释的方法非常有用，请读者学会使用。

图 2-7　任务 1.2 运行结果

（3）可以定义没有内容的默认构造函数体，在字段名的后面直接给字段赋值。其代码如下：

```
public String stuName = "韦一笑";
public float chinese = 60;
public float maths = 60;
public float english = 60;
public char physical = 'D';
public char chemical = 'A';
public StuScore()          //没有函数体的构造函数
{}
```

但这样就不能体现面向对象程序设计的特点。特别注意没有参数的构造函数不能少。当类中定义含有参数的构造函数时，要想使用不带参数的构造函数（默认构造函数），必须定义。

（4）程序在执行完之前，删除四个类实例时，逐一调用实例的析构函数一次，完成资源的释放与清理工作。

任务 1.3　使用类的方法描述学生成绩信息

1. 知识准备

📖 方法的声明

对于类的静态特征，C♯通过字段（或属性）予以实现。对于类的动态特征（操作或行为），C♯也提供了方法予以支持。方法是用于实现可以由对象或类执行计算或其他行为的类成员。

方法的声明一般形式如下：

［方法修饰符］［返回类型］＜方法名＞（形参列表）
{
　　//方法体
}

在前一任务中，我们已经介绍了用类的构造函数实现对类的字段初始化操作。可以说构造函数是类的方法的特例。

在方法的声明中，至少应包括方法名称、方法修饰符和参数类型，返回值和参数名可以缺省。

注意："＜方法名＞"不应与同一个类中的其他方法同名，也不能与类中的其他成员名称相同。

（1）方法修饰符

C#中的方法除了 private、public 和 protected 修饰符外，还有 new、virtual、override、sealed 和 abstract 等五种修饰符可以支持多态，见表 2-4。

表 2-4   方法修饰符

修饰符	说　明
static	该方法（静态方法）是类的一部分，而不是类实例的一部分。这意味着可以用"类名.方法名（参数）"来访问类，而无须创建类实例
virtual	指示该方法可以在子类中覆盖，不能与 static 或 private 访问该修饰符一同使用
override	指示该方法覆盖了基类中的同名方法，这样就能定义子类特有的行为。基类中被覆盖的方法必须是 virtual（虚方法）
new	允许继承类中的一个方法"隐藏"基类中同名的非虚方法。它会取代原方法，而不是覆盖
sealed	禁止派生类此方法： ①用在派生类中，该类又会作为基类派生自己的类； ②必须与 override 修饰符一起使用
abstract	该方法不包含具体实现细节，而且必须有子类。只能用作 abstract 类的成员
extern	指示该方法是在外部实现的，常与 DLLImport 属性一起使用。DLLImport 属性指示要由一个 DLL 提供实现细节

（2）返回值

方法的返回值的类型，可以是合法的 C#的数据类型。C#在方法的执行部分通过 return 语句得到返回值。

如果在 return 后不跟随任何值，则方法返回值是 void 型的。

（3）方法中的参数

C#中方法的参数有四种类型：

①值参数

值参数不含任何修饰符。方法中的形参是实参的一份拷贝，形参的改变不会影响到内存中实参的值。

例如：

```
/*此处命名空间同前*/
namespace Ex2_1_301
{
    class A
    {
        public int x,y;
        public void MathodA()              //1.不带参数且无返回值方法
        { x = 1; y = 2; }
        public int MathodB(int x1,int y1)  //2.带参数的方法
        {
            x = x1; y = y1;
            return x + y;
        }
    }
    class Program
```

```
    {
        static void Main(string[] args)
        {
            A a1 = new A();                        //3.调用默认构造函数实例化类
            a1.MathodA();
            Console.WriteLine("x={0},y={1}",a1.x,a1.y);
            Console.WriteLine("x+y={0}",a1.MathodB(3,4));
        }
    }
}
```

输出的结果如图 2-8 所示。

②引用参数

引用参数以 ref 修饰符声明。传递的参数实际上是实参的指针,所以在
方法中的操作都是直接对实参进行的,而不是复制一个值。可以利用这种方
式在方法调用时双向传递参数。为了以 ref 方式使用参数,必须在方法声明和方法调用中都
明确地指定 ref 关键字,并且实参变量在传递给方法前必须进行初始化。例如:

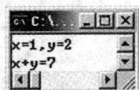

图 2-8　方法的使用

```
/*此处命名空间同前*/
namespace Ex2_1_302
{
    class Program
    {
        static void Swap(ref int x,ref int y)
        {
            int temp = x;
            x = y;
            y = temp;
        }
        static void Main(string[] args)
        {
            int i = 3,j = 5;
            Swap(ref i,ref j);
            Console.WriteLine("i={0},j={1}",i,j);
        }
    }
}
```

编译上述代码,程序将输出"i=5,j=3"。

③输出参数

输出参数以 out 修饰符声明。和 ref 类似,也是直接对实参进行操作。在方法声明和方法
调用时都必须明确地指定 out 关键字。out 参数声明方式不要求变量在传递给方法前进行初
始化,因为其只是用作输出目的。但是,在方法返回前,必须对 out 参数进行赋值。

例如:

```
/*此处命名空间同前*/
namespace Ex2_1_302
```

```
{
    class Program
    {
        static void Swap(out int x,out int y)
        {
            x = 3; y = 5;
            Console.WriteLine("i = {0},j = {1}",y,x);
        }
        static void Main(string[] args)
        {
            int i,j;
            Swap(out i,out j);
        }
    }
}
```

④数组型参数

数组型参数以 params 修饰符声明。params 关键字用来声明可变长度的参数列表。方法声明中只能包含一个 params 参数。

由于数组型参数较难,本书不再举例。

📖 **方法的使用**

方法使用的一般形式如下:

对象名.方法名();

例如,小汽车类 Car 实例化为一个"大众甲壳虫 2.0 L 豪华版"对象,然后调用它的方法 Stop()(刹车)、Run()(行驶)和 Beep()(鸣笛):

```
Car dazhong = new Car();         //实例化对象
dazhong.Run();                   //调用方法
dazhong.Beep();
dazhong.Stop();
```

📖 **方法的重载**

与构造函数相似,C♯允许类中有两个或两个以上的方法(包括隐藏继承而来的方法)取相同的名字,这些方法可以完成不同的功能,只要参数类型或参数个数不同,编译器便知道在哪种情况下应该调用哪个方法。

例如:

```
/ * 此处命名空间同前 * /
namespace Ex2_1_303
{
    class A
    {
        public int x,y,z;
        public void MathodA()            //1.该方法作用与构造函数相似
        { x = 1; y = 2; z = 3; }
        public int MathodA(int x1,int y1)   //2.带两个参数的方法
        {
```

```
        x = x1; y = y1;
        return x + y + z;
    }
    public int MathodA(double x2,int y2)//3.带两个参数的方法,但参数类型不同
    {
        x = (int)x2;
        y = y2;
        return x + y + z;
    }
    public int MathodA(int x3,int y3,int z3)//4.带三个参数的方法
    {   x = x3; y = y3; z = z3;
        return x + y + z;
    }
}
class Program
{
    static void Main(string[] args)
    {
        A a = new A();
        a.MathodA();
        Console.WriteLine("x + y + z = {0}",a.x + a.y + a.z);    //x = 1,y = 2,z = 3
        Console.WriteLine("x + y + z = {0}",a.MathodA(2,3));    //x = 2,y = 3,z = 3
        Console.WriteLine("x + y + z = {0}",a.MathodA(3.1,4)); //x = 3,y = 4,z = 3
        Console.WriteLine("x + y + z = {0}",a.MathodA(4,5,6)); //x = 4,y = 5,z = 6
    }
}
}
```

上述代码的运行结果如图 2-9 所示。

2. 任务要求

（1）使用一个不带参数的方法给一名学生的三门必修课程（语文、数学和英语）赋初值 60 分，两门选修课程（物理、化学）赋初值等级为 D，该学生的成绩见表 2-3 的第 2 行，输出该学生成绩信息。

图 2-9　方法的重载

（2）使用不同类型参数和不同个数参数的同名方法操作表 2-3 中的学生成绩，输出后三名学生成绩。

3. 任务分析

（1）根据任务要求可以定义一个不带参数的方法，给第一名学生的成绩信息赋值。

（2）定义一个带四个参数方法，其中三个参数表示必修课程成绩，其数据类型与字段（必修课程）类型一致，均为 float 型。

（3）定义一个带四个参数方法，其中三个参数表示必修课程成绩，其数据类型与字段（必修课程）类型（float）不一致，均为 int 型。

（4）定义一个带有六个参数方法，其中三个参数表示必修课程成绩，另两个参数表示选修课程成绩，其数据类型与字段数据类型一致。

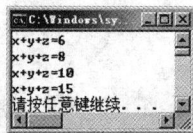

(5)定义一个输出每名学生成绩信息的方法 DisplayScore()，在该方法中输出该学生的成绩。

4. 操作步骤

(1)选择 Visual C＃项目的"■■控制台应用程序"，输入项目的名称"Ex2_1_3"，进入代码编辑器窗口，编辑如下代码：

```
/* 此处命名空间同前 */
namespace Ex2_1_3
{
    class StuScore
    {
        public String stuName;
        public float chinese;
        public float maths;
        public float english;
        public char physical;
        public char chemical;
        //1.不带参数的方法
        public void Score()
        {
            stuName = "韦一笑"; chinese = 77;
            maths = 54; english = 89;
            physical = 'B'; chemical = 'A';
        }
        //2.带四个参数的方法
        public void Score(string name1,float score1,float score2,float score3)
        {
            stuName = name1; chinese = score1;
            maths = score2; english = score3;
            physical = 'D'; chemical = 'B';
        }
        //3.带四个参数的方法,但参数类型不同
        public void Score(string name1,int score1,int score2,int score3)
        {
            stuName = name1; chinese = score1;
            maths = score2; english = score3;
            physical = 'C'; chemical = 'A';
        }
        //4.带六个参数的方法
        public void Score(string name1,float score1,float score2,float score3,char score4,char
        score5)
        {
            stuName = name1; chinese = score1;
            maths = score2; english = score3;
            physical = score4; chemical = score5;
        }
```

```
        public void DisplayScore()
        {
            Console.Write("{0,3}{1,4:f0}",stuName,chinese);
            Console.Write("{0,4:f0}{1,4:f0}",maths,english);
            Console.Write(" {0} {1}",physical,chemical);
            Console.Write("{0,4:f0}",chinese + maths + english);
            Console.WriteLine("{0,4:f0}",(chinese + maths + english)/3);
        }
    }
    class Program
    {
        static void Main(string[] args)
        {
            //5.创建类的实例
            StuScore stu = new StuScore();
            stu.Score();
            stu.DisplayScore();
            stu.Score("李平平",100.0f,46.0f,48.0f);
            stu.DisplayScore();
            stu.Score("秦方明",78,78,84);
            stu.DisplayScore();
            stu.Score("王天一",100,66,56,'B','C');
            stu.DisplayScore();
        }
    }
}
```

（2）选择"调试"→"开始执行（不调试）"选项，即弹出一个窗口，显示程序的运行结果，如图 2-10 所示。

5. 注意点

（1）为了减少输出语句的重复，在类中定义一个用于显示每名学生成绩信息的方法 DisplayScore()，其调用方法为 stu. DisplayScore()。

图 2-10　任务 1.3 运行结果

（2）注意方法中为第 2 名和第 3 名学生选修课程（物理、化学）成绩的赋值，如果不显式为其赋值，则默认使用 Score 方法中的值。

（3）方法一般都应有返回值，本例中没有做这样的处理，请注意。

任务 1.4　使用字段与属性描述学生成绩信息

1. 知识准备

📖 类的封装

在前面的多个任务的代码中，出现了 public 和 private 等关键字，这些关键字在 C♯ 中被称为访问修饰符，通过它们，C♯ 实现了类的封闭思想。类的封装是面向对象的特征之一，通过封装使一部分成员充当类与外部的接口，而将其他成员隐藏起来，这样就达到了对成员访问权限的合理控制,使不同类之间的相互影响减少到最低程度,进而增强数据的安全性和简化程序的编写工作。例如,在向女明星提问时最好不要问"您年龄有多大?",因为这是女明星一般不愿公开的"秘密",而问"您用什么化妆品使您变得这么漂亮?",她则非常乐意告诉你。

C#中提供了许多不同的关键字来支持不同的访问级别,这在前面已经介绍过。

C#的封装的主要应用就是类的字段的存取控制上。在一般情况下,将类的特征设置为私有字段,然后通过 getXXX()和 setXXX()的形式来获取或设置字段的值。

📖 **字段**

字段表示与对象或类相关联的变量。

声明格式如下:

[字段修饰符] <数据类型><字段名>;

字段的修饰符可以是 new、public、protected、internal、private、static、readonly 和 const。

(1)只读字段和常量

字段的声明中,如果加上了 readonly 修饰符,表明该字段为只读字段。对于只读字段我们只能在字段的定义中和它所属类的构造函数中进行修改,在其他情况下是"只读"的。

熟悉 C 和 C++的程序员可能习惯了使用 const 和♯define 定义一些容易记住的名字来表示某个数值。例如:

```
public class A
{
    public const double PI = 3.14159;
    public readonly stuName = "韦一笑";
    …
}
```

这样在程序中我们就可以直接使用 PI 来指代圆周率。

(2)const 与 readonly 的区别

①const 字段只能在字段声明中初始化,而 readonly 字段可以在声明或构造函数中初始化,因此,根据所使用的构造函数,readonly 可能具有不同的值。

②const 字段是编译时常数,而 readonly 字段是运行时常数。

③const 默认是静态的,而 readonly 如果设置成静态的就必须显式声明,即使用组合关键字"static readonly"。

📖 **字段的属性**

例如:

```
class Student
{
    //字段定义,私有字段
    private static string stuName;   //姓名
    private static string stuNo;     //学号
    static void Main(string[] args)
    {
        Console.Write("输入一个学生的姓名:");
        stuName = Console.ReadLine();
        Console.Write("输入一个学生的学号:");
```

```
        stuNo = Console.ReadLine();
        Console.WriteLine("姓名:{0}",stuName);
        Console.WriteLine("学号:{0}",stuNo);
    }
}
```

代码中学生的学号没有经过任何验证,可能会输入字母和非数字等字符串。

假如采用前面所学的方法实现对输入信息的验证,又如何呢?

例如:

```
class Student
{
    //1.字段定义,私有字段
    private static string stuName;
    private string stuNo;
    //2.定义属性,使用方法实现字段的验证
    public void SetStuNo(string value)
    {
        //3.对学号验证,要求输入学号的长度等于 8
        if(value.Length = = 8)
            stuNo = value;
        else
            stuNo = "学号输入错误";
    }
    public string GetStuNo()
    {
        return stuNo;
    }
    static void Main(string[] args)
    {
        Student stu = new Student();
        Console.Write("输入一个学生的姓名:");
        studentName = Console.ReadLine();
        Console.Write("输入一个学生的学号:");
        //4.要经过验证
        stu.SetStuNo(Console.ReadLine());
        Console.WriteLine("姓名:{0}",stuName);
        Console.WriteLine("学号:{0}",stu.GetStuNo());
    }
}
```

从代码中可以看出,每次都调用 GetStuNo()和 SetStuNo()方法来实现对学号输入的验证,使用方法会很烦琐。

假如采用如下代码中的 get 和 set"访问器",则要简便得多,这是因为 C♯吸收了 Java 语言的优点,同时为了照顾 VB 和 Delphi 程序员的编写习惯而提出了属性的概念,在写法上更加简化。

```
/* 此处命名空间同前 */
namespace 属性
{
    class Student
    {
        //1.字段定义,私有字段
        private string stuName;
        private string stuNo;
        //2.属性的定义,用 get 与 set 访问器定义属性
        public string stuName
        {
            get{ return stuName; }
            set{ stuName = value; }
        }
        public string stuNo
        {
            get { return stuNo; }
            set{
                //3.验证学号,要求学号长度等于 8
                if(value.Length = = 8)
                    stuNo = value;
                else
                    stuNo = "输入学号有误!";
            }
        }
        static void Main(string[] args)
        {
            stu stu = new stu();
            Console.Write("输入一个学生的姓名:");
            stu.stuName = Console.ReadLine();
            Console.Write("输入一个学生的学号:");
            //4.要经过验证
            stu.stuNo = Console.ReadLine();
            Console.WriteLine("姓名:{0}",stu.stuName);
            Console.WriteLine("学号:{0}",stu.stuNo);
        }
    }
}
```

📖 属性的类型

属性声明的一般形式如下:

［属性访问修饰符］＜类型＞＜属性名＞
```
{
    get 访问器;
    set 访问器;
}
```

说明：

（1）属性访问修饰符有：new、public、protected、internal、private、static、readonly、virtual、sealed、override 和 abstract。

以上修饰符中 static、virtual、override 和 abstract 不能同时使用。

（2）在属性的访问声明中：

①只有 set 访问器，表明属性的值只能进行设置而不能读出。

②只有 get 访问器，表明属性的值是只读的，不能改写。

③同时具有 set 访问器和 get 访问器表明属性的值的读写都是允许的。

例如，旅馆对住宿人员进行登记时要记录的信息有：客人姓名、性别、所住的房间号及已住宿的天数。这里，客人的姓名和性别，一经确定就不能再更改了。用户可以要求改变房间，住宿的天数当然也是不断变化的。我们在类的构造函数中对客人的姓名和性别进行初始化，在四个属性中，客人的姓名和性别是只读的，故只具有 get 访问器，房间号和住宿天数允许改变，因此同时具有 set 访问器和 get 访问器。

代码如下：

```
/ * 此处命名空间同前 * /
namespace Ex2_1_401
{
    public class Customer
    {
        public enum CustomerSex
        {
            男,女
        };                      //1.分号不能缺省
        private string name;
        public string Name
        {
            get{ return name; } //2.只读
        }
        private CustomerSex sex;
        public CustomerSex Sex
        {
            get { return sex; } //3.只读
        }
        public Customer()       //4.构造函数
        {
            name = "韦一笑"; sex = CustomerSex.男;
        }
        private string no;
        public string No
        {
            get{ return no; }   //5.可读可写
            set
```

```
        {
            if(no! = value)
            { no = value; }
        }
    }
    private int day;
    public int Day
    {
        get{ return day; }   //6.可读可写
        set
        {
            if(day! = value)
            { day = value; }
        }
    }
}
class Program
{
    static void Main(string[] args)
    {
        Customer cust = new Customer();
        Console.Write("请输入房间号:");
        cust.No = Console.ReadLine();
        Console.Write("请输入住宿天数:");
        cust.Day = int.Parse(Console.ReadLine());
        Console.Write("姓名:{0},性别:{1},",cust.Name,cust.Sex);
        Console.WriteLine("房间号:{0},住宿天数:{1}",cust.No,cust.Day);
    }
}
}
```

注意:客人的性别采用枚举类型。

代码运行结果如图 2-11 所示。

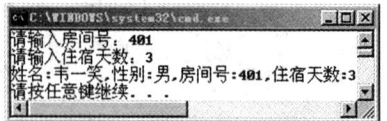

图 2-11　旅馆登记代码运行结果

2. 任务要求

假如教师在登记学生成绩时,学生的姓名已经登记好,不需要修改,三门必修课程的成绩可以修改,请使用字段和属性知识描述一名学生的成绩信息,并输出成绩信息。

3. 任务分析

学生的姓名已经确定就不能再更改,学生的成绩是可以修改的。可以在类的构造函数中对学生的姓名进行初始化,在四个属性(姓名、语文、数学和英语)中,学生的姓名是只读的,故只具有 get 访问器,语文、数学和英语成绩允许改变,因此同时具有 set 访问器和 get 访问器。

4. 操作步骤

(1)选择 Visual C#项目的"■■控制台应用程序",输入项目的名称"Ex2_1_4",进入代码编辑器窗口,编辑如下代码:

```
/* 此处命名空间同前 */
namespace Ex2_1_4
{
    class StuScore
    {
        private string stuName;          //字段的定义
        private int chinese;
        private int maths;
        private int english;
    }
    class Program
    {
        static void Main(string[] args){ }
    }
}
```

（2）字段的封装。以 chinese 为例，即在代码中定义的"chinese"字段名上右击，在弹出的快捷菜单中选择"重构"→"封装字段"选项，如图 2-12 所示。

图 2-12　字段的封装

（3）弹出如图 2-13 所示的"封装字段"对话框，在其"属性名"文本框输入属性名称"Chinese"，注意与字段名的异同，字段名首字母小写，属性的首字母大写。单击"确定"按钮。

（4）在属性的"{}"内输入如下代码：

```
public int Chinese
{
    get{ return chinese; }
    set
```

```
        {
            if(value> = 0&&value< = 100)
                chinese = value;
            else
                chinese = 0;
        }
    }
```

（5）继续封装其他字段，编写构造函数实现对学生姓名的初始化，编写主函数实现对类的实例化和数据的输入与输出，最终代码如下：

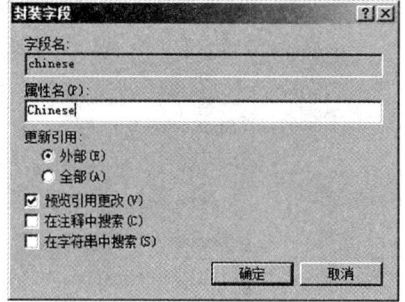

图 2-13　"封装字段"对话框

```
/*此处命名空间同前*/
namespace Ex2_1_4
{
    class StuScore
    {
        //1.字段的定义
        private string stuName;
        private int chinese;
        private int maths;
        private int english;
        //2.属性的定义
        public string StuName
        {
            get{ return stuName; }    //3.只读
        }
        public int Chinese
        {
            get{ return chinese; }    //4.可读可写
            set
            {
                if(value> = 0&&value< = 100)
                    chinese = value;
                else
                    chinese = 0;
            }
        }
        public int Maths
        {
            get                       //5.可读可写
            { return maths; }
            set
            {
                if(value> = 0&&value< = 100)
                    maths = value;
```

```
            else
                maths = 0;
        }
    }

    public int English
    {
        get
        { return english; }
        set
        {
            if(value> = 0&&value< = 100)
                english = value;
            else
                english = 0;
        }
    }

    public StuScore()            //6.构造函数实现学生姓名的初始化
    { stuName = "韦一笑"; }
}
class Program
{
    static void Main(string[] args)
    {
        StuScore stu = new StuScore();
        Console.Write("输入语文成绩:");
        stu.Chinese = int.Parse(Console.ReadLine());   //7.要经过验证
        Console.Write("输入数学成绩:");
        stu.Maths = int.Parse(Console.ReadLine());     //8.要经过验证
        Console.Write("输入英语成绩:");
        stu.English = int.Parse(Console.ReadLine());   //9.要经过验证
        Console.Write("姓名:{0},语文 = {1}",stu.StuName,stu.Chinese);
        Console.Write("姓名:{0},语文 = {1}\n",stu.Maths,stu.English);
    }
}
}
```

(6)选择"调试"→"开始执行(不调试)"选项,即弹出一个窗口,显示程序的运行结果,如图 2-14 所示。

5.注意点

(1)不能通过如下语句对学生姓名赋值:

stu.StuName = Console.ReadLine();

因为 stuName 字段为只读字段。

图 2-14　任务 1.4 运行结果

(2)从属性的结构可以看出,属性类似于方法,但没有"()"符号和参数,有一个隐含参数 value,value 是 C♯的关键字,而不像 Visual Basic 那样定义类的属性时需要显式定义。

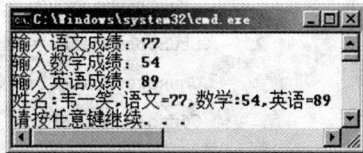

任务 1.5　使用静态的字段、构造函数和方法描述学生成绩信息

1. 知识准备

📖 **静态字段与静态属性**

定义静态字段,需要使用 static 关键字。当一个字段被声明为 static 时,无论创建了多少个类的实例(对象),静态字段都只会有一个副本,即静态字段为所有类的实例所共享。

注意:

①C♯中严格规定了静态字段只能通过类来访问,而非静态字段只能通过类的实例来访问。

②字段的属性也有静态属性,当把一个属性设置为静态时,对应的字段必须是静态的。

如下代码可以体现字段与静态字段,属性与静态属性的访问方法:

```
/*此处命名空间同前*/
namespace Ex2_1_501
{
    class StuScore
    {
        private float chinese;
        public float Chinese
        {
            get{ return chinese; }
            set{ chinese = value; }
        }
        private static float maths;
        public static float Maths                //1.静态属性
        {
            get{ return StuScore.maths; }         //2.通过类访问字段
            set{ StuScore.maths = value; }
        }
    }
    class Program
    {
        static void Main(string[] args)
        {
            StuScore stu = new StuScore();
            stu.Chinese = 77;                     //3.通过类的实例赋值
            StuScore.Maths = 54;                  //4.通过类赋值
            Console.Write("语文 = {0},",stu.Chinese);
            Console.WriteLine("数学 = {0}",StuScore.Maths);
        }
    }
}
```

📖 **静态构造函数**

C♯既支持实例构造函数,也支持静态构造函数,实例构造函数是实现初始化类的实例所

需操作的成员。静态构造函数是一种在类首次加载时用于实现初始化类本身所需操作的成员。若构造函数声明中包含 static 修饰符,则该构造函数为静态构造函数,否则为实例构造函数。

实例构造函数可以被重载,静态构造函数不可被重载。

静态构造函数的一般形式如下:

static <类名>()

{

　　构造函数体;

}

静态构造函数说明:

(1)静态构造函数既没有访问修饰符,也没有参数。

(2)在创建第一个实例或引用任何静态成员之前,将自动调用静态构造函数来初始化类。

(3)无法直接调用静态构造函数。

(4)在程序中,用户无法控制何时执行静态构造函数。

例如:

```csharp
/ * 此处命名空间同前 * /
namespace Ex2_1_502
{
    class StuScore
    {
        private float chinese;
        public float Chinese
        {
            get { return chinese; }
            set { chinese = value; }
        }
        private static float maths;
        public static float Maths            //1.静态属性
        {
            get { return StuScore.maths; }   //2.通过类访问字段
            set { StuScore.maths = value; }
        }
        public StuScore()                    //3.默认构造函数
        {
            chinese = 77;                    //4.可以对非静态字段 chinese 赋值
            maths = 54;                      //5.可以对非静态字段 maths 赋值
        }
        static StuScore()                    //6.静态构造函数
        {
            maths = 88;                      //7.只能对静态字段 maths 赋值
            Console.WriteLine("数学 = {0}",maths);   //8.调用静态构造函数
        }
    }
```

```
class Program
{
    static void Main(string[] args)
    {
        StuScore stu = new StuScore();
        Console.Write("语文 = {0},",stu.Chinese);//9.调用类的非静态构造函数
        Console.WriteLine("数学 = {0}",StuScore.Maths);
    }
}
}
```

代码运行结果如图 2-15 所示。

📖 **静态方法**

与静态构造函数相似,方法也有静态方法。

静态方法的一般形式如下:

[方法访问修饰符] static 返回值类型 <方法名>(参数列表)

{

　　方法体;

}

图 2-15　静态构造函数的使用

访问静态方法不需要创建类的实例,调用方式如下:

类名.方法名();

我们经常用的 Console.Write() 及 Console.WriteLine() 就是类 Console 的静态方法。

例如:

```
/* 此处命名空间同前 */
namespace Ex2_1_503
{
    class StuScore
    {
        private float chinese;
        public float Chinese
        {
            get { return chinese; }
            set { chinese = value; }
        }
        private static float maths;
        public static float Maths               //1.静态属性
        {
            get { return StuScore.maths; }       //2.通过类访问字段
            set { StuScore.maths = value; }
        }
        public void MathodA()                   //3.方法
        {
            chinese = 77;                       //4.可以对非静态字段 chinese 赋值
```

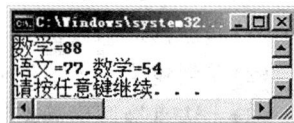

```
        maths = 54;                      //5.可以对非静态字段 maths 赋值
    }
    public static void MathodB()         //6.静态方法
    {
        maths = 88;                      //7.只能对静态字段 maths 赋值
    }
}
class Program
{
    static void Main(string[] args)
    {
        StuScore stu = new StuScore();
        StuScore.MathodB();
        Console.Write("语文 = {0},",stu.Chinese);//8.访问类的非静态字段
        Console.WriteLine("数学 = {0}",StuScore.Maths);//9.访问类的静态字段
        stu.MathodA();
        Console.Write("语文 = {0},",stu.Chinese);//10.访问类的非静态字段
        Console.WriteLine("数学 = {0}",StuScore.Maths);//11.访问类的静态字段
    }
}
}
```

代码运行结果如图 2-16 所示。

📖 **this 关键字的使用**

this 关键字只能在类的构造函数、类的方法和类的实例中使用，其含义有：

图 2-16　静态方法的使用

（1）在类的构造函数中出现的 this 表示正在构造的对象本身的引用。

（2）在类的方法中出现的 this 表示对调用函数的对象的引用。

（3）在结构的构造函数中出现的 this 表示对正在构造的结构的引用。

（4）在结构的方法中出现的 this 表示对调用该方法的结构的引用。

this 的主要用途有：

①限定被相似的名称隐藏的成员；

②将对象作为参数传递给其他方法；

③声明索引器。

例如：

```
/* 此处命名空间同前 */
namespace Ex2_1_504
{
    public class StuScore
    {
        public string name;            //1.姓名
        public string alias;           //2.别名
        public StuScore(string name,string alias)
        {
```

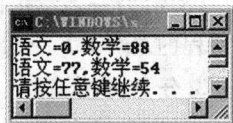

```
            this.name = name;        //3.this.name 指的是类 StuScore 的字段
            this.alias = alias;      //4.this.alias 指的是类 StuScore 的字段
        }
    }
    public class Program
    {
        [STAThread]
        public static void Main(string[] args)
        {
            StuScore stu1 = new StuScore("韦一笑","蝙蝠王");
            Console.WriteLine("姓名:{0},别名:{1}",stu1.name,stu1.alias);
        }
    }
}
```

2. 任务要求

(1)使用非静态属性、非静态构造方法和 this 关键字,描述学生的姓名和别名。

(2)使用静态字段、静态属性和静态构造函数操作一名学生三门必修课程(语文、数学和英语)成绩。

(3)使用一个静态方法返回学生的三门课程的总分。

(4)使用方法输出学生的姓名、别名和三门课程的总分。

(5)给另一名学生的三门课程采用静态字段赋值,并使用方法输出学生的姓名、别名和三门课程的总分。

3. 任务分析

(1)定义姓名和别名的非静态字段和属性:

```
private string stuName;          //姓名
public string StuName
{
    get { return stuName; }
    set { stuName = value; }
}
```

(2)定义三门课程的静态字段和静态属性:

```
private static float chinese;   //1.静态字段
public static float Chinese     //2.静态属性
{
    get { return StuScore.chinese; }
    set
    {
        if(value >= 0&&value <= 100)
            StuScore.chinese = value;
        else
            StuScore.chinese = 0;
    }
}
```

（3）定义一个方法，实现输出学生的姓名和别名，使用非静态方法：

```
public void PrintScore()
{
    Console.WriteLine("姓名:{0}\n 别名:{1}",stuName,aliasName);
}
```

（4）定义一个静态方法，返回学生三门课程的总分，其静态方法如下：

```
public class Sum                    //1.计算总分
{
    public static float CalcSum()   //2.注意方法为静态方法，否则 Sum.CalcSum()无法被调用
    {
        return StuScore.Chinese + StuScore.Maths + StuScore.English;
    }
}
```

（5）可以在方法 PrintScore()中同时实现调用静态方法，打印输出三门课程的总分，其代码如下：

```
public void PrintScore()
{
    Console.WriteLine("总分:{0}\n",Sum.CalcSum());     //调用静态方法
}
```

4. 操作步骤

（1）选择 Visual C♯ 项目的"████控制台应用程序"，输入项目的名称"Ex2_1_5"，进入代码编辑器窗口，编辑如下代码：

```
/ * 此处命名空间同前 * /
namespace Ex2_1_5
{
    public class StuScore
    {
        private string stuName;              //1.姓名
        public string StuName
        {
            get { return stuName; }
            set { stuName = value; }
        }
        private string aliasName;            //2.别名
        public string AliasName
        {
            get { return aliasName; }
            set { aliasName = value; }
        }
        private static float chinese;        //3.静态字段
        public static float Chinese          //4.静态属性
        {
            get { return StuScore.chinese; }
```

```
        set
        {
            if(value> = 0&&value< = 100)
                StuScore.chinese = value;
            else
                StuScore.chinese = 0;
        }
    }
    private static float maths;              //5.静态字段
    public static float Maths                //6.静态属性
    {
        get { return StuScore.maths; }
        set
        {
            if(value> = 0&&value< = 100)
                StuScore.maths = value;
            else
                StuScore.maths = 0;
        }
    }
    private static float english;            //7.静态字段
    public static float English              //8.静态属性
    {
        get { return StuScore.english; }
        set
        {
            if(value> = 0&&value< = 100)
                StuScore.english = value;
            else
                StuScore.english = 0;
        }
    }
    static StuScore()                        //9.静态构造函数,必须无参数
    {
        chinese = 77f;
        maths = 54f;
        english = 89f;
    }
    public StuScore(string stuName,string aliasName)   //10.构造方法
    {
        this.stuName = stuName;              //11.this.stuName 指的是类 StuScore 的字段
        this.aliasName = aliasName;          //12.this.aliasName 指的是类 StuScore 的字段
    }
    public void PrintScore()                 //13.方法
```

```
        {
            Console.WriteLine("姓名：{0}\n 别名：{1}",stuName,aliasName);
            Console.WriteLine("总分：{0}\n",Sum.CalcSum());//14.调用静态方法
        }
        public class Sum                    //15.计算总分
        {
            public static float CalcSum()     //16.注意方法为静态方法,否则 Sum.CalcSum()无法被调用
            {
                return StuScore.Chinese + StuScore.Maths + StuScore.English;
            }
        }
    }
    public class Program
    {
        [STAThread]
        public static void Main(string[] args)
        {
            StuScore stu1 = new StuScore("韦一笑","蝙蝠王");
            stu1.PrintScore();
            StuScore stu2 = new StuScore("李平平","LiPingPing");
            StuScore.Chinese = 100;          //17.访问静态变量
            StuScore.Maths = 46;
            StuScore.English = 48;
            stu2.PrintScore();
        }
    }
}
```

(2)选择"调试"→"开始执行(不调试)"选项,即弹出一个窗口,显示程序的运行结果,如图 2-17 所示。

5.注意点

(1)静态构造函数必须是下面这种格式：

static <类名>(){…}

不能书写成：

public static <类名>(){…}

否则出现如下错误信息：

图 2-17 任务 1.5 运行结果

"Ex2_1_5.StuScore.StuScore()"：静态构造函数中不允许出现访问修饰符。

(2)"this.stuName"用于限定 StuScore 类的成员。

(3)"Sum.CalcSum()"调用静态方法,必须在前面加上类名前缀,而不是实例名前缀。

(4)在第一次类的实例化之前,调用静态构造函数,给静态变量赋值;第二次类的实例化,不再调用静态构造函数。

(5)静态属性的访问器中使用静态字段前,必须加上类名前缀,否则编译出错。

(6)静态方法只能访问类的静态成员。

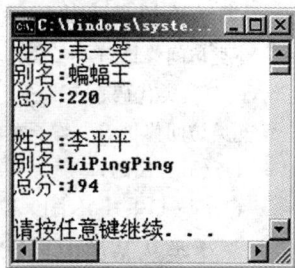

任务 2　使用继承、多态、接口等描述学生成绩信息

任务 2.1　使用类的继承描述学生成绩信息

1. 知识准备

📖 **继承**

在日常生活中,经常遇到将类的概念分为子类的情况。例如,交通工具类(机动车)可分为轿车、卡车和公共汽车等;数学中的形状分为直线、圆、三角形和矩形等;一个学校内的人员大体上分为学生、老师和其他管理人员等。

继承是允许用现有的类去创建新类的过程。分类的原则是:一个类派生出来的子类具有这个类的所有公共属性。例如,汽车这个类派生出来的所有子类(如公共汽车、卡车等)都具有诸如发动机、方向盘和轮子等静态属性以及行驶、刹车和鸣笛等动态属性。各子类还具有自身的特性,如公共汽车提供座位,卡车提供装载货物的空间等。又如,学校内的人员都具有姓名、年龄和性别等公共属性,学生具有学号和成绩;教师具有工号和所教课程,管理人员具有从事的岗位等自身属性。

在面向对象的程序设计中,经常遇到的问题是,大量的代码重复(冗余),增加了程序员编写程序的工作量,并使得代码的同步更新(修改多处相同代码)存在困难,为此提出了继承的概念。

继承是面向对象的三大特征之一,封装和后面的多态则是面向对象的另外两个特征。

继承是指这样的一种能力:可以使用现有类的所有功能,并在无须重新编写原来的类的情况下,对这些功能进行扩展。通过继承创建的新类称为"子类"或"派生类",被继承的类称为"基类""父类"或"超类"。

C#的所有类都派生自 System.Object 类。

类继承的声明的一般形式如下:

[类访问修饰符] <基类名>

{ //基类代码;}

[类访问修饰符] <子类名>:<基类名>

{ //子类代码;}

C#与C++不同,不支持多继承,仅支持单继承,也就是说派生类只可以从一个类中继承。派生类从基类中继承除了构造函数和析构函数外的所有成员,如方法、字段、属性和事件等。

例如,交通工具类(Vehicle)分为三个子类:汽车(Bus)、飞机(Plane)和火车(Train),类的关系如图 2-18 所示。

(1)基类(Vehicle)成员:字段"_type"表示交通工具类型;属性"Type"是字段"_type"的属性;一个方法 Run(),显示采用的交通工具类型。

(2)子类(Bus)的成员:方法 BusRun(),显示汽车交通工具的特点。

(3)子类(Plane)的成员:方法 PlaneRun(),显示飞机交通工具的特点。

(4)子类(Train)的成员:方法 TrainRun(),显示火车交通工具的特点。

其代码如下:

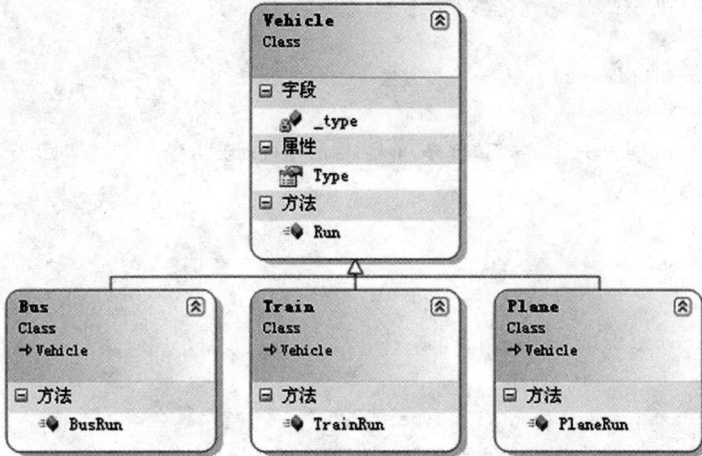

图 2-18　交通工具类关系图

```
/ * 此处命名空间同前 * /
namespace Ex2_2_101
{
    class Vehicle                //1.基类
    {
        private string _type;
        public string Type
        {
            get { return _type; }
            set { _type = value; }
        }
        public void Run()        //2.基类方法
        {
            Console.WriteLine("采用""+_type+""的交通工具!");
        }
    }
    class Train:Vehicle          //3.子类 Train
    {
        public void TrainRun()//4.子类方法
        {
            Console.WriteLine("速度中,价格低,时间限制大!");
        }
    }
    class Plane:Vehicle          //5.子类 Plane
    {
        public void PlaneRun()//6.子类方法
        {
            Console.WriteLine("速度快,价格高,时间限制大!");
        }
    }
```

```
class Bus:Vehicle          //7.子类 Bus
{
    public void BusRun()  //8.子类方法
    {
        Console.WriteLine("速度慢,价格低,时间机动灵活!");
    }
}
class Program
{
    static void Main(string[] args)
    {
        Plane p = new Plane(); p.Type = "飞机";
        p.Run();           //9.调用基类方法
        p.PlaneRun();      //10.调用子类方法
        Train t = new Train(); t.Type = "火车";
        t.Run(); t.TrainRun();
        Bus b = new Bus(); b.Type = "汽车";
        b.Run(); b.BusRun();
    }
}
}
```

代码运行结果如图 2-19 所示。

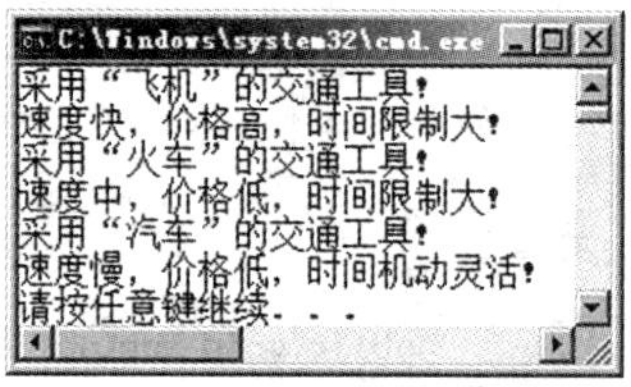

📖 **使用 base 关键字调用基类构造函数和基类方法**

构造函数用于初始化类的成员字段。基类通常都需要进行初始化。例如,交通工具类的基类(Vehicle)要做初始化工作,在子类(Bus)中调用基类的构造函数,需要在其构造函数中使用如下语法:

图 2-19 交通工具类演示结果

子类构造函数名(子类构造函数参数列表):base(<(基类构造函数参数列表)>)

调用基类的方法的语法如下:

base.基类的方法名();

例如,改造上面的交通工具类的代码,调用基类构造函数和基类方法。

```
/*此处命名空间同前*/
namespace Ex2_2_102
{
    public class Vehicle
    {
        private string _type;
        public Vehicle(string _type)          //1.基类构造函数
        {
            this._type = _type;
        }
        public void Run()                     //2.基类方法
        {
```

```
                Console.WriteLine("采用""" + _type + """的交通工具！");
            }
    }
    public class Plane:Vehicle
    {
        public Plane(string planeType):base(planeType) //3.子类构造函数
        { ; }
        public void PlaneRun()                //4.子类方法
        {
            base.Run();                    //5.子类调用基类方法
            Console.WriteLine("速度快,价格高,时间限制大！");
        }
    }
    /*此处命名空间同前*/
    class Program
    {
        static void Main(string[] args)
        {
            Plane p = new Plane("飞机");    p.PlaneRun();
            …//6.类似于 Plane 子类初始化与方法的调用
        }
    }
}
```

代码运行结果见图 2-19。

2. 任务要求

（1）使用继承知识创建一个基类 StuScore，该基类含有学生三门必修课程（语文、数学和英语）的三个字段，创建一个子类 PhyChe，含有学生的物理和化学两个选修课程。

（2）在基类 StuScore 中创建一个构造函数，含有四个参数（用于表示学生姓名、语文、数学和英语），一个方法 DispChiMatEng，输出学生的姓名和三门课程成绩，在子类的构造函数中，实现向基类传递三门必修课程成绩，在子类中定义一个方法 DispPhyChe，调用基类的方法 DispChiMatEng，并能显示学生的物理和化学成绩。

3. 任务分析

（1）子类的构造函数

```
 public PhyChe (string stuNmae, float chinese, float maths, float english, char physical, char
chemical):base(stuNmae,chinese,maths,english)
{ //子类构造函数代码; }
```

（2）基类的构造函数

```
public StuScore(string stuNmae,float chinese,float maths,float english)
{ //基类构造函数代码; }
```

4. 操作步骤

（1）选择 Visual C♯项目的"■控制台应用程序"，输入项目的名称"Ex2_2_1"，进入代码编辑器窗口，编辑如下代码：

```csharp
/ * 此处命名空间同前 * /
namespace Ex2_2_1
{
    public class StuScore
    {
        public string stuName; public float chinese;
        public float maths; public float english;
        //1.基类构造函数
        public StuScore(string name,float chi,float mat,float eng)
        {
            stuName = name; chinese = chi;
            maths = mat; english = eng;
        }
        public void DispChiMatEng()      //2.基类方法
        {
            Console.Write("姓名:{0},语文 = {1},",stuName,chinese);
            Console.Write("数学 = {0},英语 = {1}\n",maths,english);
        }
    }

    public class PhyChe:StuScore
    {
        public char physical; public char chemical;
        public PhyChe(string name,float chi,float mat,float eng,char phy,char che)
        : base(name,chi,mat,eng)       //3.子类构造函数
        {
            physical = phy; chemical = che;
        }
        public void DispPhyChe()       //4.子类方法
        {
            base.DispChiMatEng();       //5.调用基类方法
            Console.WriteLine("物理 = {0},化学 = {1}",physical,chemical);
        }
    }

    public class Program
    {
        [STAThread]
        public static void Main(string[] args)
        {
            PhyChe stu = new PhyChe("韦一笑",77,54,89,'B','A');//6.实例化子类
            stu.DispPhyChe();        //7.调用子类方法
        }
    }
}
```

（2）选择"调试"→"开始执行（不调试）"选项，即弹出一个窗口，显示程序的运行结果，如图 2-20 所示。

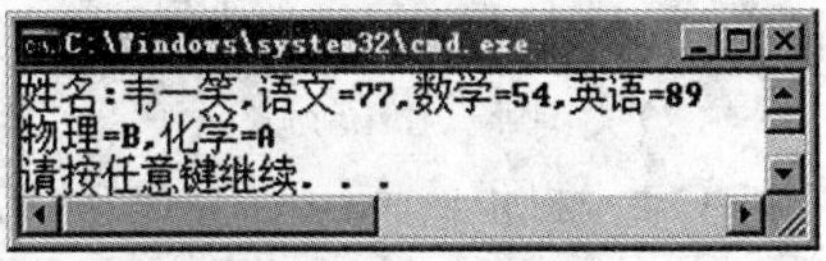

5. 注意点

（1）本任务中没有使用字段的属性，读者可以自己改造程序，使用属性。

图 2-20　任务 2.1 运行结果

（2）"public PhyChe(string name,float chi,float mat,float eng,char phy,char che)"的参数不能书写成"public PhyChe(char phy,char che)"，一定要有传递给基类构造函数的参数值。

（3）可以用"StuScore stu＝new PhyChe("韦一笑",77,54,89,'B','A');"创建子类实例，使用"stu. DispChiMatEng();"调用基类方法，但仅能显示基类三门课程的成绩。

（4）可以使用"stu. DispChiMatEng();"，调用基类方法显示三门课程成绩信息。

任务 2.2　使用类的多态描述学生成绩信息

1. 知识准备

📖 **多态的概念**

在面向对象的系统中，多态性是一个非常重要的概念，它允许客户对一个对象进行操作，由对象来完成一系列的动作，而具体实现哪个动作及如何实现则由系统负责。

多态性一词，最早用于生物学，指同一种族的生物体具有相同的特性和不同的行为（动作）。

在 C# 中，多态性的定义是：同一操作作用于不同的类的实例，将进行不同的解释，最后产生不同的执行结果。C# 支持两种类型的多态性。

（1）编译时的多态性

编译时的多态性是通过重载来实现的，也称为重载（Overload）。在任务 1.3 中介绍了方法重载，实现了编译时的多态性。

对于非虚的成员来说，系统在编译时，根据传递的参数和返回值的类型等信息决定实现何种操作。

重载已经讲过，这里不再赘述。

（2）运行时的多态性

运行时的多态性就是指直到系统运行时，才根据实际情况决定实现何种操作。C# 中运行时的多态性通过虚成员实现。

运行时多态也称覆盖（Override），是只用派生类的方法覆盖基类的同名方法。

编译时的多态性为我们提供了运行速度快的特点，而运行时的多态性则带来了高度灵活和抽象的特点。

📖 **使用 new、override 和 virtual 关键字声明基类方法**

（1）关键字 override

override 关键字用于修改方法，使用 override 关键字声明的方法是对基类的同名方法的新实现，基类中的同名方法必须声明为 virtual 或 abstract 类型。给基类中的方法添加 virtual 关键字，表示可以在派生类中重写基类的该方法。默认情况下，C# 方法并不是 virtual 类型，因此不能重写。

总之，派生类中被重写的方法与重写的基类方法应该使用相同的签名（即方法名、方法的参数类型及个数)。

(2)关键字 virtual

C#中提供的 virtual 关键字,用于将方法定义为支持多态(后面将进行讲解)。virtual 关键字用于对一个类中可修改的方法的声明,这种方法称为虚方法。子类可以使用 override 关键字自由实现各自的虚方法。

声明虚方法的语法一般形式如下:

[访问修饰符] virtual [方法返回值类型] <方法名>(参数列表)

```
{
    //虚方法主体;
}
```

注意:

①虚方法可以位于抽象类或非抽象类中;

②虚方法必须有主体;

③虚方法可以被 override,也可以被 new。

④虚方法在派生类中可以不实现。

(3)关键字 new

new 关键字可用作运算符或访问修饰符。new 访问修饰符用于显式隐藏继承自基类的成员,即如果派生类成员的名称与基类成员名称相同,new 会将派生类成员识别为一个全新的成员。总之,new 修饰符的真正目的是为了隐藏基类的方法。

注意:new、static 和 virtual 关键字不能与 override 访问修饰符一起使用。

从下面的交通工具类理解关键字 new、virtual 和 override 的使用。

例如,交通工具类(Vehicle)分为三个子类:汽车(Bus)、飞机(plane)和火车(Train),类的关系如图 2-21 所示。

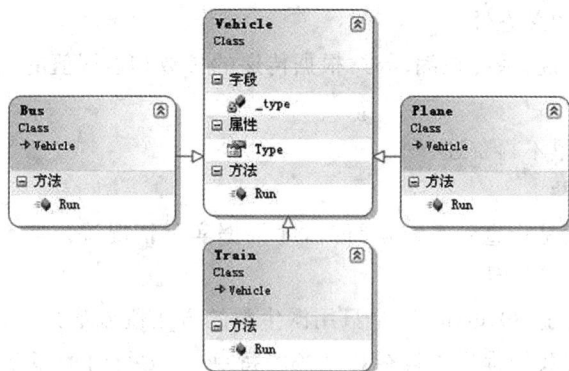

图 2-21　交通工具类关系图

①基类(Vehicle)成员:字段"_type"表示交通工具类型;属性"Type"是字段"_type"的属性;虚方法 Run(),显示采用的交通工具类型。

②子类(Bus)的成员:重写方法 Run(),显示汽车交通工具的特点。

③子类(Plane)的成员:重写方法 Run(),显示飞机交通工具的特点。

④子类(Train)的成员:重写方法 Run(),显示火车交通工具的特点。

从图 2-21 可以看出,子类的方法与基类的方法同名,才能称为覆盖,否则只能称为继承。从而我们可以理解,多态也是继承。

例如,使用 override 隐藏或重写基类的 virtual 方法,实现交通工具的多态。

代码如下:

```
/* 此处命名空间同前 */
namespace Ex2_2_201
{
    class Vehicle                          //1.基类
    {
        private string _type;
        public string Type
        {
            get { return _type; }
            set { _type = value; }
        }
        public virtual void Run()          //2.基类虚方法
        {
            Console.WriteLine("采用"" + _type + ""的交通工具!");
        }
    }
    class Train:Vehicle                    //3.子类 Train
    {
        public override void Run()         //4.重写基类虚方法
        {
            Console.WriteLine("采用"" + Type + ""的交通工具!");
            Console.WriteLine("速度中,价格低,时间限制大!");
        }
    }
    class Plane:Vehicle                    //5.子类 Plane
    {
        public override void Run()         //6.隐藏基类虚方法
        {
            Console.WriteLine("采用"" + Type + ""的交通工具!");
            Console.WriteLine("速度快,价格高,时间限制大!");
        }
    }
    class Bus:Vehicle                      //7.子类 Plane
    {
        public override void Run()         //8.隐藏基类虚方法
        {
            Console.WriteLine("采用"" + Type + ""的交通工具!");
            Console.WriteLine("速度慢,价格低,时间机动灵活!");
        }
    }
    class Program
```

```
    {
        static void Main(string[] args)
        {
            Vehicle p = new Plane();        //9.运行时多态 Plane p = new Plane();
            p.Type = "飞机";    p.Run();    //10.调用子类方法
            Vehicle t = new Train();        //11.运行时多态 Train t = new Train();
            t.Type = "火车";    t.Run();
            Vehicle b = new Bus();          //12.运行时多态 Bus t = new Bus()
            b.Type = "汽车";    b.Run();
        }
    }
}
```

代码运行结果如图 2-22 所示。

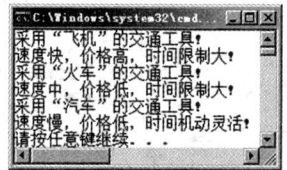

2. 任务要求

(1)使用多态知识创建一个基类 StuScore,该基类含有学生三门必修课程(语文、数学和英语)的三个字段,创建两个子类 Phy 和 Che,分别表示学生的物理和化学两个选修课程。

图 2-22　一个多态的运行结果

(2)在基类 StuScore 创建一个构造函数,含有四个参数(用于表示学生姓名、语文、数学和英语),一个虚方法 DispStuScore,输出学生的姓名和三门课程成绩,在子类的构造函数中,实现向基类传递三门必修课程成绩;在子类 Phy 中定义一个重写方法 DispStuScore,用于显示学生的姓名、语文、数学、英语和物理成绩;在子类 Che 中也定义一个重写方法 DispStuScore,用于显示学生的姓名、语文、数学、英语和化学成绩。

3. 任务分析

(1)子类的构造函数

```
public Phy(string stuNmae,float chinese,float maths,float english,char physical)
:base(stuNmae,chinese,maths,english)
{
    //子类 Phy 构造函数代码;
}
public Che(string stuNmae,float chinese,float maths,float english,char chemical)
:base(stuNmae,chinese,maths,english)
{
    //子类 Che 构造函数代码;
}
```

(2)基类的构造函数

```
public StuScore(string stuNmae,float chinese,float maths,float english)
{
    //基类构造函数代码;
}
```

(3)基类的虚方法 DispStuScore()

```
public virtual void DispStuScore() //基类方法
{
```

```
        Console.Write("姓名:{0},语文 = {1},",stuName,chinese);
        Console.Write("数学 = {0},英语 = {1}\n",maths,english);
}
```

4. 操作步骤

(1)选择 Visual C♯ 项目的"▆▆控制台应用程序",输入项目的名称"Ex2_2_2",进入代码编辑器窗口,编辑如下代码:

```
/* 此处命名空间同前 */
namespace Ex2_2_2
{
    public class StuScore
    {
        public string stuName; public float chinese;
        public float maths; public float english;
        //1.基类构造函数
        public StuScore(string name,float chi,float mat,float eng)
        {
            stuName = name; chinese = chi;
            maths = mat; english = eng;
        }
        public virtual void DispStuScore()          //2.基类方法
        {
            Console.Write("姓名:{0},语文 = {1},",stuName,chinese);
            Console.Write("数学 = {0},英语 = {1}\n",maths,english);
        }
    }

    public class Phy:StuScore
    {
        public char physical;
        public Phy(string name,float chi,float mat,float eng,char phy)
            : base(name,chi,mat,eng)                //3.子类构造函数
        {
            physical = phy;
        }
        public override void DispStuScore()         //4.子类方法
        {
            Console.Write("姓名:{0},语文 = {1},",stuName,chinese);
            Console.Write("数学 = {0},英语 = {1}\n",maths,english);
            Console.Write("物理 = {0}\n",physical);
        }
    }

    public class Che:StuScore
    {
        public char chemical;
        public Che(string name,float chi,float mat,float eng,char che)
```

```
                    : base(name,chi,mat,eng)          //5.子类构造函数
                    {
                        chemical = che;
                    }
                    public override void DispStuScore()      //6.子类方法
                    {
                        Console.Write("姓名:{0},语文={1},",stuName,chinese);
                        Console.Write("数学={0},英语={1}\n",maths,english);
                        Console.WriteLine("化学={0}",chemical);
                    }
            }
            public class Program
            {
                [STAThread]
                public static void Main(string[] args)
                {
                    StuScore stu = new Phy("韦一笑",77,54,89,'B');      //7.运行时多态1
                    stu.DispStuScore();                               //8.调用子类重写方法
                    StuScore stu1 = new Che("韦一笑",77,54,89,'A');     //9.运行时多态2
                    stu1.DispStuScore();
                }
            }
        }
```

（2）选择"调试"→"开始执行（不调试）"选项，即弹出一个窗口，显示程序的运行结果，如图2-23所示。

5.注意点

（1）基类的方法"public virtual void DispStuScore()"，必须含有关键字 virtual，否则，编译报出如下出错信息：

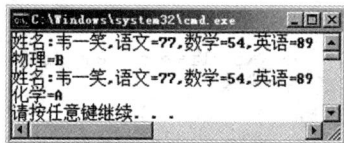

图2-23 任务2.2运行结果

"Ex2_2_2.Phy.DispStuScore()"：继承成员"Ex2_2_2.StuScore.DispStuScore()"未被标记为 virtual、abstract 或 override，无法进行重写

（2）"StuScore stu＝new Phy("韦一笑",77,54,89,'B');"书写为：

Phy stu = new Phy("韦一笑",77,54,89,'B');

也可实现多态。

（3）也可采用 new 修饰符，实现对基类的虚方法的隐藏，从而实现多态。

public new void DispStuScore()

任务2.3   使用抽象类描述学生成绩信息

1.知识准备

📖 **抽象类和抽象方法的声明**

在任务2.2中学习的交通工具类（Vehicle）中，通过基类（Vehicle）与其子类（Plane、Bus

和 Train)说明了多态的概念。实际上,交通工具这一概念具有交通工具的抽象,其本身只是说明了交通工具具有运输这一功能,在面向对象领域,提供了抽象类的概念与之对应。

抽象类的声明的一般形式如下:

［类访问修饰符］abstract class ＜类名＞

{

　　//类主体;

}

在抽象类中也可以声明抽象方法,只要在方法的返回值类型前增加 abstract 关键字即可。

抽象方法的声明的一般形式如下:

［方法访问修饰符］abstract＜返回值类型＞＜方法名＞();

抽象方法没有实现,所以没有方法的主体,在圆括号后紧跟分号。

使用抽象类和抽象方法时应注意:

(1)不能实例化抽象类,抽象类是派生类的基类,用于创建蓝本或模板,以派生其他类。

(2)一个抽象类中可以有抽象方法,也可以有非抽象方法。

(3)抽象方法必须位于抽象类中。

(4)抽象方法没有主体,为函数原型。

(5)抽象方法必须在其派生类中实现。

(6)派生自抽象类的类需要实现其基类的抽象方法,才能实例化对象。

(7)使用 override 关键字可在派生类中实现抽象方法,但经 override 声明重写的方法称为重写基类方法,其签名(即方法名、参数个数及参数类型,返回值类型不是方法的签名)必须与 override 方法的签名相同。

例如,修改任务 2.2 的交通工具类为抽象类,在抽象类中定义一个非抽象方法 Display(),显示"生活中的交通工具有很多种!",定义一个抽象方法 Run(),在子类中实现该抽象方法。

代码如下:

```
/*此处命名空间同前*/
namespace Ex2_2_301
{
    abstract class Vehicle                //1.抽象类
    {
        public string _type;
        public abstract void Run();        //2.抽象方法
        public void Display()
        {
            Console.WriteLine("\n生活中的交通工具有很多种! \n");//3.非抽象方法
        }
    }
    class Train:Vehicle                    //4.子类 Train
    {
        public override void Run()         //5.重写基类虚方法
        {
```

```
        Console.WriteLine("采用"" + _type + ""的交通工具!");
        Console.WriteLine("速度中,价格低,时间限制大!");
    }
}

class Program
{
    static void Main(string[] args)
    {
        Vehicle t = new Train();         //6.运行时多态 Train t = new Train();
        t._type = "火车";                //7.给抽象的字段赋值
        t.Run();                         //8.调用子类的重写方法
        t.Display();                     //9.调用抽象类的非抽象方法
    }
}
}
```

代码运行结果如图 2-24 所示。

总之,抽象类并不仅仅是一种实现技巧,更代表一种抽象的概念,从而为所有的派生类确定一个"约定"(即模板)。

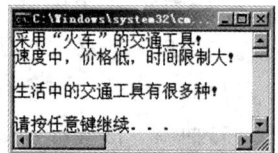

图 2-24　运行结果

2. 任务要求

(1)修改任务 2.2,使其基类为抽象类,并定义一个非抽象方法 DispChiMatEng(),实现显示学生三门必修课程(语文、数学和英语)成绩。

(2)在抽象类中定义一个抽象方法 DisPhyChe(),在派生类中实现显示选修课程(物理和化学)成绩。

3. 任务分析

DisPhyChe()方法要同时能够显示选修课程成绩,将任务 2.2 中的两个子类合并成一个子类。

4. 操作步骤

(1)选择 Visual C# 项目的"▇控制台应用程序",输入项目的名称"Ex2_2_3",进入代码编辑器窗口,编辑如下代码:

```
/* 此处命名空间同前 */
namespace Ex2_2_3
{
    public abstract class StuScore            //1.抽象类
    {
        public string stuName; public float chinese;
        public float maths; public float english;
        //2.基类构造函数
        public StuScore(string name,float chi,float mat,float eng)
        {
            stuName = name; chinese = chi;
            maths = mat; english = eng;
```

```
        }
        public virtual void DispStuScore() //3.基类非抽象方法
        {
            Console.Write("姓名:{0},语文 = {1}",stuName,chinese);
            Console.Write("\n 数学 = {0},英语 = {1}\n",maths,english);
        }
        public abstract void DispPhyChe();//4.抽象方法
    }
    public class PhyChe:StuScore
    {
        public char physical; public char chemical;
        public PhyChe(string name,float chi,float mat,float eng,char phy,char che)
            : base(name,chi,mat,eng)          //5.子类构造函数
        {
            physical = phy; chemical = che;
        }
        public override void DispPhyChe()      //6.子类方法
        {
            Console.Write("物理 = {0}",physical);
            Console.WriteLine("化学 = {0}\n",chemical);
        }
    }
    public class Program
    {
        [STAThread]
        public static void Main(string[] args)
        {
            PhyChe stu = new PhyChe("韦一笑",77,54,89,'B','A');
            stu.DispStuScore();              //7.调用基类非抽象方法
            stu.DispPhyChe();                //8.调用子类重写方法
        }
    }
}
```

（2）选择"调试"→"开始执行（不调试）"选项，即弹出一个窗口，显示程序的运行结果，如图 2-25 所示。

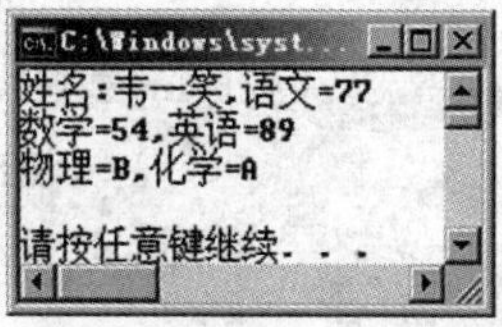

图 2-25　任务 2.3 运行结果

5. 注意点

（1）抽象类非抽象方法可以使用关键字 virtual，修改为虚方法，其代码为：

```
public virtual void DispStuScore() //抽象类虚方法
```

（2）虚方法有方法主体，在派生类中可以重写实现，也可以不重写调用，虚方法调用同普通方法调用一样。

（3）抽象方法必须没有主体，在派生类中必须含有实现的主体。

（4）"stu.DispStuScore();"调用基类的非抽象方法。

任务 2.4   使用接口描述学生成绩信息

1. 知识准备

📖 **接口的声明**

C++语言中的类允许多继承，即允许一个类继承一个或多个父类，多继承增加了语言实现的复杂性，因此 C# 中的类只允许单继承。为了能体现使用多继承为程序设计带来的灵活性，C# 中提出了接口的概念，通过接口可以实现与多继承相同的功能。

接口只能被继承，不能实例化。

一个接口就相当于一个抽象类，但是不能包含任何实现的方法。一个类对接口的实现跟派生类实现基类方法的重写一样，只是接口的每种方法都必须在派生类中实现。接口的作用在于指明实现此特定接口的类，必须实现该接口所列出的所有成员，有时候可以把接口看成是类的"模具"，它指明一个类该提供哪些内容。

接口的关键字为 interface。

接口的声明一般形式如下：

[访问修饰符] interface ＜接口名＞

{

　　//接口主体；

}

接口使用说明如下：

(1)接口主体只限于对方法、索引器和属性的声明。

(2)接口中不能含有字段、构造函数和常量等。

(3)接口成员是隐式公开的，如果对其显式指定访问级别，则会编译错误。

(4)在接口中不能实现方法、属性和索引器，但必须在派生类中实现。

(5)在指定方法时，只需给出返回值类型、名称和参数列表，以分号结束。

例如，修改任务 2.2 中的抽象类为接口，代码如下：

```
/* 此处命名空间同前 */
namespace Ex2_2_401
{
    interface Vehicle          //1.接口,不能写为 interface class Vehicle
    {
        string Type            //2.接口中的属性,不能有实现和访问级别
        { get; set; }
        void Run();            //3.方法,不能含有访问修饰符
    }
    public class Train:Vehicle //4.子类 Train
    {
        private string _type;
        public string Type     //5.属性的声明
        {
            get { return _type; }
```

```
            set { _type = value; }
        }
        public void Run()        //6.实现接口方法,不能增加 override 关键字
        {
            Console.WriteLine("采用"" + _type + ""的交通工具!");
            Console.WriteLine("速度中,价格低,时间限制大!");
        }
    }
    class Program
    {
        static void Main(string[] args)
        {
            Train t = new Train();
            t.Type = "火车";      //7.属性的使用,不能使用字段,访问级别
            t.Run();
        }
    }
}
```

2. 任务要求

(1)修改任务 2.3,将抽象类修改为接口,并定义一个方法 DispStuScore(),在派生类用于实现显示学生三门必修课程(语文、数学和英语)以及两门选修课程(物理和化学)成绩。

(2)在接口中声明属性(三门必修课程、两门选修课程),在派生类中实现属性。

3. 任务分析

(1)在接口中声明属性 Chinese。

```
float Chinese
{ get;set; }
```

(2)在派生类中实现属性。

```
public float Chinese
{
    get { return chinese; }
    set{
        if(value> = 0&&value< = 100)
            chinese = value;
        else
            chinese = 0;
    }
}
```

4. 操作步骤

(1)选择 Visual C♯项目的"▉▉控制台应用程序",输入项目的名称"Ex2_2_4",进入代码编辑器窗口,编辑如下代码:

```
/ * 此处命名空间同前 * /
namespace Ex2_2_4
```

```csharp
{
    interface IStuScore                         //1.接口
    {
        string StuName { get;set; }             //2.属性的声明
        float Chinese { get;set; } float Maths { get;set; }
        float English { get;set; } char Physical { get;set; }
        char Chemical { get;set; }
        void DispStuScore();                    //3.方法
    }
    public class StudentScore:IStuScore         //4.子类
    {
        private string stuName;
        public string StuName
        {
            get { return stuName; }
            set { stuName = value; }
        }
        …//5.属性的重复定义语句
        public StudentScore(string name,float chi,float mat,float eng,char phy,char che)
        {
            StuName = name; Chinese = chi;
            Maths = mat; English = eng;
            Physical = phy; Chemical = che;
        }
        public void DispStuScore()              //6.子类实现接口的方法
        {
            Console.Write("姓名:{0},语文 = {1}\n",stuName,chinese);
            Console.Write("数学 = {0},英语 = {1}\n",maths,english);
            Console.Write("物理 = {0}",physical);
            Console.WriteLine("化学 = {0}\n",chemical);
        }
    }
    public class Program
    {
        [STAThread]
        public static void Main(string[] args)
        {
            StudentScore stu = new StudentScore("韦一笑",77,54,89,'B','A');
            stu.DispStuScore();      //7.调用子类方法
        }
    }
}
```

（2）选择"调试"→"开始执行（不调试）"选项，即弹出一个窗口，显示程序的运行结果，如图 2-26 所示。

5. 注意点

（1）接口的成员不能含有访问级别，属性只含有属性类型，方法只能含有返回值类型和方法名，没有方法主体。

图 2-26　任务 2.4 运行结果

（2）"public class StudentScore：IStuScore"，子类与接口的继承同类的继承格式相同。

（3）接口 interface 与 class 关键字不能并用。

（4）属性的声明"string StuName { get；set； }"，最后不能有分号，也不能在接口中实现属性。

（5）"StuName＝name；Chinese＝chi；"的赋值语句，左边使用属性，不要使用字段，因为属性中含有对相应字段值的限制。

（6）类的实例化"StudentScore stu＝new StudentScore(…)；"，不能书写成：

```
StuScore stu = new StudentScore(…);
```

它与类的多态不一样，请务必注意。

任务 3　使用 Array 类、ArrayList 类描述学生成绩信息

任务 3.1　使用 Array 类、对象数组描述学生成绩信息

1. 知识准备

📖 **System. Array 类的属性和方法**

在单元 1 中已经学习了使用数组和结构数组描述学生成绩信息，创建数组后可以对其进行各种操作，如在数组中存储和检索数据、对数组中的值进行排序、反转数组以及在数组中搜索特定值等。C♯ 中提供了一个 System. Array 类，用户可以通过该类提供的属性和方法对数组执行大多数操作。

System. Array 类用作 CLR 中所有数组的基类，但 Array 是一个抽象类，我们不能使用如下语句创建一个 Array 类的实例：

```
Array myArray = new Array();
```

但它提供了一个 CreateInstance 的静态方法来构建数组，可以采用如下语句：

```
Array myArray = Array.CreateIndstance(typeof(string),10);
```

该语句创建一个数组，其名称为"myArray"，类型为 string，长度为 10，在 C♯ 中有很多类都是这样设计的。

注意：typeof 用于获取类型的 System. Type 对象，Type 实例可以表示类、值类型、数据数组、接口和枚举等。

System. Array 类的属性和方法见表 2-5。

表 2-5　　　　　　　　　　System. Array 类的属性和方法

属　　性	说　　明
Length	数组的长度
Rank	数组的秩

（续表）

方　法	说　明
CreateInstance	静态方法,用来创建一个数组中的所有元素
Clear	静态方法,清除一个数组中所有元素
Copy	静态方法,将一个数组复制到另外一个数组中
IndexOf	静态方法,返回一维数组中某个值第一个匹配项的下标
Reverse	静态方法,反转数组
Sort	静态方法,排序数组
Clone	实例方法,克隆数组,也就是建立数组的一个副本
CopyTo	实例方法,将一维数组复制到指定的一维数组中
GetLength	实例方法,得到数组的长度
GetLowerBound	实例方法,得到数组指定维数的下限
GetUpperBound	实例方法,得到数组指定维数的上限
GetValue	实例方法,得到数组指定下标元素的值
SetValue	实例方法,设置数组指定下标元素的值

📖 foreach 循环

在单元 1 中没有讲解 foreach 循环,这里给予补充。

foreach 循环一般用于遍历整个集合或数组。该循环不能用于改变集合或数组的内容。其语法结构一般形式如下:

foreach(类型 元素(变量名) in 集合或数组)

｛//语句；｝

例如,输入三名学生的三门必修课程（语文、数学和英语）成绩,使用 Array 类和 foreach 循环遍历数组,找出最高成绩。

代码如下:

```
/ * 此处命名空间同前 * /
namespace Ex2_3_101
{
    class Program
    {
        static void Main(string[] args)
        {
            int i,j;
            float max = 0;
            Array stuScore = Array. CreateInstance(typeof(float),3,4);
            for(i = 0;i<3;i + + )
                for(j = 0; j<3; j + + )
                {
                    Console. Write("请输入第{0}学生第{1}门课程成绩:",i + 1,j + 1);
                    stuScore. SetValue( float. Parse(Console. ReadLine()),i,j);
                }
            foreach(float score in stuScore)
                if(score>max)
                    max = score;
```

```
        Console.WriteLine("成绩最大值 = {0:f0}",max);
        }
    }
}
```

代码运行结果如图 2-27 所示。

📖 **对象数组**

对象数组，就是数组的元素为类的对象的数组。

创建对象数组时，采用如下格式：

<类名>[]<对象数组名> = new <类名>[n];

之后要对对象数组元素进行实例化，使用循环控制，其格式为：

for(<循环控制变量> = 0；<循环控制变量><数组长度；<循环控制变量> + +)

　　<对象数组名>[循环控制变量] = new <类名>；

也可用 while 或 do-while 循环。

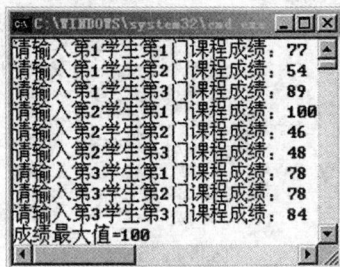

图 2-27　foreach 的使用

2. 任务要求

使用对象数组创建一个含有三个元素的数组，该数组的成员是一个类，该类中包含学生姓名、三门必修课程（语文、数学和英语）和两门选修课程（物理和化学）、总分字段，请输入三名学生的每门课程成绩，计算总分后，输出三名学生的成绩信息。

3. 任务分析

(1)定义一个类的字段是数组的一般格式如下：

[字段修饰符]<数据类型>[]<数组名> = new <数据类型>[长度]{初始化值}；

(2)创建对象数组。

```
StuScore[] score = new StuScore[3];    //1.对象数组的定义
for(i = 0; i<3; i + + )
    score[i] = new StuScore();           //2.初始化对象数组元素
```

StuScore 为类名，用于描述学生姓名、必修课程成绩、三门必修课程总分和两门选修课程的成绩。

4. 操作步骤

(1)选择 Visual C# 项目的"🖥控制台应用程序"，输入项目的名称"Ex2_3_1"，进入代码编辑器窗口，编辑如下代码：

```
/ * 此处命名空间同前 * /
namespace Ex2_3_1
{
    public class StuScore
    {
        public string stuName;
        public float[] chiMatEng = new float[4]{0,0,0,0};
        public char[] phyChe = new char[2];
        public void DispStuScore(string stuName,float[] chiMatEng,char[] phyChe)
        {
            int i;
```

```
            Console.Write("{0,3}",stuName);
            for(i=0; i<4; i++)
                Console.Write("{0,6:f0}",chiMatEng[i]);
            for(i=0; i<2; i++)
            {
                Console.Write("{0,6}",phyChe[i]);
            }
            Console.WriteLine();
        }
    }
    class Program
    {
        static void Main(string[] args)
        {
            int i,j;
            StuScore[] score = new StuScore[3];    //1.对象数组的定义
            for(i=0; i<3; i++)
                score[i] = new StuScore();          //2.初始化对象数组元素
            for(i=0; i<3; i++)
            {
                Console.Write("输入第{0}名学生的姓名:",i+1);
                score[i].stuName = Console.ReadLine();
                for(j=0; j<3; j++)
                {
                    Console.Write("输入第{0}学生第{1}必修课程成绩:",i+1,j+1);
                    score[i].chiMatEng[j] = float.Parse(Console.ReadLine());
                    score[i].chiMatEng[3] += score[i].chiMatEng[j];
                }
                for(j=0; j<2; j++)
                {
                    Console.Write("输入第{0}名学生第{1}选修课程等级(1:A,2:B,3:C,4:D,5:
                    E):",i+1,j+1);
                    score[i].phyChe[j] = char.Parse(Console.ReadLine());
                }
            }
            Console.WriteLine("  姓名  语文  数学  英语  总分  物理  化学");
            for(i=0; i<3; i++)   //3.可以使用 foreach 循环,内容在注意点(3)中
                score[i].DispStuScore(score[i].stuName,score[i].chiMatEng,score[i].phyChe);
        }
    }
}
```

(2)选择"调试"→"开始执行(不调试)"选项,即弹出一个窗口,显示程序的运行结果,如图 2-28 所示。

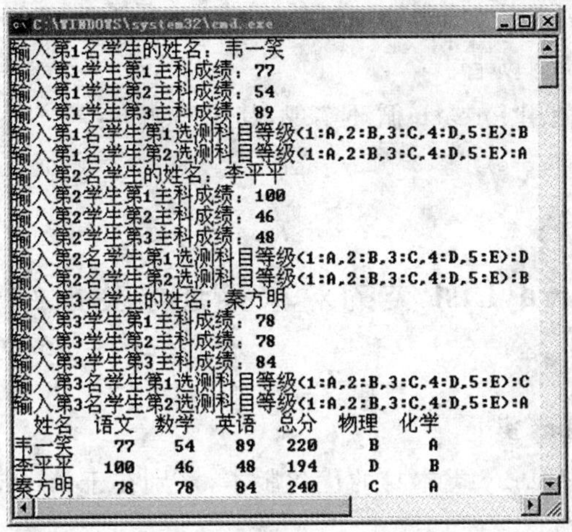

图 2-28 任务 3.1 运行结果

5. 注意点

(1)代码中：

public float[] chiMatEng = new float[4]{0,0,0,0};

public char[] phyChe = new char[2];

采用 float 和 char 数组来定义三门必修课程、总分，没有采用前面所学知识，请读者仔细阅读，此处难度较大。

(2)代码中：

public void DispStuScore(string stuName,float[] chiMatEng,char[] phyChe)

采用一个字符串和两个一维数组作为形参，从主函数中传递的实参也必须与之对应，这是一大难点。

本方法也可以使用对象作为形参，其代码如下：

```
public void DispStuScore(StuScore score)
{
    int i;
    Console.Write("{0,3}",score.stuName);
    for(i = 0; i<4; i++)
        Console.Write("{0,6:f0}",score.chiMatEng[i]);
    for(i = 0; i<2; i++)
    { Console.Write("{0,6}",score.phyChe[i]); }
    Console.WriteLine();
}
```

(3)代码中：

```
StuScore[] score = new StuScore[3];    //1.对象数组的定义
for(i = 0; i<3; i++)
    score[i] = new StuScore();         //2.初始化对象数组元素
```

这三行代码，首先定义对类的数组，必须要对数组的每个对象实例化，且务必要实例化。

(4)代码中：

score[i].DispStuScore(score[i].stuName,score[i].chiMatEng,score[i].phyChe);

调用类的方法，以实现学生成绩信息的显示，注意第二个和第三个实参为数组。

本行代码也可以像注意点(2)中使用对象作为实参,其代码如下:

score[i].DispStuScore(score[i]);

(5)for 循环也可以使用 foreach 循环实现,其代码如下:

foreach(StuScore s in Score)

    s.DispStuScore(s);

任务 3.2　　使用 ArrayList 类的对象描述学生成绩信息

1. 知识准备

📖 **System. Collections 类**

ArrayList 类实际是 Array 类本身的优化版本,区别在于 ArrayList 提供了一些大集合类有但 Array 类没有的特色。

ArrayList 类的、部分特色如下:

(1)Array 的容量或元素个数是固定的,而 ArrayList 的容量可以根据需要动态扩展,通过设置 ArrayList. Capacity 的值可以执行重新分配内存和复制元素等操作。

(2)可以通过 ArrayList 提供的方法在某时间添加、插入或移除一组元素,而在 Array 中一次只能对一个元素进行操作。

(3)Array 类属于 System 命名空间,而 ArrayList 类属于 System. Collections 命名空间。

Array 具有 ArrayList 所没有的灵活性,例如:

①Array 的下界可以设置,而 ArrayList 的下界始终为 0。

②Array 可以有多维,而 ArrayList 只能是一维。

③Array 的许多实例都可以使用 ArrayList,Array 更易于使用,其执行通常类似于一列对象类型。

ArrayList 类的方法见表 2-6。

表 2-6　　　　　　　　　　　ArrayList 类的属性和方法

属　性	说　明
Capacity	指定数组列表可以包含的元素个数,默认为 16
Count	返回数组列表中元素的个数
方　法	说　明
Add	在数组列表末尾添加元素
Contains	检查给定元素是否属于数组元素
Insert	将给定元素插入数组列表中指定的索引位置
Remove	从数组列表中移除第一次出现的给定对象
RemoveAt	移除数组列表中特定索引位置的元素
TrimToSize	定义数组列表中的实际元素个数

注意:ArrayList 的容量通常大于等于 Count 值,如果添加元素时 Count 值超出容量值,则列表的容量会自动增加一倍。

📖 **ArrayList 数组的声明**

ArrayList 数组的声明一般形式如下:

ArrayList <数组名> = new ArrayList();

使用 Add()方法添加 ArrayList 元素,例如:

```
Add(Object value)
```

2. 任务要求

(1)定义一个类,包含 6 个字段,这 6 个字段分别表示姓名、学生的三门必修课程成绩及两门选修课程成绩;定义一个类的方法用于显示学生的成绩信息。

(2)使用 ArrayList 类,定义一个 ArrayList 对象数组,对象数组的成员为学生的成绩信息。添加三名学生成绩信息,并将其输出。

3. 任务分析

(1)定义一个 StuScore 类,一个方法 DispStuScore()表示学生的成绩信息。

(2)定义一个 ArrayList 类数组 stu,定义三个 StuScore 对象 stuScore1、stuScore2、stuScore3,使用 Add()方法添加三个 StuScore 对象。

```
stu.Add(stuScore1); stu.Add(stuScore2);stu.Add(stuScore2);
```

(3)使用 stu 数组,调用 DispStuScore()方法。

```
((StuScore)stu[数组下标]).DispStuScore();
```

4. 操作步骤

(1)选择 Visual C♯ 项目的"▓控制台应用程序",输入项目的名称"Ex2_3_2",进入代码编辑器窗口,编辑如下代码:

```csharp
/*此处命名空间同前*/
using System.Collections;
namespace Ex2_3_2
{
    class StuScore
    {
        public string stuName; public float chinese;
        public float maths; public float english;
        public char physical; public char chemical;
        public StuScore(string name,float chi,float mat,float eng,char phy,char che)
        {
            stuName = name; chinese = chi;
            maths = mat; english = eng;
            physical = phy; chemical = che;
        }
        public void DispStuScore()
        {
            Console.Write("姓名:{0},语文={1,3},",stuName,chinese);
            Console.Write("数学={0,3},英语={1,3},",maths,english);
            Console.Write("物理={0,1},",physical);
            Console.WriteLine("化学={0,1}",chemical);
        }
    }
    class Program
    {
        static void Main(string[] args)
```

```
        {
            int i;
            ArrayList stu = new ArrayList();
            StuScore stuScore1 = new StuScore("韦一笑",77,54,89,'B','A');
            StuScore stuScore2 = new StuScore("李平平",100,46,48,'D','B');
            StuScore stuScore3 = new StuScore("秦方明",78,78,84,'C','A');
            stu.Add(stuScore1); stu.Add(stuScore2);
            stu.Add(stuScore3);
            for(i = 0; i<3; i++)//可以使用 foreach 循环,内容在注意点(4)中
                ((StuScore)stu[i]).DispStuScore();
        }
    }
}
```

(2)选择"调试"→"开始执行(不调试)"选项,即弹出一个窗口,显示程序的运行结果,如图 2-29 所示。

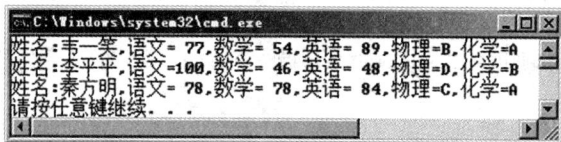

图 2-29　任务 3.2 运行结果

5.注意点

(1)如下代码:

`StuScore stuScore1 = new StuScore("韦一笑",77,54,89,'B','A');`

创建一个类 StuScore 的实例。

(2)如下代码:

`stu.Add(stuScore1);`

向 ArrayList 数组添加类 StuScore 的对象元素 stuScore1。

(3)如下代码:

`((StuScore)stu[i]).DispStuScore();`

实现调用 ArrayList 数组元素 stu[i](为 StuScore 类型)的方法 DispStuScore()。

(4)for 循环也可以使用 foreach 循环实现,例如:

```
foreach(StuScore stuScore in stu)
    stuScore.DispStuScore();
```

(5)必须使用"using System.Collections;"引用命名空间。

任务 3.3　使用 List＜T＞类描述学生成绩信息

1.知识准备

📖 **List＜T＞类的声明**

在 C＃4.0 中,微软提供了 ArrayList 类的替代类 List＜T＞。List＜T＞类应用了泛型的概念。泛型是 C＃4.0 中 CLR 的一个新功能。List＜T＞的用法类似于 ArrayList。

List＜T＞类位于 System.Connections.Generic 命名空间中,声明一般形式如下:

`List＜T＞＜泛型集合名＞ = new List＜T＞;`

"<T>"中的 T 可以对集合中的元素类型进行约束，T 表明集合中管理的元素类型。T 可以表示如任务 3.2 中的 StuScore 类型，也可表示 int、float 和 double 型等。泛型集合必须实例化，要特别注意的是实例化时后面要加括号"()"。

向 List<T>中添加和删除一个元素的操作与 ArrayList 类相同。

📖 **List<T>与 ArrayList 的区别**

List<T>与 ArrayList 的区别见表 2-7。

表 2-7　　　　　　　**List<T>与 ArrayList 的区别**

异同点	List<T>	ArrayList
不同点	对所保存元素做类型约束	可以增加任何类型
	添加/读取无须拆箱、装箱	添加/读取需要拆箱、装箱
相同点	通过索引访问集合中的元素	
	添加元素方法相同	
	删除元素方法相同	

2. 任务要求

(1)定义一个类，包含 6 个字段，这 6 个字段分别表示姓名、学生的三门必修课程成绩及两门选修课程成绩；定义一个类的方法用于显示学生的成绩信息。

(2)使用 List<T>类，定义一个 List<T>对象集合，对象集合的成员为学生的成绩信息。添加三名学生成绩信息，并将其输出。

3. 任务分析

(1)定义一个类 StuScore，一个方法 DispStuScore()表示学生的成绩信息。

(2)定义一个 List<T>类集合 stu，T 表示类 StuScore，例如：

List<StuScore>stu = new List<StuScore>();

(3)定义三个 StuScore 对象 stuScore1、stuScore2 和 stuScore3，使用 Add()方法添加三个 StuScore 对象，例如：

stu.Add(stuScore1)；stu.Add(stuScore2)；stu.Add(stuScore2)；

4. 操作步骤

(1)选择 Visual C♯ 项目的"■控制台应用程序"，输入项目的名称"Ex2_3_3"，进入代码编辑器窗口，编辑如下代码：

```
/ * 此处命名空间同前 * /
namespace Ex2_3_3
{
    …//1.与任务 3.2 代码第 5 行至第 23 行相同
    class Program
    {
        static void Main(string[] args)
        {
            List<StuScore>stu = new List<StuScore>();
            …//2.与任务 3.2 第 29 行至第 34 行相同
            foreach(StuScore stuScore in stu)
                stuScore.DispStuScore();
        }
    }
}
```

（2）选择"调试"→"开始执行（不调试）"选项，即弹出一个窗口，显示程序的运行结果，见图2-28。

5. 注意点

（1）如下代码：

List＜StuScore＞stu = new List＜StuScore＞()；

创建一个 List＜T＞集合，T 表示类 StuScore。

（2）foreach 也可以使用 for 循环实现。

```
for(i = 0；i＜3；i++)
        ((StuScore)stu[i]).DispStuScore();
```

单元小结

本单元主要介绍了面向对象编程思想在 C♯中的应用，依次讲解了类和对象的建立、构造函数（方法）、析构函数（方法）以及继承、多态、接口和集合等面向对象编程常用的方法。

本单元通过一个学生成绩表讲解了 C♯的全部面向对象知识点，没有去追求用多种不同形式的例子来讲解，这也是本教材的特色之一。

习　题

一、选择题

1. 在类的定义中，类的（　　　）描述了该类的对象的行为特征。

A. 类名　　　　　　　　　　　　B. 方法

C. 所有的命名空间　　　　　　　D. 私有域

2. 类成员默认的修饰符是（　　）。

A. public　　　　　B. internal　　　　C. private　　　　D. protected

3. 用在方法的定义处，以指明该方法不返回任何值的关键字是（　　　）。

A. static　　　　　B. string　　　　　C. void　　　　　D. public

4. 下列关于构造函数的描述正确的是（　　）。

A. 构造函数可以声明返回类型　　　B. 构造函数不可以用 private 修饰

C. 构造函数名必须与类同名　　　　D. 构造函数不能带参数

5. 构造函数在（　　　）时被调用。

A. 创建对象　　　　　　　　　　B. 类定义

C. 使用对象的方法　　　　　　　D. 使用对象的属性

6. 下列关于构造函数的描述正确的是（　　　）。

A. 构造函数可以声明返回类型　　　B. 构造函数不可以用 private 修饰

C. 构造函数必须与类名相同　　　　D. 构造函数不能带参数

7. 接口是一种引用类型，在接口中可以声明（　　），但不可以声明公有的域或私有的成员变量。

A. 方法、属性、索引器和事件　　　B. 方法、属性和索引器

C. 索引器和字段　　　　　　　　　D. 事件和字段

8. 下列关于程序集的说法正确的是(　　)。

A. 程序集就是程序中各个类和类的变量、属性和方法的集合

B. 程序集是. NET 框架应用程序的生成块,包含编译好的代码逻辑单元

C. 程序集由程序清单、源代码、资源码、资源文件组成

D. 程序集由程序集清单、类型元数据以及实现这些类型的 MSIL 代码和资源集组成

9. 分析下列程序:

```
public class Student
{
    private string stuName = "";
    public string StuName
    {
        set { stuName = value; }
    }
}
```

10. 在 Main()方法中,创建了 Student 类的对象 stu 后,下列语句中合法的是(　　)。

A. stu. StuName = "张三";　　　　　　B. Console. WriteLine(stu. StuName)

C. stu. StuName = 100;　　　　　　　　D. stu. set(stu. StuName);

11. 在 C♯ 中设计类时,将一个可读可写的公有属性 Name 修改为只读属性的方法是(　　)。

A. 将 Name 的 set 块删除　　　　　　B. 将 Name 的 set 块置空

C. 将 Name 的 set 块前加修饰符 private　　D. Name 添加 readonly 修饰符

12. 下面函数中,(　　)是重载函数。

(1)void f1(int)　(2)int f1(int)　(3)int f1(int,int)　(4)float k(int)

A. 四个全不对　　B. (1)和(4)　　　C. (2)和(3)　　　　D. (3)和(4)

13. 在 C♯ 中,下面关于静态方法和实例方法的描述错误的是(　　)。

A. 静态方法使用类名调用,实例方法使用类的实例来调用

B. 静态方法可以直接调用实例方法

C. 实例方法可以直接调用静态方法

D. 静态方法调用前初始化,实例方法实例化对象时初始化

14. 调用重载方法时,系统根据(　　)来选择具体的方法。

A. 方法名

B. 参数的个数、参数的类型以及方法的返回值类型

C. 参数类型及参数个数

D. 方法的返回值类型

15. 面向对象编程中,关于子类继承父类,下列说法错误的是(　　)。

A. 子类继承父类,也可以说父类派生一个子类

B. 子类可以继承父类的所有成员

C. 一个子类不能继承多个父类

D. 子类还可以派生一个子类

16. 下面有关类的继承的说法正确的是(　　)。

A. 所有的类成员都可以继承

B. 在派生类中可通过隐藏继承成员来删除基类的成员

C. 在描述类的继承关系时父类与子类是基类与派生类的另一种说法

D. 派生类的成员应该与基类的成员一致,不能为派生类增加新成员。

17. 面向对象编程中的"继承"的概念是指(　　　)。

A. 派生类对象可以不受限制地访问所有的基类对象

B. 派生自同一个基类的不同类的对象具有一些共同特征

C. 对象之间通过消息进行交互

D. 对象的内部细节被隐藏

18. 下面对类的描述中,错误的是(　　　)。

A. 类可以继承　　　　　　　　　　B. 使用 new 运算符创建类的实例

C. 类的实例就是对象　　　　　　　D. 类可以被接口继承

19. 在定义派生类的构造函数时,必须应用基类构造函数。在定义了构造函数的前提下,可以使用(　　　)关键字来调用基类的构造函数。

A. public　　　　　B. sealed　　　　　C. base　　　　　D. class

20. 如果 B 类继承自 A 类,则 B 类和 A 类称为(　　　)。

A. 基类、派生类　　　　　　　　　B. 派生类、基类

C. 密封类、基类　　　　　　　　　D. 上述表达都有误

21. 在定义基类时,如果希望基类的某个方法能够在派生类中被进一步改进,以处理不同的派生类的需要,则应将该方法声明为(　　　)。

A. sealed 方法　　　　　　　　　　B. public 方法

C. virtual 方法　　　　　　　　　　D. override 方法

22. 下面关于抽象类的说法错误的是(　　　)。

A. 抽象类不能被实例化

B. 含有抽象方法的类一定是抽象类

C. 抽象类可以是静态类和密封类

D. 抽象类必须在其非抽象的子类中实现抽象方法

23. 以下描述错误的是(　　　)。

A. 类不可以多重继承,而接口可以

B. 抽象类自身可以定义成员,而接口不可以

C. 抽象类的接口都不能被实例化

D. 一个类可以有多个基类和多个基接口

24. 下面定义的类中,只能被继承的类是(　　　)。

A. public class Student　　　　　　B. class Student

C. abstract class Student　　　　　D. sealed class Student

25. 下面叙述正确的是(　　　)。

A. 接口可以有虚方法　　　　　　　B. 一个类可以实现多个接口

C. 接口能被实例化　　　　　　　　D. 接口中可以包含已实现的方法

26. (　　　)关键字用于重写基类的虚方法。

A. override　　　　　B. new　　　　　C. base　　　　　D. static

27. 以下叙述正确的是(　　)。

A. 接口中可以有虚方法　　　　　　　B. 一个类可以实现多个接口

C. 接口不能被实例化　　　　　　　　D. 接口中可以包含已实现的方法

28. "访问范围限定于此程序或那些由它所属的类派生的类型"是对以下哪个成员可访问性含义的正确描述?(　　)

A. public　　　　　　　　　　　　B. protected

C. internal　　　　　　　　　　　　D. protected internal

二、填空题

1. 在 C♯ 中,通过函数体中的_____语句得到返回值。如果函数没有返回值,则需要把返回类型指定为_____。

2. C♯ 中类成员的访问修饰符有_____、_____和 protected。其中_____的访问权限最高。

3. 如果希望类中的某一字段在类外无法被访问,可以使用_____访问修饰符。

4. 在类中声明成员字段时,默认该成员字段的访问类型是_____。

5. 在 C♯ 中,如果要将一个可读/写的公有属性 Name 修改为只读属性,应该_____。

6. 在 C♯ 中,重写抽象方法在方法前加_____关键字。

7. 方法的重载指的是方法的_____不同、_____不同、_____相同和方法名相同。

8. 方法的签名相同是指的是_____相同、_____相同、_____不需要相同。

9. 构造函数的重载指的是_____不同、_____不同,与类名相同。

10. 在定义类的对象时,C♯ 程序将自动调用该对象的_____函数初始化对象自身。

11. C♯ 中所有类都是_____类的派生类。

12. 在现有类上建立新类(称为派生类)的处理过程称为_____。

13. 基类的成员字段使用_____访问修饰符,基类的方法使用_____访问修饰符。

14. 在 C♯ 中,要在派生类中重新定义基类的虚方法,必须在前面加_____关键字。

15. 在 C♯ 中,使用_____关键字修饰抽象类或抽象成员。

16. 在定义接口时,_____可以作为接口成员。

三、简答题

1. 类的成员包括哪些?

2. 简述类和对象的区别。

3. 简述类创建和实例化的语法结构。

4. 简述 private、protected 和 public 修饰符的访问权限。

5. 何为方法的重载?

6. 构造函数在 C♯ 中是怎样定义的,主要起什么作用? 是怎样调用的?

7. 简述抽象方法与虚方法的区别。

8. 什么是抽象类? 抽象类用什么关键字修饰? 什么是抽象方法? 抽象类和抽象方法的关系是什么?

9. 简述抽象方法与虚方法的区别。

10. 简述类、抽象类、接口及其之间的关系。

11. 什么是接口? 接口和抽象类有什么区别?

四、课外拓展题

课外拓展背景。根据全国计算机等级考试要求,等级考试数据库(StuInfo)的成绩表(tblStuInfo)中包含如单元1中图1-42所示信息。

1.使用类和对象描述一名学生成绩信息,包括学号、姓名、机试和笔试,输入一名学生信息,输出学号、姓名、机试、笔试成绩和总分。(对应本单元任务1.1)

2.使用构造函数和方法操作等级考试信息,构造函数含有3个参数,用于给学生姓名、机试和笔试成绩分别赋初值为"张三"、60、60,方法用于计算学生的总分,输入一名学生姓名、机试和笔试成绩,输出姓名、机试、笔试成绩和总分。(对应本单元任务1.2和任务1.3)

3.使用字段与属性描述学生信息,学生信息为姓名、机试和笔试成绩,对机试和笔试成绩进行判定,当输入成绩不在0~100分给予提示。输入一名学生信息,输出该学生姓名、机试和笔试成绩和总分。(对应本单元任务1.4)

4.使用类的继承描述学生成绩信息。使用基类描述除机试和笔试之外的学生信息,使用子类描述机试和笔试信息。在基类创建一个构造函数,含有6个参数(用于表示学生学号、姓名、性别、年龄、联系地址和成绩),一个方法DisplayBaseInfo,输出学生的学号、姓名、性别、年龄、联系地址和成绩;在子类的构造函数中,实现向基类传递6个参数,在子类中定义一个方法Disp显示机试和笔试的总分,调用基类的方法DispBaseInfo,并能显示学号、姓名、性别、年龄、联系地址和成绩。(对应本单元任务2.1)

5.使用类的多态描述学生成绩信息。

使用基类描述除机试和笔试之外的学生信息,使用子类Written描述笔试信息、Lab描述机试信息。在基类创建一个构造函数,含有6个参数(用于表示学生学号、姓名、性别、年龄、联系地址和成绩),一个虚方法DisplayBaseInfo,输出学生的学号、姓名、性别、年龄、联系地址;在子类的构造函数中,实现向基类传递6个参数,在子类Written中重写基类的DisplayBaseInfo,分别显示学号、姓名、性别、年龄、联系地址和笔试成绩;在子类Lab中重写基类的DisplayBaseInfo,分别显示学号、姓名、性别、年龄、联系地址和机试成绩。(对应本单元任务2.2)

6.使用抽象类描述学生成绩信息。(对应本单元任务2.3)

(1)修改第5题,使其基类为抽象类,并定义一个非抽象方法DisplayBaseInfo(),实现显示学生基本信息(姓名、学号、姓名、性别、年龄和联系地址)。

(2)在抽象类中定义一个抽象方法DisWritenLab(),在派生类中实现显示机试和笔试成绩及总分。

本单元目标

- 理解与掌握使用 C♯ 窗体基本控件的窗体应用程序设计。
- 理解与掌握使用 ADO. NET 组件、基本控件和 GridView 等控件的窗体应用程序设计。
- 理解与掌握使用 ADO. NET 对象、基本控件和 GridView 等控件的窗体应用程序设计。

任务1   使用基本控件设计 Windows 应用程序

任务 1. 1   第一个 Windows 应用程序

1. 知识准备

C♯ 集成于 Microsoft Visual Studio. NET 之中,支持控制台应用程序、Windows 应用程序、ASP. NET Web 应用程序及 ASP. NET Web 服务等多种程序形式。本单元介绍 Windows 应用程序。

Windows 应用程序设计的大致步骤是:

(1)建立新项目;

(2)向项目中加入窗体;

(3)向窗体中添加控件;

(4)为窗体控件设置属性;

(5)为窗体和控件编写事件处理程序。

📖 Windows 窗体

使用 Microsoft Visual Studio 2010 可以大大简化 Windows Forms 应用程序的编写,Visual Studio 2010 减少了开发人员用在界面框架上的编程时间,使开发人员可以集中精力去解决业务问题。

(1)创建 Windows 窗体

创建一个 Windows 窗体的操作步骤如下:

①进入 Microsoft Visual Studio 2010 开发环境中,选择"文件"→"新建"→"项目"菜单项,弹出"新建项目"对话框。

②在"项目类型"列表框中选择"Visual C♯",并在中间的"模板"列表框中选择"Windows 窗体应用程序"选项,然后在该对话框下方的"名称"文本框中输入该项目的名称,如"Ex3_1_1",在"位置"文本框中,输入保存该项目的位置,也可单击"浏览"按钮来选定保存位置,如图3-1 所示。

③单击"确定"按钮,在 Microsoft Visual Studio 2010 的编辑窗口中将显示一个空白窗体,如图 3-2 所示。

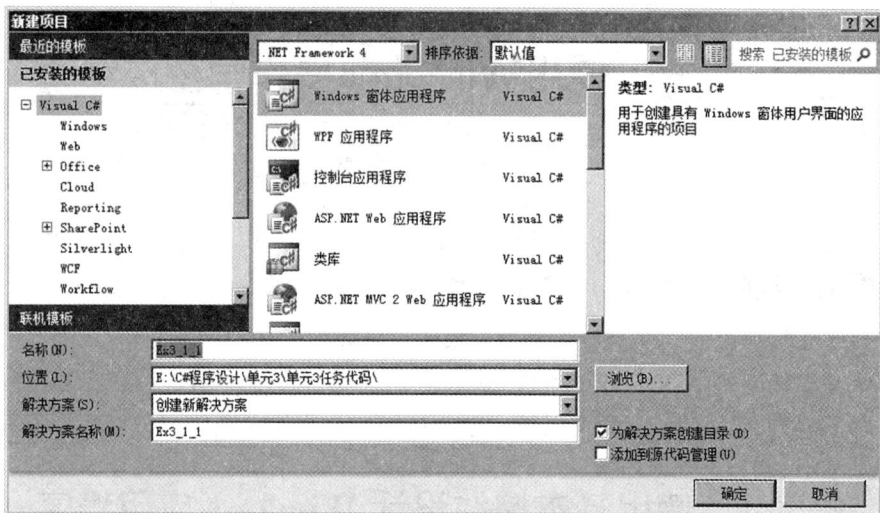

图 3-1   创建 Windows 窗体应用程序对话框

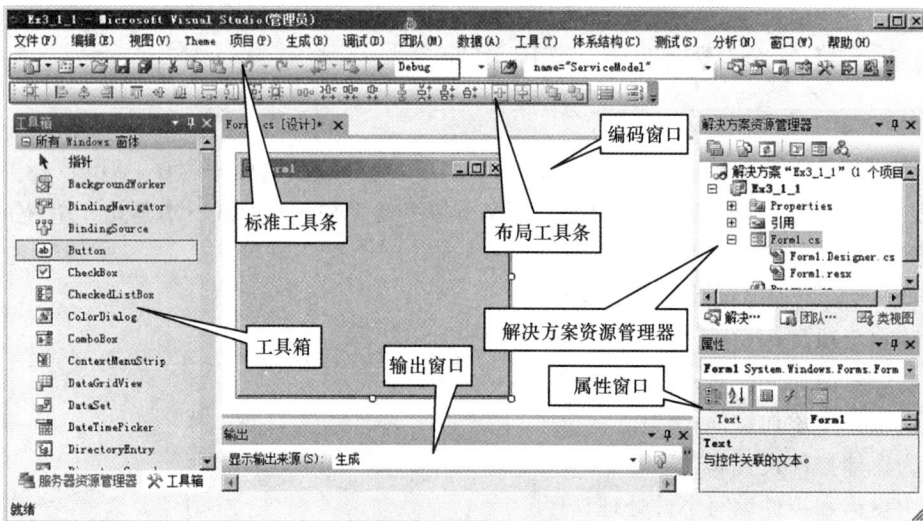

图 3-2   VS 2010 Windows 窗体应用程序编辑窗口

（2）设置窗体属性

建立了一个名为"Form1"的空白窗体之后，要设置 Form1 窗体属性，"Form1"出现在新建的标题栏上，称为"窗体标题"。

常用的窗体属性见表 3-1。

表 3-1   常用窗体属性

名 称	说 明
BackColor	背景颜色
BackgroundImage	背景图片
Name	窗体名称
Location	窗体左上角的坐标
Text	窗体标题
Size	设置窗体的高度和宽度
StartPostion	开始位置（CenterScreen 表示屏幕中心）

设置窗体属性的操作方法如下：

①在窗体任意位置上单击选中窗体，在窗体四周出现三个控点，可以拖动控点适当调整窗体大小。

②选择标准工具条上的"属性"按钮，或直接查看图 3-2 所示的属性窗口（位于解决方案资源管理器下方）。

③分别设置"Text"为"第一个 Windows 应用程序"；"Name"为"FrmFist"；"StartPosition"为"CenterScreen"等。

（3）向窗体添加控件

在图 3-2 中左边的工具箱的"公共控件"拖一个标签（Label）和一个按钮（Button）到窗体上。

（4）设置控件的属性

Label1 和 Button1 的属性及属性值见表 3-2。

表 3-2　　　Label1 和 Button1 的属性及属性值

控　件	属　性	说　明	属性值
Label1	Text	标题	空
	Font. Size	字体大小	12
	AutoSize	自动大小	true
	Name	名称	lblInfo
Button1	Text	标题（与控件有关的文本）	确定
	Name	名称	btnOK

（5）为窗体和控件编写事件处理程序

单击"确定"按钮选中后右击，在弹出的快捷菜单中选择"属性"（或工具条上的"属性"按钮），出现"属性"窗口，如图 3-3 所示。单击"事件"按钮，在事件"Click"右边的空白处双击，如图 3-4 所示。

图 3-3　"属性"窗口　　　　　　　图 3-4　按钮事件

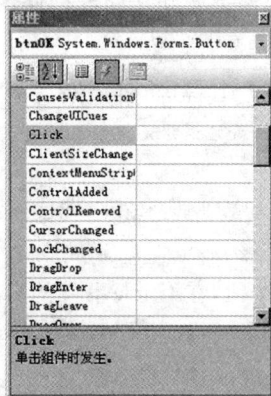

出现事件 Click 对应的方法 FrmFirst_Click()，在代码编写窗口中的 FrmFirst_Click() 方法体内输入处理程序代码。

注意：进入代码编写窗口的方法体 FrmFirst_Click()，也可直接双击"确定"按钮。

（6）窗体的重要事件

平时我们在电脑上的操作基本都是通过鼠标和键盘来完成的，如按一下鼠标或敲一下键盘,系统就会有相应的反应。这些鼠标按下及释放和键盘按下及释放都是 Windows 操作系统中的事件。Windows 操作系统本身就是通过事件来处理用户请求的。Windows 这种通过随时响应用户触发的事件并做出相应的响应就称为事件驱动机制。

我们创建的 Windows 应用程序也是由事件驱动的。怎样才能让程序知道发生了什么事件呢?. NET Framework 已经为窗体和控件定义了很多常用的事件,我们要做的只是对我们需要的事件,编写相应的事件处理程序。

窗体常用事件见表 3-3。

表 3-3   常用窗体事件

事 件	说 明
Load	窗体加载事件,窗体加载时发生
MouseClick	鼠标单击事件,当用户单击窗体时发生
MouseDoubleClick	鼠标双击事件,当用户双击窗体时发生
KeyDown	键盘按下事件,在首次按下某个键时发生
KeyUp	键盘释放事件,在释放键时发生
MouseMove	鼠标移动事件,当鼠标在窗体内移动时发生

2. 任务要求

在窗体加载时显示一行文字"这是我的第一个 Windows 应用程序!",当单击"确定"按钮时,显示一行文字"姓名:韦一笑,语文＝77,数学＝54,英语＝89,物理＝B,化学＝A"。

3. 任务分析

在窗体上应有一个标签(Label)和一个按钮(Button),当窗体加载时(激发窗体的 Load 事件),在对应的方法中编写一段代码,用于显示"这是我的第一个 Windows 应用程序!",在"确定"按钮的 Click 事件对应的方法中添加代码,用于显示"姓名:韦一笑,语文＝77,数学＝54,英语＝89,物理＝B,化学＝A"信息。

4. 操作步骤

(1)创建窗体,拖动标签和按钮到窗体中,修改窗体属性、标签属性和按钮属性,如前所述,这里不再重复。

(2)双击窗体,进入 Load 事件所对应的方法 FrmFirst_Load()中输入如下代码:

```
private void FrmFirst_Load(object sender,EventArgs e)
{
    lblInfo.Text = "这是我的第一个 Windows 应用程序!";
}
```

(3)双击"确定"按钮,在 Click 事件的对应的方法 btnOK_Click()中输入如下代码:

```
private void btnOK_Click(object sender,EventArgs e)
{
    lblInfo.Text = "姓名:韦一笑,语文 = 77,数学 = 54,英语 = 89,物理 = B,化学 = A";
}
```

(4)选择主菜单中的"调试"→"开始执行(不调试)",运行结果如图 3-5 所示。

5. 注意点

(1)Program. cs 中 Main()与控制台应用程序不同,其代码如下:

```
static class Program
{
```

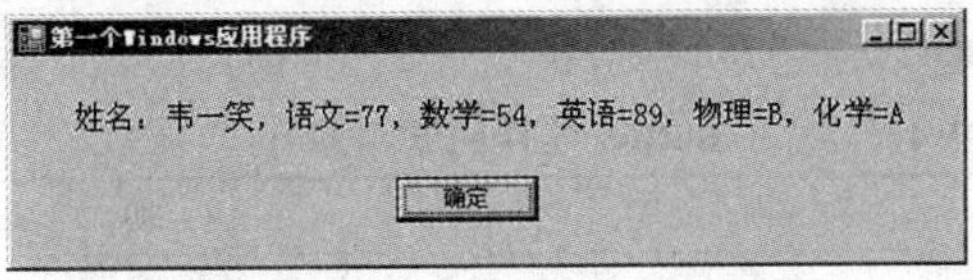

图 3-5　任务 1.1 运行结果

```
[STAThread]
static void Main()
{
    Application.EnableVisualStyles();
    Application.SetCompatibleTextRenderingDefault(false);
    Application.Run(new FrmFirst());//调用窗体 FrmFirst
}
}
```

程序的入口是调用类 Application 下的静态方法 Run()，在该方法中使用"new FrmFirst()"创建窗体实例，也就是说我们所建立的窗体是一个窗体子类，它继承了 Form 基类。

（2）事件知识

事件是无法处理问题的，必须通过方法来完成，这种机制称为委托。那么，到底什么叫事件？事件是对象发送的消息，以发出信号通知操作的属性。操作可能是由用户交互（如鼠标单击）引起的，也可能是由某些其他程序触发的。引发（触发）事件的对象称为事件发送方，捕获事件并对其做出响应的对象称为事件接收方，事件最常见的用途是图形化用户界面（GUI）。通常界面中的一些控件类定义了一些事件，当用户对控件进行某些操作时会触发这些事件。

当事件发生时，对事件的响应由其他类负责。一个对象提供了事件，并把这些事件对外发布以供其他类订阅。订阅事件的类也可以称为发布事件的类的用户。

在 C# 中，事件是通过委托来实现的。发布事件的类定义用委托声明的事件，在用户类中定义响应事件的方法，该方法和事件通过委托进行关联。

（3）事件是不能处理问题的，必须调用事件所"委托"的方法实现。

双击解决方案资源管理器窗口的"Form1.cs"节点下的"Form1.Designer.cs"，展开代码编写窗口的"Windows 窗体设计器生成的代码"大纲左边的"＋"，找到"btnOK"注释行后的"确定"按钮的属性等信息，找到如下代码：

```
this.btnOK.Click + = new System.EventHandler(this.btnOK_Click);
```

"this.btnOK.Click"表示"确定"按钮的事件，"＋＝"表示事件的订阅，"System.EventHandler"表示系统的一个预定义委托，专用于表示生成数据的事件处理程序，称为"事件句柄"，"this.btnOK_Click"表示按钮的 Click 事件"订阅"的方法，"this"表示窗体实例。

.NET Framework 中的事件模型基于事件委托，该委托将事件与事件处理程序连接。

作为初学者，只需要了解事件与委托、方法之间的关联即可。

任务 1.2　使用常用控件操作学生成绩信息

1.知识准备
📖 **Button（按钮）控件简介**

（1）属性

几乎所有的 Windows 对话框中都存在按钮控件，对于按钮的处理比较简单，通常是在窗体上添加控件，然后双击该控件，给 Click 事件方法添加代码。

Button 控件的常用属性见表 3-4。

表 3-4　　　　　Button 控件的常用属性

名　称	说　明
BackColor	背景色
ForeColor	前景色
Image	按钮上的图像
Name	控件名称
Size	控件大小
Text	控件显示文本
Visible	控件是否可见

(2)事件

Click 事件是该控件最常用的事件。只要用户在按钮上单击就会引发该事件,调用相应的处理程序。

📖 **TextBox(文本框)控件简介**

(1)属性

文本框(TextBox)用于获取用户输入信息或显示文本,通常用于可编辑文本,也可以设定其成为只读控件。文本框还能显示多行信息。

TextBox 控件的常用属性见表 3-5。

表 3-5　　　　　TextBox 控件的常用属性

名　称	说　明
AutoSize	自动大小
BackColor	背景色
Multiline	显示多行文本
Name	控件名称
PasswordChar	获取或设置字符,该字符用于屏蔽单行控件中的密码字符(如"＊")
ReadOnly	获取或设置一个值,该值指示文本框的文本是否为只读
Text	当前文本
ScrollBars	获取或设置哪些滚动条应出现在多行 TextBox 控件上
Visible	控件是否可见
WordWrap	文本自动换行

TextBox 的属性 ReadOnly、Multiline 和 PasswordChar 的使用如图 3-6 所示。

(2)事件

TextBox 控件的常用事件是对文本框控件中的文本进行有效性验证。如果要确保文本框中不输入无效字符,或者只输入某个范围内的数值,就需要告诉用户输入的值是否有效。

TextBox 控件的常用事件见表 3-6。

表 3-6　　　　　TextBox 常用事件

名　称	说　明
Leave	在输入焦点离开控件时发生
Validating	在控件正在验证时发生
Validated	在控件验证完成时发生
TextChanged	在 Text 属性值更改时发生

📖 **RadioButton(单选按钮)、CheckBox(复选框)和 GroupBox(组框)控件简介**

(1)属性

单选按钮(RadioButton)通常成组出现,用于为用户提供两个或两个以上互相排斥的选项;复选框(CheckBox)通常也成组出现,用于为用户提供两个或两个以上可同时选择的选项。

要使单选按钮组合在一起形成一个逻辑单元,需要使用组框(GroupBox)控件,然后把需要的单选按钮放在分组框中。RadioButton 知道如何改变自己的状态,以反映分组框中唯一被选中的选项,如图 3-7 所示。

图 3-6　文本框的属性　　　　　图 3-7　单选与复选按钮

RadioButton 和 CheckBox 控件的常用属性见表 3-7。

表 3-7　　　　　　　　　　**RadioButton 和 CheckBox 控件的常用属性**

名　称	说　明
Checked	获取或设置一个值,该值指示控件是否已经选中
Name	控件名称
Text	当前文本

(2)事件

RadioButton 和 CheckBox 控件的常用事件见表 3-8。

表 3-8　　　　　　　　　　**RadioButton 和 CheckBox 控件的常用事件**

名　称	说　明
CheckedChanged	当 Checked 属性的值更改时发生
Click	在控件上单击时发生

📖 **ListBox(列表框)控件简介**

(1)属性

列表框(ListBox)用于显示一组字符串,可以一次从中选择一个或多个选项。ListBox 控件的常用属性见表 3-9。

表 3-9　　　　　　　　　　**ListBox 控件的常用属性**

名　称	说　明
DataBindings	为该控件获取数据绑定
DataSource	获取或设置此控件的数据源
Items	获取控件的项
Name	获取或设置控件名称
SelectedItem	获取或设置控件中当前选定项
SelectedItems	获取或设置控件中当前选定项的集合
SelectedValue	获取或设置由 ValueMember 属性指定的成员属性的值
Text	获取或搜索控件中当前选定项的文本

（2）事件

ListBox 控件的常用事件见表 3-10。

表 3-10　　　　　　　ListBox 控件的常用事件

名　称	说　明
TextChanged	在 Text 属性值更改时发生
SelectedIndexChanged	在 SelectedIndex 属性更改时发生

（3）方法

ListBox 控件的常用方法，见表 3-11。

表 3-11　　　　　　　ListBox 控件的常用方法

名　称	说　明	举　例
Items. Add()	向 ListBox 中添加选项	ListBox. Items. Add("语文")
Items. Remove()	从 ListBox 中移去选项	ListBox. Items. Remove("语文")
Items. RemoveA()	从 ListBox 中移去 index 值对应选项	ListBox. Items. RemoveA(1)
Items. Insert()	向 ListBox 指定位置插入一个列表项	listBox. Items. Insert(1,"语文")
Items. IndexOf()	返回列表项的索引	listBox. Items. IndexOf("语文")
Items. Clear()	从列表框中删除所有项	listBox. Items. Clear()

📖 **ComboBox(下拉组合框)控件简介**

（1）属性

下拉组合框（ComboBox）用于显示一组字符串，可以一次从中选择一个或多个选项。ComboBox 控件的常用属性见表 3-12。ComboBox 的 DropDownStyle 属性示例如图 3-8 所示。

表 3-12　　　　　　　ComboBox 控件的常用属性

名　称	说　明
DataBings	为该控件获取数据绑定
DataSource	获取或设置此控件的数据源
DropDownStyle	获取或设置指定组合框样式的值
Items	获取控件的项
Name	获取或设置控件名称
SelectedIndex	获取或设置控件中当前选定项的从零开始的索引
SelectedItem	获取或设置控件中当前选定项
SelectedItems	获取或设置控件中当前选定项的集合
SelectedValue	获取或设置由 ValueMember 属性指定的成员属性的值
Text	获取或搜索控件中当前选定项的文本

（2）事件

ComboBox 控件的常用事件见表 3-13。

表 3-13　　　ComboBox 控件的常用事件

名　称	说　明
TextChanged	在 Text 属性值更改时发生
SelectedIndexChanged	在 SelectedIndex 属性更改时发生

（3）方法

ComboBox 控件的常用方法见表 3-14。

表 3-14	ComboBox 控件的常用方法	
名　称	说　明	举　例
KeyDown	在控件有焦点情况下按下键时发生	
KeyPress	在控件有焦点情况下按下键时发生	
KeyUp	在控件有焦点情况下释放键时发生	
Items. Add()	向 ComboBox 中添加选项	ComboBox. Items. Add("语文")
Items. Remove()	从 ComboBox 中移去选项	ComboBox. Items. Remove("语文")
Items. RemoveAt()	从 ComboBox 中移去 index 值对应选项	ComboBox. Items. RemoveAt(1)
Items. Insert()	向 ComboBox 指定位置插入一个列表项	ComboBox. Items. Insert(1,"语文")
Items. IndexOf()	检索指定项在 ComboBox 中的索引	ComboBox. Items. IndexOf("语文")
Items. Clear()	从列表框中删除所有项	ComboBox. Items. Clear()

📖 **MessageBox. Show( )的使用**

通过下列代码体会 MessageBox. Show()方法的使用。

if(MessageBox. Show("你确定删除吗?","警告",MessageBoxButtons. OKCancel,

MessageBoxIcon. Question) = = DialogResult.OK)

{ //确定删除操作代码；}

MessageBox. Show()应用案例如图 3-9 所示。

图 3-8　ComboBox 的 DropDownStyle 属性

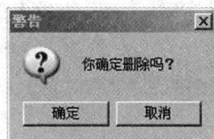

图 3-9　MessageBox. Show()方法案例

2.任务要求

（1）使用 TextBox 输入学生姓名,要求文本框输入不得超过 4 个汉字,也不能为空,当超过 4 个汉字时,使用 MessageBox. Show(),显示"姓名不能为空或长度不能超过 4 个汉字"。

（2）使用 1 个 RadioButton 用于选择学生性别。

（3）使用 3 个 ComboBox 选择必修课程（语文、数学和英语）,三个组合框选择内容不得重复。

（4）使用 6 个 CheckBox 表示从 6 门选修课程（物理、化学、生物、政治、历史和地理）中选择 2 门,选修课程不得超过 2 门。

（5）使用 ListBox 表示所选内容。

（6）使用 Button 把所选内容显示在列表框中。

3.任务分析

对任务中的主要控件名称进行设置,见表 3-15。

表 3-15 **任务 1.2 中的主要控件设置与说明**

控 件	名 称	文 本	说 明
Label	label1～label3	姓名、必修课程、高考信息	
Text	txtName		使用控件事件 Validating
GroupBox	grouBox1	性别	
	grouBox2	选修课程	
RadioButton	radMan	男	Checked＝true
	radWoman	女	
ComboBox	cboSubject1		三科目不得重复
	cboSubject2		
	cboSubject3		
CheckBox	chkSubject1	物理	chkSubject1.Checked＝true
	chkSubject2	化学	chkSubject2.Checked＝true
	chkSubject3	生物	6 门课程只能选择 2 门
	chkSubject4	政治	
	chkSubject5	历史	
	chkSubject5	地理	
Button	btnOK	确定	使用 Click 事件
Form	FrmExamInfo	单元 3 任务 1.2	使用 Load 事件

3. 操作步骤

(1)根据任务分析中的各控件及其文本(控件标题),设置各控件的属性。

(2)在 FrmExamInfo 主窗体的 Load 事件对应的方法中输入如下代码:

```csharp
private void Form1_Load(object sender,EventArgs e)
{
    chkSubject1.Checked = true; chkSubject2.Checked = true;
}
```

(3)在 txtName 文本框的事件 Validating 对应的方法中输入如下代码,以验证文本输入的有效性:

```csharp
private void txtName_Validating(object sender,CancelEventArgs e)
{
    if(txtName.Text = = ""||txtName.Text.Length> = 4)
    {
        MessageBox.Show("姓名不能为空或长度不能超过 4 个汉字");
    }
}
```

(4)在 cboSubject1、cboSubject2 和 cboSubject3 组合框的事件 SelectedIndexChanged 对应的方法中输入如下代码,以判定选择的有效性:

```csharp
private void cboSubject1_SelectedIndexChanged(object sender,EventArgs e)
{
    if(cboSubject1.Text = = cboSubject2.Text||cboSubject1.Text = = cboSubject3.Text)
        MessageBox.Show("你选择的三门必修课程有重复!");
}
private void cboSubject2_SelectedIndexChanged(object sender,EventArgs e)
```

```
{
    if(cboSubject1.Text = = cboSubject2.Text||cboSubject2.Text = = cboSubject3.Text)
        MessageBox.Show("你选择的三门必修课程有重复!");
}
private void cboSubject3_SelectedIndexChanged(object sender,EventArgs e)
{
    if(cboSubject1.Text = = cboSubject3.Text||cboSubject2.Text = = cboSubject3.Text)
        MessageBox.Show("你选择的三门必修课程有重复!");
}
```

(5)在按钮 btnOK 的 Click 事件对应的方法中输入如下代码,以实现信息的输出:

```
private void btnOK_Click(object sender,EventArgs e)
{
    int count = 0;
    string sex,str1 = "",str2 = "";
    //lstExamInfo.Items.Clear();
    if(chkSubject1.Checked = = true)
    { count + + ; str1 + = chkSubject1.Text + " "; }
    if(chkSubject2.Checked = = true)
    { count + + ;str1 + = chkSubject2.Text + " "; }
    if(chkSubject3.Checked = = true)
    { count + + ;str1 + = chkSubject3.Text + " "; }
    if(chkSubject4.Checked = = true)
    { count + + ; str1 + = chkSubject4.Text + " "; }
    if(chkSubject5.Checked = = true)
    { count + + ;str1 + = chkSubject5.Text + " "; }
    if(chkSubject6.Checked = = true)
    { count + + ;str1 + = chkSubject6.Text + " "; }
    if(count! = 2)
        MessageBox.Show("你选择的选测科目超过 2 门");
    else
    {
        sex = radMan.Checked?"男":"女";
        str2 = "姓名:" + txtName.Text;
        lstExamInfo.Items.Add(str2);
        str2 = "性别:" + sex;
        lstExamInfo.Items.Add(str2);
        str2 = "必修课程:" + cboSubject1.Text + " " + cboSubject2.Text + " " + cboSubject3.Text;
        lstExamInfo.Items.Add(str2);
        str1 = "选修课程:" + str1;
        lstExamInfo.Items.Add(str1);
    }
}
```

(6)选择"调试"→"开始执行(不调试)"选项,即弹出一个窗口,显示程序的运行结果,如图 3-10 所示。

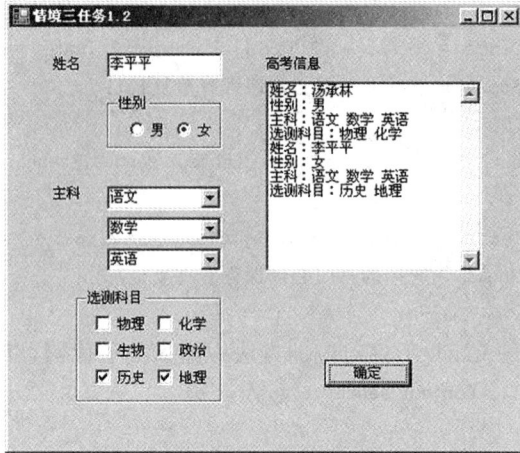

图 3-10　任务 1.2 运行结果

5. 注意点

(1)在控件拖动时,请使用布局工具条。

(2)显示的"高考信息"要使用 ListBox 的 Items. Add()方法。例如:

```
lstExamInfo.Items.Add(str1);
```

(3)在第二次输入信息时,可使用如下代码清除 ListBox 的 Items 中的文本:

```
lstExamInfo.Items.Clear();
```

(4)"chkSubject6. Checked==true"语句不能书写成:

```
chkSubject6.Checked = true
```

任务 2　使用 ADO. NET 组件操作学生成绩表

任务 2.1　使用 ADO. NET 组件和简单窗体控件对学生成绩表进行查询操作

1. 知识准备

📖 **学生成绩信息表**

根据高职学生成绩信息表,我们设计了一个学生成绩表(一个只含有一个表的数据库)。

(1)创建数据库 StuScore。

(2)在数据库 StuScore 中创建 tblStuScore 表,此表的结构见表 1-7。

(3)学生成绩表(tblStuScore)中的数据见图 1-11。

📖 **ADO. NET 对象模型知识**

在 C♯中,可以采用 ADO. NET 进行数据库连接与访问。ADO. NET 一方面包含用于连接数据库的程序代码,支持在程序代码中嵌入数据库指令;另一方面提供 ADO. NET 数据库连接与访问的组件,将数据库操作结果通过应用程序显示给不具备计算机数据库和程序语言知识的普通用户。

ADO(ActiveX Data Object)对象是继 ODBC(Open Data Base Connectivity,开放数据库连接架构)之后 Microsoft 主推的数据存取技术,ADO 对象是程序开发平台用来和 OLE DB 沟通的媒介。

ADO. NET 是一组包含在. NET 框架中的类库,用于. NET 应用程序各种数据存储之间的通信。ADO. NET 是 Microsoft 为大型分布式环境设计的,采用 XML(eXtensible Markup Language,可扩展标识语言)作为数据交换格式,任何遵循此标准的程序都可以用它进行数据处理和通信,而与操作系统和实现的语言无关。

ADO. NET 的类由. NET 数据提供程序(Data Provider)和数据集(DataSet)两个组件组成。

ADO. NET 对象模型如图 3-11 所示。

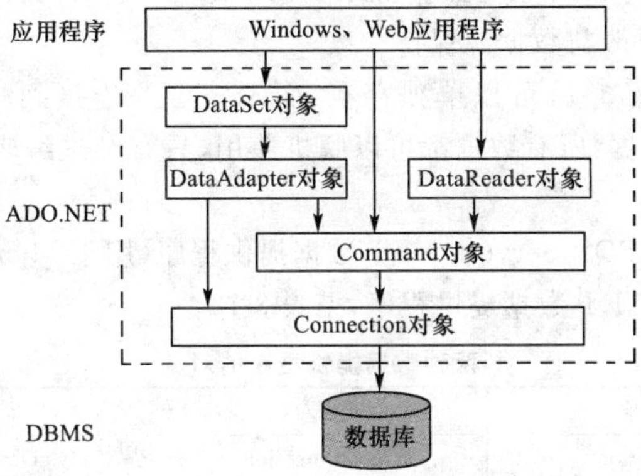

图 3-11 ADO. NET 对象模型

由上图可知,ADO. NET 对象模型中有五个主要的组件,分别是 Connection 对象、Command 对象、DataReader 对象、DataAdapter 对象和 DataSet 对象。这些组件中负责建立连接和数据操作的部分被称为数据操作组件,由 Connection 对象、Command 对象、DataAdapter 对象以及 DataReader 对象组成。数据操作组件主要用作 DataSet 对象和数据源之间的桥梁,负责将数据源中的数据取出后放入 DataSet 对象中,以及将数据返回数据源的工作。

(1)数据提供程序组件

数据提供程序组件由 Connection、Command、DataAdapter 和 DataReader 类的具体对象负责执行用于返回数据、修改数据、运行存储过程以及发送或检索参数信息的数据库命令。DataReader 以数据流的形式保存 Command 从数据源中检索的数据结果。

数据提供程序的功能见表 3-16。

表 3-16 ADO. NET 数据提供程序的核心对象

对　象	说　明
Connection	建立与特定数据库的连接
Command	对数据源执行命令
DataReader	从数据源中读取只读的数据流
DataAdapter	用数据源填充 DataSet 并解析更新

①Connection 对象。Connection 对象的作用主要是建立应用程序和数据库之间的连接。

②Command 对象。Command 对象主要用来对数据库发出一些指令。例如,可以对数据库下达查询、新增、修改和删除数据等指令。

③DataAdapter 对象。DataAdapter 对象主要是在数据源以及 DataSet 之间执行数据传输的工作,可以透过 Command 对象下达命令后,将取得的数据放入 DataSet 对象中。该对象

架构在 Command 对象上,提供了许多配合 DataSet 使用的功能。

④DataReader 对象。当只需要顺序读取数据而不需要其他操作时,可以使用 DataReader 对象。

(2)数据集 DataSet

可以将 DataSet 视为一个内存暂存区。可以把从数据库中所查询的数据保留起来,甚至可以将整个数据库显示出来。DataAdapter 对象提供连接 DataSet 对象和数据源的桥梁,DataAdapter 使用 Command 对象在数据源中执行 SQL 命令以便将数据加载到 DataSet 中,并使 DataSet 中数据的更改与数据源保持一致。

一个 DataSet 创建后,它就可以单独存在,而不一定要连接到一个具体的数据库,因为 DataSet 本身就是脱机数据,所有数据都可以脱机使用,只有经过编辑的数据需要返回到数据库时才需要连接数据库。

NET 框架主要包括 SQL Server . NET 数据提供程序(用于 Microsoft SQL Server 9.0 或更高版本)和 OLE DB . NET 数据提供程序,见表 3-17。

表 3-17　　　　　　　两种数据提供程序的对象

对　　象	SQL 对象	OLE DB 对象
Connection	SqlConnection	OleDbConnection
Command	SqlCommand	OleDbCommand
DataReader	SqlDataReader	OleDbDataReader
DataAdapter	SqlDataAdapter	OleDbDataAdapter

针对不同的数据库,ADO. NET 提供了两套类库:

①第一套类库专门用来存取 SQL Server 数据库。

②第二套类库可以存取所有基于 OLE DB 提供的数据库,如 SQL Server、Access 和 Oracle 等。

📖 SQL Server . NET 的 ADO. NET 对象的属性和方法

(1)SqlConnection 类

SqlConnection 类位于"System. Data. SqlClient"命名空间中,是一个不可继承的类,用于建立应用程序与数据库的连接。SqlConnection 类最重要的属性为 ConnectionString,该属性是可读写 string 类型的,包含数据提供者或服务提供者打开数据源连接所需要的特定信息。

SqlConnection 类的属性和方法见表 3-18。

表 3-18　　　　　　　　SqlConnection 类的属性和方法

	名　　称	说　　明
属性	ConnectionString	获取或设置用于打开 SQL Server 数据库的字符串,其格式是使用分号分隔的键/值参数对列表
	DataBase	获取当前数据库或连接打开后要使用的数据库名称
	State	指示 SqlConnection 的状态为打开还是关闭
方法	Open	使用 ConnectionString 所指定的属性设置打开数据库连接
	Close	关闭与数据库的连接,这是关闭任何打开连接的首选方法

①连接串

可以使用 ConnectionString 属性连接到数据库。下面的代码阐释了一个典型的连接字符串:

```
ConnectionString = "server = (local); Initial Catalog = StuScore; Integrated Security = SSPI;
Persist Security Info = False;";
```

a. server(服务器)键/值设置。"server＝(local)"表示设置连接的服务器为本地服务器，如果计算机名为"TCL"，服务器为默认服务器，则可使用该连接串的服务器信息。

也可以使用"server＝."或"server＝TCL"。如果服务器名为"TCL\SQLEXPRESS"，则连接串的服务器值为"server＝TCL\\SQLEXPRESS"，或"server＝.\\SQLEXPRESS"，或"server＝(local)\\SQLEXPRESS"。

b. "Initial Catalog"(初始化目录)设置。"Initial Catalog＝StuScore"中"StuScore"表示连接的数据库名。

c. "Integrated Security＝SSPI"(集成安全性)。"Persist Security Info"设置为 true，SQL Server . NET Framework 数据提供程序才会保持，也不会返回连接字符串中的密码。

在 OLEDB 中，这个值应设置为"SSPI"。

d. "Persist Security Info"为持续安全性。连接字符串中"Persist Security Info"关键字的默认设置为 false。

如果将该关键字设置为 true 或 yes，将允许在打开连接后，从连接中获得涉及安全性的信息(包括用户标识和密码)。

连接串的另一种表示形式如下：

```
ConnectionString = "server = . ;database = StuScore; uid = sa;pwd = 123;";
```

"server"对应于上面的服务器设置；"database"对应于数据库设置；"uid"和"pwd"表示登录名和登录密码。

②打开和关闭数据库连接

```
myConn.Open();          //打开数据库连接
myConn.Close();         //关闭数据库连接
```

生成 SqlConnection 对象并将其 ConnectionString 属性设置为数据库连接的相应细节之后，就可以打开数据库连接。为此可以调用 SqlConnection 对象的 Open()方法，例如：

```
myConn.Open();          //打开数据库连接
```

完成数据库的连接之后，可以调用 SqlConnection 对象的 Close()方法关闭数据库连接，例如：

```
myConn.Close();         //关闭数据库连接
```

(2)SqlCommand 类

SqlCommand 类表示要对 SQL Server 数据库执行一个 T-SQL(Transact-SQL)语句或存储过程，其常见属性和方法见表 3-19。

表 3-19　　　　　　　　　　　　SqlConnection 类的属性和方法

	名　称	说　明
属性	CommandText	获取或设置要对数据源执行的 T-SQL 语句或存储过程
	CommandType	当值为 Text 时，CommandText 的值就为 SQL 语句；当值为 StoredProcedure 时，CommandText 的值为存储过程名；当值为 TableDirect 时，CommandText 的值为表名
	Parameters	与命令对象相关的参数集合对象
	Connection	获取或设置 SqlCommand 的实例使用的 SqlConnection
方法	ExecuteNonQuery	对连接执行 T-SQL 语句并返回受影响的行数
	ExecuteReader	将 CommandText 发送到 Connection 并生成一个 SqlDataAdapter
	ExecuteScalar	执行查询，并返回查询所返回的结果的第一行第一列，忽略其他列或行

（3）SqlDataReader 类

SqlDataReader 类的对象从正方向读取记录，用于代替 DataSet 对象，SqlDataReader 对象是一种在线的访问方式，也就是说必须在连接打开的状态下读取数据，读取记录的速度通常高于 DataSet 对象。但不能用 SqlDataReader 对象修改数据库中的行。SqlDataReader 对象一般由命令对象的 ExecuteReader()方法返回。

例如：

```
SqlDataReader myDataReader = myCmd.ExecuteReader();
```

SqlDataReader 类的常用属性和方法有：

①属性 HasRows，获取对象中是否包含数据行，值为 bool 类型。当需要知道对象中是否有行时，可以使用该属性。

②方法 Read()，使数据指针前进到下一条记录，返回值为 bool 类型，指示数据读取器中是否还有行。

例如，常常用以下格式遍历读取器中的所有记录：

```
while(myDataReader.Read())
{ //处理一条记录；}
```

（4）SqlDataAdapter 类

SqlDataAdapter 对象在数据集和数据库之间移动记录。SqlDataAdapter 对象同步本地存储的行与数据库中的行。这种同步是通过 SqlConnection 对象进行的。

①SqlDataAdapter 的四个 Command 属性

各属性及其说明如下：

a. SelectCommand。SelectCommand 用于获取或设置一个 T-SQL 语句或存储过程，用于在数据源中选择记录。

b. InsertCommand。InsertCommand 用于获取或设置一个 T-SQL 语句或存储过程，用于在数据源中插入新记录。

c. DeleteCommand。DeleteCommand 用于获取或设置一个 T-SQL 语句或存储过程，用于从数据集删除记录。

d. UpdateCommand。UpdateCommand 用于获取或设置一个 T-SQL 语句或存储过程，用于更新数据源中的记录。

②SqlDataAdapter 的方法

SqlDataAdapter 的常用方法如下：

a. Fill()方法。填充数据集，返回填充的行数。例如：

```
DataSet myDataSet = new DataSet();
myDateAdapter.Fill(myDataSet,"tblStuScore");
```

b. Update()方法。更新数据表，返回受影响的行数。例如：

```
myDateAdapter.Update(myDataSet,"tblStuScore");
```

将数据集 myDataSet 同步到连接的数据库表中。只有当应用程序对数据集 myDataSet 进行修改，并且需要将这种修改同步到数据库中时才这样做。

📖 **SQL Server. NET 中数据库 SqlConnection 和 SqlCommand 等访问组件的使用**

在工具箱"数据"栏中存在 SqlConnection、SqlCommand、SqlDataAdapter 和 DataSet 等 ADO. NET 组件，如图 3-12 所示。如果这些组件不存在，可以在"数据"栏中右击，在弹出的快捷菜单中选择"选择项"选项,进入".NET Framework 组件"对话框,选择相应的组件,单击"确定"按钮,即可添加上述组件。这些组件与上面介绍的 ADO.NET 类(对象)相对应,通过拖动这些组件到窗体,即可创建相应的对象。通过简单的设置,即可实现用编程方式创建其对象的能力。

2. 任务要求

使用文本框(TextBox)、单选按钮(RadioButton)、按钮(Button)、SqlConnection、SqlCommand 和 SqlDataReader 从学生成绩表(tblStuScore)中读取一条记录到窗体控件中显示,并使用 ExecuteScalar()读取指定班级的人数。

图 3-12　工具箱"数据"栏组件

3. 任务分析

(1)在引用常用命名空间处引用 SqlClient 命名空间。

```
using System.Data.SqlClient;
```

(2)根据任务要求,需要在窗体上增加多个文本框控件、标签控件、按钮控件和单选按钮控件等,这些控件的设置见表 3-20。

表 3-20　　　　　　　　　任务 2.1 中的主要控件设置与说明

控　件	名　称	文本及显示	说　明
Label	label1~label12	姓名、学号等	
Text	txtStuName		用于显示学生姓名
	txtStuNo		显示学号
	txtStuSex		显示性别
	txtClass		显示班级
	txtClass		输入的班级
	txtTerm		显示学期
	txtChinese		显示语文成绩
	txtMaths		显示数学成绩
	txtEnglish		显示英语成绩
	txtPhyscial		显示物理等级
	txtChemical		显示化学等级
	txtStuName1		输入的姓名
GroupBox	grouBox1	学生成绩信息	
	grouBox2	班级人数查询	
Button	btnOK	确定	使用 Click 事件
	button1	查询	使用 Click 事件
Form	FrmStuScore1	按姓名查询学生成绩	使用 Load 事件

(3)假如 SqlConnection、SqlCommand、SqlDataAdapter、DataSet、BindingSource 和 BindingNavigator 对应的组件实例名分别设为 myConn、myCmd、myDataAdapter、myDataSet、myBindingSource 和 myBindingNavigator。

假如本任务的窗体的 Name 属性值为 FrmStuScore1。则在 FrmStuScore1_Load()中加载如下语句:

```
myDataAdapter.Fill(myDataSet,"tblStuScore");
```

4. 操作步骤

(1)创建一个项目,名称为"Ex3_2_1_1",在解决方案资源管理器窗口中修改"Form1.cs"为"FrmStuScore1.cs"。

(2)拖动各标签、按钮和文件框到窗体上,并设置相应的 Name 和 Text 的值。拖动 SqlConnection 到窗体中,重命名为"myConn"。右击,在弹出的快捷菜单中选择"属性",单击 ConnectionString 的属性右侧的箭头,出现如图 3-13 所示的"添加连接"对话框,进行相关的数据库连接信息设置。

单击"测试连接"按钮后,测试成功后,单击"确定"按钮。

```
ConnectionString = "Data Source = .;Initial Catalog =
StuScore;User ID = sa;Pwd = 123";
```

或者直接设置连接串(要根据实际情况)为:

```
ConnectionString = "Server = .;Database = StuScore;Uid =
sa;Pwd = 123";
```

或

```
ConnectionString = "Server = 127.0.0.0;Database = StuScore;Uid = sa;Pwd = 123";
```

图 3-13 "添加连接"对话框

(3)拖动 SqlCommand 组件到窗体上,重命名为"myCmd",右击并在弹出的快捷菜单中选择"属性"。

选择 Parameter 属性,右击右边的" ",出现 SqlParameter 集合编辑器,单击"添加"按钮,修改参数名称(ParameterName)为"@StuName",数据类型(SqlDbType)为"varchar",宽度(Size)为"8"。

(4)右击右边的" ",出现"添加表"对话框,添加表 tblStuScore,如图 3-14 所示。

(5)在"查询生成器"对话框(如图 3-15 所示)的 SQL 输入框(第三栏)中输入如下代码:

```
SELECT StuNo,StuName,StuSex,IdentityID,Chinese,Maths,English,Physical,Chemical,Term,
ClassID FROM tblStuScore
WHERE StuName = @stuName
```

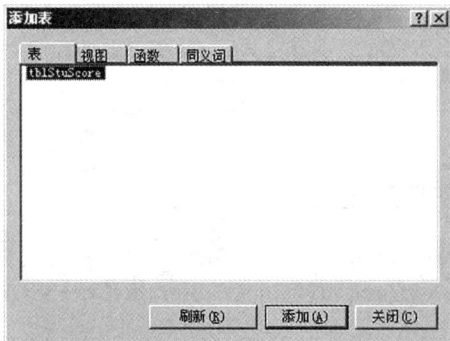

图 3-14 "添加表"对话框

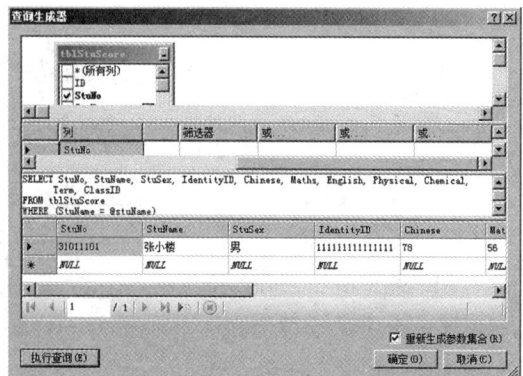

图 3-15 "查询生成器"对话框

(6)单击"执行查询"按钮,弹出如图 3-16 所示的"查询参数"对话框,给参数"@stuName"赋值"张小楼",单击"确定"按钮,则在"查询生成器"对话框查询结果框中显示查询结果。

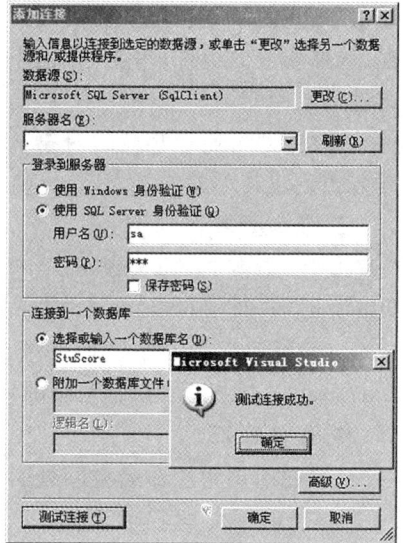

(7)双击"确定"按钮,在代码窗口输入如下代码:

```
private void btnOK_Click(object sender,EventArgs e)
{
    try
    {
        myCmd.Parameters["@stuName"].Value = txtStuName1.Text;  //1.给 myCmd 参数赋值
        myConn.Open();                                           //2.打开连接 myConn
        //3.用 sqlDataReader 对象读取数据库数据
        SqlDataReader myDataReader = myCmd.ExecuteReader();
        //4.使用 myDataReader 的 Read()方法直接读取数据
        while(myDataReader.Read())
        {
            //5.向窗体控件添加信息
            txtStuNo.Text = myDataReader["StuNo"].ToString();
            txtStuName.Text = myDataReader["StuName"].ToString();
            txtStuSex.Text = myDataReader["StuSex"].ToString();
            txtClassID.Text = myDataReader["ClassID"].ToString();
            txtChinese.Text = myDataReader["Chinese"].ToString();
            txtMaths.Text = myDataReader["Maths"].ToString();
            txtEnglish.Text = myDataReader["English"].ToString();
            txtPhysical.Text = myDataReader["Physical"].ToString();
            txtChemical.Text = myDataReader["Chemical"].ToString();
            txtTerm.Text = myDataReader["Term"].ToString();
        }
    }
    catch(Exception ex)
    { MessageBox.Show(ex.Message); }
    finally
    { myConn.Close(); }
}
```

(8)拖动 SqlCommand 组件到窗体上,重命名为"myCmd1",右击并在弹出的快捷菜单中选择"属性",设置其 CommandText 的值为:

```
select count( * ) from tblStuScore
WHERE ClassID = @classUD
```

选择 Parameter 属性,右击右边的"■■■",出现 SqlParameter 集合编辑器,单击"添加"按钮,修改参数名称(ParameterName)为"@classID",数据类型(SqlDbType)为"nchar",宽度(Size)为"6"。

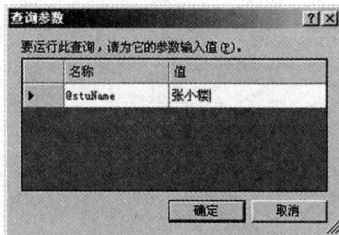

图 3-16　查询参数窗体

(9)双击"查询"按钮,在代码窗口输入如下代码:

```
private void button1_Click(object sender,EventArgs e)
{
    try
    {
        myCmd1.Parameters["@classID"].Value = txtClass1.Text;  //1.给 myCmd1 参数赋值
```

```
        myConn.Open();                                    //2.打开连接 myConn
        //3.用 ExecuteScalar()读取班级人数
        object classNum1 = myCmd1.ExecuteScalar();
        txtClassNum.Text = classNum1.ToString();
    }
    catch(Exception ex)
    { MessageBox.Show(ex.Message); }
    finally
    { myConn.Close(); }
}
```

（10）选择"调试"→"开始执行（不调试）"选项，即弹出一个窗口，显示程序的运行结果，如图 3-17 所示。

5. 注意点

（1）try...catch...finally 块的使用。try...catch...finally 块的处理机制是：如果 try 中运行的代码出现异常，则转向 catch 中的代码，finally 中的代码无论程序是否出现异常都会执行。对于异常，一般开发者掌握此简单的应用即可，若想掌握更多的信息，需要参阅微软的 MSDN。

（2）为避免学生有重名现象，读取信息不一定符合要求，最好使用学号作为查询条件。

（3）用 ExecuteScalar()读取信息（只能读取单个值）的数据类型为 Object，要求采用强制转换成需要的数据类型。

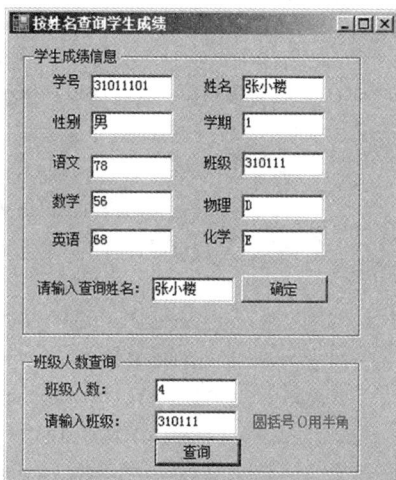

图 3-17　任务 2.1 运行结果

（4）操作步骤可以看出，使用组合实现数据查询，需要如下几步：

①写好 SqlConnection 对象的连接串 ConnectionString。

②定义 SqlCommand 中参数"@stuName"（@ClassID）。

③编写查询语句，注意查询条件的参数@"stuName"（@ClassID）与 SqlCommand 中参数是否匹配。

④绑定参数"@stuName"（@ClassID）的值。

```
myCmd.Parameters["@stuName"].Value = txtStuName1.Text;
```

⑤打开连接，执行 SqlCommand 对象的方法：ExecuteReader()或 ExecuteSarlar()读取信息。

⑥处理读取的信息。

任务 2.2　使用 BindingSource 组件对学生成绩表进行查询操作

1. 知识准备

使用编程方式创建各种组件的对象，将在后面的任务中讲述，这里将介绍比较重要的两个组件 BindingSource 和 BindingNavigator。

📖 **BindingSource 组件**

学习 SqlConnection、SqlCommand、SqlDataAdapter 和 DataSet 知识后，就可以使用数据

绑定技术将窗体控件同数据源关联起来。这可能很简单，也可能很复杂，就看要怎么实现，可能要同时用到声明式方法（通常是使用向导）和编程式方法（使用自己的代码定制行为）。本节将采用较简单的方法，只使用向导将数据绑定到控件。

BindingSource 组件是数据绑定的核心。可以将数据绑定到很多控件，但使用向导只能绑定到下列控件：

(1)列表控件：在列表中显示单列数据。

(2)DataGridView 控件：以类似于表格的格式显示数据。

(3)BindingNavigator 控件：在表中的多条记录之间导航。

(4)由基本控件（如 TextBox 和 Label）组成的详细视图：显示单行数据。

BindingSource 组件充当数据绑定组件和数据源之间的中介，提供了一个通用接口，其中包含组件绑定到数据源时所需的所有功能。使用向导将控件绑定到数据源时，实际上创建并配置了一个 BindingSource 组件实例，并绑定到该实例。

可以手动将该组件的实例添加到窗体中。它是不可见的组件，在窗体中看不到。添加的实例将出现在窗体下面。

添加的 BindingSource 实例使用默认名"bindingSource1"。当然，可以重命名。

📖 BindingNavigator 控件

BindingNavigator 控件是从 ToolStrip 派生而来的，使用户能够使用标准界面在数据中导航。本质上，该控件是一个 ToolStrip 控件，包含一些有用的按钮和指向数据源的连接。

使用 BindingNavigator 组件，可以在行间移动。移动方式有：每次移动一行；直接跳到数据集的第一行或最后一行；通过输入数字跳到指定的行。还有一些按钮用于在数据集中添加（➕）和删除（✖）行（对只读数据，可以禁用或删除这些按钮）。

要使用 BindingNavigator 控件在数据集中导航，只需将其 BindingSource 属性设置为 BindingSource 类的一个实例。

📖 DataGridView 控件

DataGridView 控件提供一种强大而灵活的以表格形式显示数据的方式。可以使用 DataGridView 控件来显示少量数据的只读视图，也可以对其进行缩放以显示特大数据集的可编辑视图。

可以用很多方式扩展 DataGridView 控件，以便将自定义行为内置在应用程序中。通过选择一些属性，可以轻松地自定义 DataGridView 控件的外观。

使用 DataGridView 控件，可以显示和编辑来自多种不同类型的数据源的表格数据。将数据绑定到 DataGridView 控件非常简单和直观，在大多数情况下，只需设置 DataSource 属性即可。在绑定到包含多个列表或表的数据源时，只需将 DataMember 属性设置为要绑定的列表或表的字符串即可。

通常绑定到 BindingSource 组件，并将 BindingSource 组件绑定到其他数据源或使用业务对象填充该组件。BindingSource 组件为首选数据源，因为该组件可以绑定到各种数据源，并可以自动解决许多数据绑定问题。

📖 DataSet 数据集

DataSet 是包含数据表的对象，可以在这些数据表中临时存储数据，以便在应用程序中使用。如果应用程序要求使用数据，则可以将该数据加载到 DataSet 中，DataSet 在本地内存中为应用程序提供了待用数据的缓存。即使应用程序从数据库断开连接，也可以使用 DataSet 中的数据。DataSet 维护有关其数据更改的信息，因此可以跟踪数据更新，并在应用程序重新连接时将更新发送回数据库。

DataSet 的结构类似于关系数据库的结构,是表、行、列、约束和关系的分层对象模型。

📖 **数据集和 XML**

数据集是数据的关系视图,可用 XML 表示。数据集和 XML 之间的这种关系使用户可以从数据集的以下功能中获益:

(1)数据集的结构(表、列、关系和约束)可在 XML 架构中定义。

(2)可以生成一个数据集类,在其中合并架构信息,以定义其数据结构。这种数据集也称为"类型化"数据集。

(3)可以使用数据集的 ReadXml()方法将 XML 文档或流读入数据集,使用 WriteXml()方法将数据集以 XML 格式写出。

(4)可以创建数据集或数据表内容的 XML 视图(XmlDataDocument 对象),然后用关系方法(通过数据集)或 XML 方法查看和操作数据。

2. 任务要求

(1)结合任务 2.1 中使用 ADO. NET 中 SqlConnection、SqlCommand、SqlDataAdapter、DataSet、简单控件和单选按钮(RadioButton),并结合 BindingSource 和 BindingNavigator 组件查询学生成绩信息。

(2)在(1)的基础上,使用 BindingSource 和 BindingNavigator 组件以及 DataGridView 控件浏览学生成绩信息。

3. 任务分析

(1)完成本任务首先要添加数据集 DataSet,其次创建 SqlConnection、SqlCommand 和 SqlDataAdapter 的对象,通过对 SqlDataAdapter 生成数据集 DataSet,最后绑定到 Binding-Source 和 BindingNavigator 组件,即可实现数据查询。

(2)在生成数据集后,把数据集绑定到 DataGridView 控件以及 BindingSource 和 BindingNavigator 组件上。

4. 操作步骤

(1)同任务 2.2(1)操作步骤。创建一个项目,项目名称为"Ex3_2_2_1",在解决方案资源管理器中修改"Form1. cs"为"FrmStuScore2. cs",执行任务 2.1 的操作步骤(1)～(2),生成 myConn 的 SqlConnection 连接对象。

(2)拖动 SqlCommand 组件到窗体,创建 SqlCommand1 对象,重命名为"myCmd",右击并在弹出的快捷菜单中选择"属性",设置属性 Connection 的值为"myConn"(或在其右侧的组合框中选择"现有"的连接 myConn)。

(3)拖动 SqlDataAdapter 组件到窗体上,弹出"数据适配器向导",可以使用向导生成数据集,此处本教材不采用自动生成数据集方式(如果感兴趣,可以尝试,本教材主要想利用 ADO. NET 组件生成数据集),单击"取消"按钮,出现 SqlDataAdapter 的对象"SqlDataAdapter1"。右击"SqlDataAdapter1",修改其 Name 为"myDataAdapter",展开 SelectCommand 节点,在右面的组合框中选择"现有"节点下的 myCmd 对象(也可右击 myDataAdapter,选择"配置数据适配器"生成其自身的 SqlCommand 对象),如图 3-18 所示。同时自动生成 CommandText 属性中的查询语句,以及 Connection 属性的值为"myConn"。

(4)右击 myDataAdapter 对象组件,在弹出的快捷菜单中选择"配置数据适配器",进入如图 3-13 所示对话框,进行相应的配置,数据库选择"StuScore",然后选择"生成数据集"选项,出现如图 3-19 所示的"生成数据集"对话框,在"新建"单选按钮右侧的文本框中修改数据集名称为"myDataSet",单击"确定"按钮。

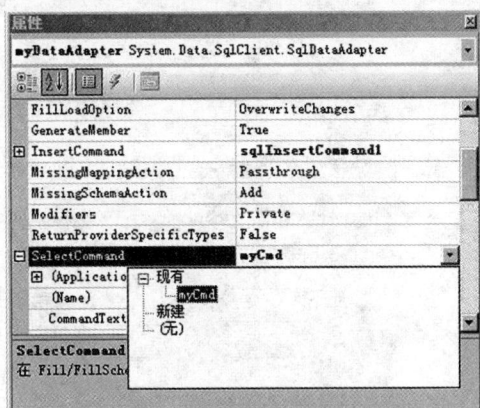

图 3-18 配置数据适配器的属性   图 3-19 "生成数据集"对话框

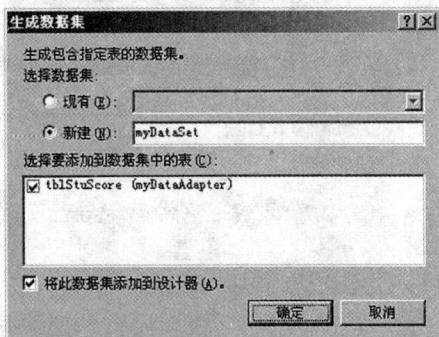

在窗体下方出现 myDataSet1 数据集,修改其名称为"myDataSet",并在解决方案资源管理器中生成类型化数据集文件"myDataSet. xsd"。

(5)拖动 BindingSource 控件到窗体中,产生"BindingSource1"对象,重命名为"myBindingSource"。右击 myBindingSource,在弹出的快捷菜单中选择"属性",弹出"属性"对话框,设置 DataSource 值为"myDataSet",DataMember 的值为"tblStuScore"。

(6)拖动 BindingNavigator 组件到窗体中,在窗体下方产生该组件的对象,将其重命名为"myBindingNavigator",右击 myBindingNavigator,同(5),设置其属性 DataSource 值为"myBindingSource"。

(7)将窗体中的文本框绑定到数据源(tblStuScore)字段上。右击 txtStuINo 文本框,在弹出的快捷菜单中选择"属性",弹出"属性"对话框,在 DataBindings 属性的 Text 节点右边的组合框中选择"myBindingSource"节点下的"StuNoID"即可。依次绑定文本框到对应的 myBindingSource 的列上。最终在窗体上形成如图 3-20 所示的控件、ADO. NET 对象组件、BindingSource 和 myBindingNavigator 控件。

(8)修改"Form1. cs"的名称为"FrmStuScore2. cs"。双击窗体"FrmStuScore2",在 FrmStuScore2_Load 的代码中加入如下代码:

```
private void FrmStuScore2_Load(object sender,EventArgs e)
{
    myDataAdapter.Fill(myDataSet,"tblStuScore");
}
```

(9)选择"调试"→"开始执行(不调试)"选项,即弹出一个窗口,显示程序的运行结果,如图 3-21 所示。

(10)同任务 2.2(2)操作步骤。建立一个项目,项目名称为"Ex3_2_2_2",在解决方案资源管理器中修改"Form1. cs"为"FrmStuScore3. cs"。

执行(1)~(6)步,拖动 DataGridView 控件到窗体中,形成其对象"dataGridView1",调整其大小,单击控件右上角的"▶",选择数据源为"myBindingSource",取消选中"启用编辑""启用添加"和"调用删除"前复选框。

(11)修改"Form1. cs"的名称为"FrmStuScore3. cs"。双击窗体"FrmStuScore3",在 FrmStuScore3_Load 的代码中加入如下代码:

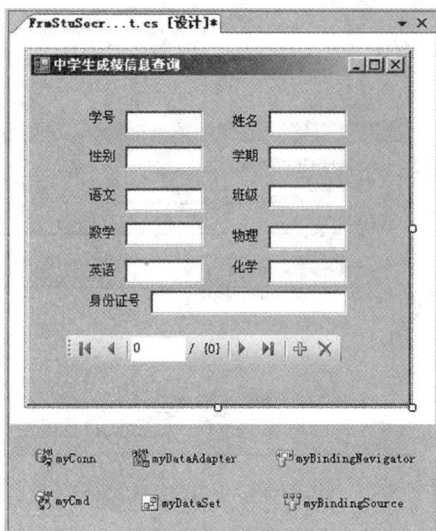

图 3-20　ADO 组件与窗体

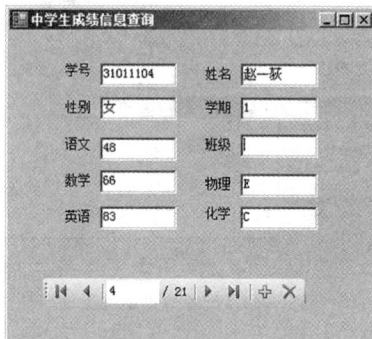

图 3-21　任务 2.2(1)运行结果

```
private void FrmStuScore3_Load(object sender,EventArgs e)
{
    myDataAdapter.Fill(myDataSet,"tblStuScore");
}
```

(12)选择"调试"→"开始执行(不调试)"选项，即弹出一个窗口,显示程序的运行结果,如图 3-22 所示,使用导航工具浏览学生成绩信息。

5.注意点

(1)第(8)步和第(11)步一定不能省略。

(2)可以对 DataGridView 的列标题和列宽进行设置,请读者自行尝试。

(3)可以对导航条进行设置,在按钮上同时显示文本和图片,请读者自己操作。

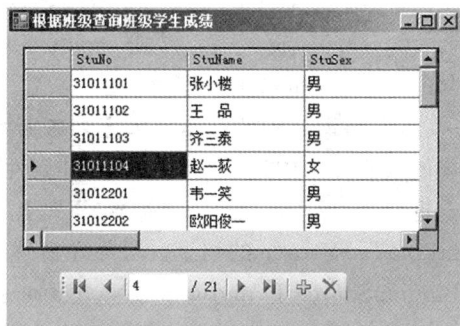

图 3-22　任务 2.2(2)运行结果

(4)可以省略第(1)~(4)步,直接拖动 BindingSourse,并选择主菜单"数据"中的"添加新数据源",自动生成 DataSet(myDataSet),进行简单的设置,同样也可达到目的。

任务 2.3　使用 ADO 组件对学生成绩表进行增、删、改操作

1.知识准备

对数据库表中数据进行增加、删除和修改操作,要使用 SqlConnection 和 SqlCommand 两个 ADO. NET 组件,特别是调用 SqlCommand 的方法 ExecuteNoQuery(),以实现对表中数据的增加、删除和修改操作。

(1)插入数据必须使用 T-SQL 语言的 insert 语句。

insert 语句的语法一般格式为:

insert into <表名>[(列名列表)] values(列值列表)

(2)修改数据必须使用 T-SQL 语言的 update 语句。

update 语句的语法一般格式为:

update ＜表名＞

set ＜列名 1＞＝＜新的列值 1＞[＜列名 2＞＝＜新的列值 1＞,…,n]

[where ＜修改条件＞]

(3)删除数据必须使用 T-SQL 语言的 delete 语句。

delete 语句的语法一般格式为：

delete [from] ＜表名＞[where＜删除条件＞]

2. 任务要求

(1)使用 ADO. NET 组件,向学生成绩表中插入表 3-20 所示的一条记录。

表 3-20 学生成绩表(tblStuScore)的一条记录

学号	姓名	性别	身份证号	语文	数学	英语	物理	化学	班级	学期
31011209	张三	女	212345678912345	67	88	65	A	B	310112	2

(2)根据学生学号,修改学号为"31011209"的学生的数学成绩为 78,物理等级为 B,性别为"男",其他值不变。

(3)根据学生学号,删除刚插入的记录。

3. 任务分析

(1)使用 SqlCommand 组件,要给其对象 myCmd(假定)定义 10 个参数 @StuNo、@stuName、@stuSex、@identityID、@chinese、@maths、@english、@physical、@chemical、@classID 和@term,并注意其数据类型和宽度与表中列的数据类型保持一致(或兼容)。

(2)在窗体上同样要有 10 个控件,将其值传递给 myCmd 的参数,并执行相应的 ExecuteNoQuery()方法实现数据的插入。

(3)需要建立 SqlCommand 的两个对象 myCmd1 和 myCmd2,用于实现对数据的修改和删除。

4. 操作步骤

(1)插入记录。创建一个项目,名称为"Ex3_2_3_1",拖动 SqlConnection 到窗体上,根据任务 2.1 操作要求,生成 myConn 的连接串。

在代码最前面引入命名空间：

```
using System. Data. SqlClient;
```

(2)拖动 SqlCommand 到窗体上,重命名为"myCmd"。设置对象的连接为 myConn。

(3)右击 myCmd,在弹出的快捷菜单中选择"属性",弹出"属性"对话框,选择 CommandText 属性,单击"⋯",添加表 tblStuScore,出现查询设计器,在 SQL 框中输入如下代码：

```
INSERT tblStuScore ( StuNo, StuName, StuSex, IdentityID,
Chinese,Maths,English,Physical,Chemical,ClassID,Term)

VALUES( @ stuNo, @ stuName, @ stuSex, @ identityID, @
chinese,@maths,@english,@physical,@chemical,@classID,
@term)
```

单击查询设计器的"执行查询"按钮,自动为 myCmd 添加 10 个参数。

(4)在窗体上布置简单控件,如图 3-23 所示。

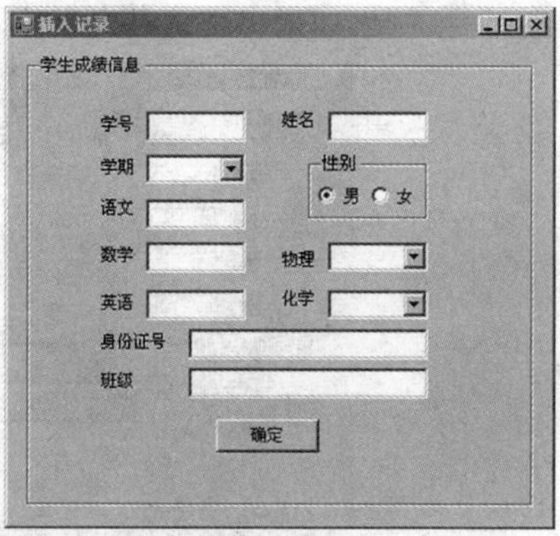

分别设置学期(cboTerm)的 Items 的项值为 1 和 2,物理(cboPhysical)、化学(cboChemical)的 Items 的项值

图 3-23 任务 2.3 界面控件

（等级）为 A、B、C、D 和 E。

（5）双击"确定"按钮，输入如下代码：

```
private void btnOK_Click(object sender,EventArgs e)
{
    //参数的赋值
    myCmd.Parameters["@stuNo"].Value = txtStuNo.Text;
    myCmd.Parameters["@stuName"].Value = txtStuName.Text;
    myCmd.Parameters["@term"].Value = char.Parse(cboTerm.Text);
    if(radMan.Checked = = true)
        myCmd.Parameters["@stuSex"].Value = "男";
    else
        myCmd.Parameters["@stuSex"].Value = "女";
    myCmd.Parameters["@chinese"].Value = Convert.ToByte(txtChinese.Text);
    myCmd.Parameters["@maths"].Value = Convert.ToByte(txtMaths.Text);
    myCmd.Parameters["@english"].Value = Convert.ToByte(txtEnglish.Text);
    myCmd.Parameters["@phySical"].Value = char.Parse(cboPhysical.Text);
    myCmd.Parameters["@chemical"].Value = char.Parse(cboChemical.Text);
    myCmd.Parameters["@classID"].Value = txtClassID.Text;
    myCmd.Parameters["@identityID"].Value = txtIdentityID.Text;
    myConn.Open();
    try
    {
        myCmd.ExecuteNonQuery();
        MessageBox.Show("插入记录成功!");
    }
    catch(SqlException ex)
    {
        MessageBox.Show(ex.Message);
    }
    finally
    { myConn.Close(); }
}
```

（6）选择"调试"→"开始执行（不调试）"选项，即弹出一个窗口，如图 3-24 所示，显示程序的运行情况，如果出现信息提示框，如图 3-25 所示，则表示插入记录成功。

图 3-24　任务 2.3 插入记录

图 3-25　任务 2.3 插入成功提示

(7)修改记录。创建一个项目,名称为"Ex3_2_3_2",拖动 SqlConnection 到窗体上,根据任务 2.1 操作要求,生成 myConn 的连接串。

在代码最前面引入命名空间:

```
using System.Data.SqlClient;
```

(8)拖动 SqlCommand 到窗体上,重命名为"mycmd"。设置对象的连接为 myConn。

(9)右击 myCmd,在弹出的快捷菜单中选择"属性",弹出"属性"对话框,选择 CommandText 属性,单击"....",添加表 tblStuScore,出现查询设计器,在 SQL 框中输入如下代码:

```
UPDATE tblStuScore
SET StuName = @stuName, StuSex = @stuSex, IdentityID = @identityID, Chinese = @chinese, Maths = @maths, English = @english, Physical = @physical, Chemical = @chemical, ClassID = @classID, Term = @term
WHERE (StuNo = @stuNo)
```

单击查询设计器的"执行查询"按钮,自动为 myCmd 添加 10 个参数并设置其数据类型与宽度。

(10)双击"确定"按钮,输入如下代码:

```
private void btnOK_Click(object sender, EventArgs e)
{
    //参数的赋值
    myCmd.Parameters["@stuNo"].Value = txtStuNo.Text;
    myCmd.Parameters["@stuName"].Value = txtStuName.Text;
    myCmd.Parameters["@term"].Value = char.Parse(cboTerm.Text);
    if(radMan.Checked == true)
        myCmd.Parameters["@stuSex"].Value = "男";
    else
        myCmd.Parameters["@stuSex"].Value = "女";
    myCmd.Parameters["@chinese"].Value = Convert.ToByte(txtChinese.Text);
    myCmd.Parameters["@maths"].Value = Convert.ToByte(txtMaths.Text);
    myCmd.Parameters["@english"].Value = Convert.ToByte(txtEnglish.Text);
    myCmd.Parameters["@phySical"].Value = char.Parse(cboPhysical.Text);
    myCmd.Parameters["@chemical"].Value = char.Parse(cboChemical.Text);
    myCmd.Parameters["@classID"].Value = txtClassID.Text;
    myCmd.Parameters["@identityID"].Value = txtIdentityID.Text;
    myConn.Open();
    try
    {
        myCmd.ExecuteNonQuery();
        MessageBox.Show("修改记录成功!");
    }
    catch(SqlException ex)
    { MessageBox.Show(ex.Message); }
    finally
    { myConn.Close(); }
}
```

(11)选择"调试"→"开始执行(不调试)"选项,即弹出一个窗口,如图 3-26 所示,显示程序的运行情况,输入数据后单击"确定"按钮,如果出现如图 3-27 所示信息提示框,则表示修改记录成功。

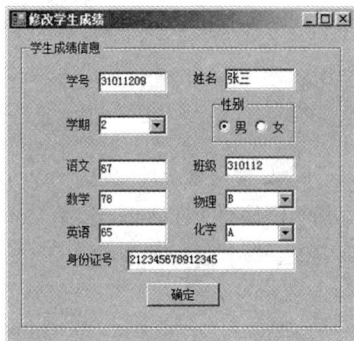

图 3-26　任务 2.3 修改记录

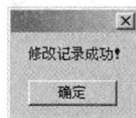

图 3-27　任务 2.3 修改记录成功提示框框

(12)删除记录。创建一个项目,名称为"Ex3_2_3_3",拖动 SqlConnection 到窗体上,根据任务 2.1 操作要求,生成 myConn 的连接串。

在代码最前面引入命名空间:

```
using System.Data.SqlClient;
```

(13)拖动 SqlCommand 到窗体上,重命名为"mycmd"。设置对象的连接为 myConn。

(14)右击 myCmd,在弹出的快捷菜单中选择"属性",弹出"属性"对话框,选择 CommandText 属性,单击"　　",添加表 tblStuScore,出现查询设计器,在 SQL 框中输入如下代码:

```
DELETE FROM tblStuScore
WHERE (StuName = @stuName)
```

单击查询设计器的"执行查询"按钮,自动为 myCmd 添加 1 个参数。

(15)拖动简单控件到窗体中,双击"确定"按钮,输入如下代码:

```
private void btnOK_Click(object sender,EventArgs e)
{
    myCmd.Parameters["@stuName"].Value = txtStuName.Text;
    myConn.Open();
    try
    {
        myCmd.ExecuteNonQuery();
        MessageBox.Show("删除记录成功!");
    }
    catch(SqlException ex)
    { MessageBox.Show(ex.Message); }
    finally
    { myConn.Close(); }
}
```

(16)选择"调试"→"开始执行(不调试)"选项,即弹出一个窗口,如图 3-28 所示,显示程序的运行情况,输入数据后单击"确定"按钮,如果出现如图 3-29 所示信息提示框,则表示删除记录成功。

图 3-28　任务 2.3 删除记录

图 3-29　任务 2.3 删除记录成功提示框

5. 注意点

(1)try...catch...finally 块对程序执行异常的处理。

如果将项目"Ex3_2_3_1"中"确定"按钮的 Click 事件方法代码修改为：

```
private void btnOK_Click(object sender,EventArgs e)
{
    …//与第(4)步代码相同
    myConn.Open();
    myCmd.ExecuteNonQuery();
    MessageBox.Show("插入记录成功!");
    myConn.Close();
}
```

程序执行时,如果输入的三门必修课程成绩或身份证号为字符,会出现如图 3-30 所示的错误提示框。

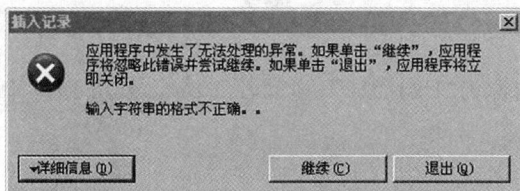

图 3-30　输入错误提示框

这是因为代码中缺少 try...catch...finally 块程序,这在前面我们已经简单介绍过。如果缺少 try...catch...finally 块,程序就可以中止执行,否则,程序不会中止执行,只会返回一定的错误提示,可以继续执行。希望读者养成良好的编程习惯,增加 try...catch...finally 块。

(2)查询设计器可以实现对数据库表数据的查询、插入、修改和删除操作,不仅仅是本教材在数据库中介绍的数据查询操作。

(3)SqlCommand 的对象 myCmd 的参数的传递,请读者认真体会。

(4)认真体会查询、删除、增加和修改操作的 T-SQL 语句是如何嵌入到 C♯程序中的。

(5)"SqlException ex"中为 C♯给出 SQL Server 的错误异常"SqlException"类的对象 ex,该异常类继承自"Exception"异常类,也可以使用"Exception ex"表示。

任务 2.4　使用 DataGridView 控件对学生成绩表进行增、删、改操作

1. 知识准备

📖 **SqlCommandBuilder 组件的简介**

在使用 DataGridView 控件时,我们希望直接通过 DataGridView 进行增、删、改、查操作,这就需要使用一个 SqlCommandBuilder 类。

SqlCommandBuilder 类能自动生成单表命令,用于将对 DataSet 所做的更改与关联的 SQL Server 数据库的更改相协调。此类无法被继承。

SqlDataAdapter 不会自动生成实现 DataSet 的更改与关联的 SQL Server 实例之间的协调所需的 T-SQL 语句,但是,如果设置了 SqlDataAdapter 的 SelectCommand 属性,则可以创建一个 SqlCommandBuilder 对象来自动生成用于单表更新的 T-SQL 语句。然后,

SqlCommandBuilder 将生成其他任何未设置的 T-SQL 语句,于是就可以实现对表中数据的更新、删除和插入操作。

📖 **SqlCommandBuilder 组件的使用**

SqlCommandBuilder 使用的一般形式为:

```
SqlCommandBuilder builder = new SqlCommandBuilder(myDataAdpater);
```

其中"myDataAdpater"为数据适配器实例。

2. 任务要求

使用 ADO. NET 组件 SqlConnection、SqlCommand、SqlDataAdapter、DataGridView 和 SqlCommandBuilder 实现对学生成绩表的增、删、改操作。

3. 任务分析

本任务需要 SqlCommandBuilder 类的对象,可以从工具箱的"数据"栏中找到,如果这个类不在"数据"栏中,则右击"数据栏",在弹出的快捷菜单中选择"选择项",添加"SqlCommandBuilder"组件。

4. 操作步骤

(1)创建一个项目,名称为"Ex3_2_4",拖动 SqlConnection 到窗体上,根据任务2.1操作要求,生成 myConn 的连接串。

在代码最前面引入命名空间:

```
using System.Data.SqlClient;
```

(2)拖动 ADO. NET 的其他组件到窗体上,并设置相关属性。

(3)拖动 SqlCommandBuilder 组件到窗体上,重命名为"myCommandBuilder"。

(4)拖动 DataGridView 控件到窗体上,选择数据源"myBindingSource",保证选中"启用编辑""启用添加"和"调用删除"复选框。如图 3-31 所示。

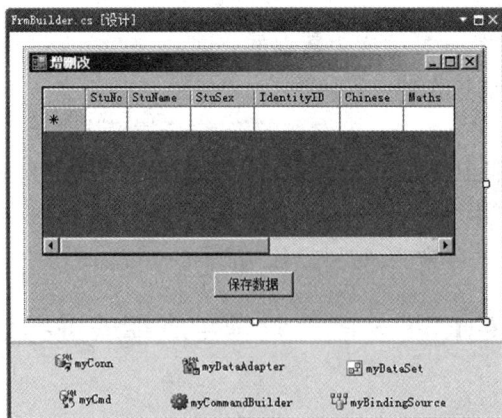

图 3-31　任务 2.4 界面设计

(5)单击"保存数据"按钮,输入的代码如下(含其他代码):

```
/* 此处命名空间同前 */
using System.Data.SqlClient;
namespace Ex3_2_4
{
    public partial class FrmBuilder:Form
    {
```

```
public FrmBuilder()
{
    InitializeComponent();      //第 9 行
}
private void btnSave_Click(object sender,EventArgs e)
{
    //1.创建 myCommandBuilder 的实例
    myCommandBuilder = new SqlCommandBuilder(myDataAdapter);      //第 14 行
    try
    {
        //2.调用 myDataAdapter 的方法 Update()
        myDataAdapter.Update(myDataSet,"tblStuScore");
        MessageBox.Show("保存更新成功!");
    }
    catch
    {
        MessageBox.Show("保存数据有问题!");
    }
    finally
    {
        myConn.Close();
    }
}
private void FrmBuilder_Load(object sender,EventArgs e)
{
    //3.填充数据集 myDataSet,这个很重要
    myDataAdapter.Fill(myDataSet,"tblStuScore");
}
```

(6)选择"调试"→"开始执行(不调试)"选项,即弹出一个窗口,运行的结果如图 3-32 所示。

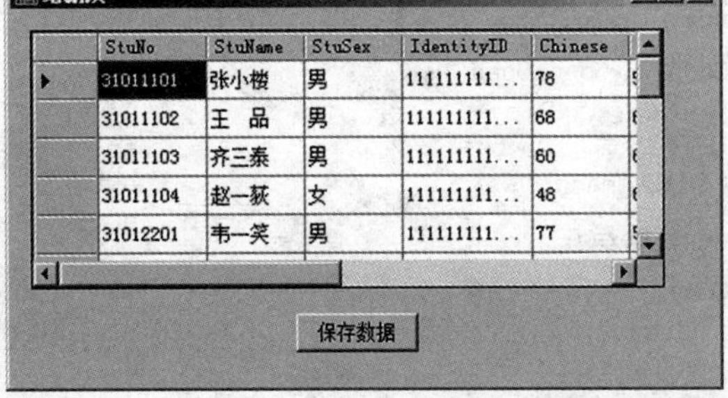

图 3-32   任务 2.4 运行结果

5. 注意点

(1)第 14 行不能少,它是用来自动生成用于更新的命令,否则在调用下面语句时会出现异常。

```
myDataAdapter.Update(myDataSet,"tblStuScore");
```

（2）语句"myDataAdapter. Fill(myDataSet,"tblStuScore");"必不可少,否则在加载窗体时,表格内就没有任何数据,无法对其做任何操作。

（3）不要省略第9行。

任务3　使用 ADO. NET 对象操作学生成绩表

任务3.1　使用 ADO. NET 对象对学生成绩表进行增、删、改、查操作

1. 知识准备

📖 SqlConnection 对象的创建

使用 ADO. NET 对象操作数据库中的表需要 SqlConnection 对象。SqlConnection 对象的主要属性是 ConnectionString,该属性用于设置数据库连接字符串,对于不同的 SqlConnection 对象,其连接字符串略有不同。

例如,下面是常用的连接字符串:

```
string ConnString = "server = .;database = StuScore; uid = sa;pwd = 123;";

SqlConnection myConn = new SqlConnection();

myConn. ConnectionString = ConnString;
```

或

```
string ConnString = "server = .;database = StuScore; uid = sa;pwd = 123;";

SqlConnection myConn = new SqlConnection(ConnString);
```

或

```
SqlConnection myConn = new SqlConnection(" server = .;database = StuScore; uid = sa;pwd = 123;");
```

📖 创建 SqlCommand 对象

SqlCommand 对象常用的几种方法如下:

（1）假如,一个 CommandText 的字符串为:

```
string queryString = "select * from tblStuScore where StuSex = '男'";
```

（2）创建 SqlCommand 的语句为:

```
SqlCommand myCmd = myConn.CreateCommand();

myCmd. ConnamdText = queryString;

myCmd. Connection = myConn; myConn. Open();
```

或

```
SqlCommand myCmd = new SqlCommand();

myCmd. ConnamdText = queryString;

myCmd. Connection = myConn;

myConn. Open();
```

或

```
SqlCommand myCmd = new SqlCommand(queryString,myConn); myConn. Open();
```

或

```
SqlCommand myCmd = new SqlCommand( = "select * from tblStuScore where StuSex = '男'",myConn);

myConn. Open();
```

📖 创建 SqlDataAdapter 的对象

SqlDataAdapter 可以获取在数据库与数据集 DataSet 之间的移动记录,其对象的创建的几种方法如下:

```
SqlDataAdapter myDateAdapter = new SqlDataAdapter();
SqlDataAdapter myDateAdapter = new SqlDataAdapter(queryString,myConn);
```

2. 任务要求

(1)使用 SqlConnection、SqlCommand、DataSet 和 SqlData-Adapter 对象以及简单窗体控件实现导航工具条的功能。界面设计如图 3-33 所示。

(2)使用 SqlConnection、SqlCommand、DataSet 和 SqlData-Adapter 对象以及简单控件实现根据学生的姓名和班级查询学生信息;根据要求,实现对单个记录的增加、删除和修改。

3. 任务分析

(1)任务控件设置与说明。本任务所用控件及设置见表 3-21。

图 3-33　任务 3.1 界面设计

表 3-21　　　　　　　　　　任务 3.1 中的主要控件设置与说明

控 件	名 称	文本及显示	说 明
Label	label1~label9	姓名、学号等	
Text	txtID		用于显示序号
	txtStuNo		用于显示学生学号
	txtStuName		用于显示学生姓名
	txtClass		显示班级
	txtChinese		显示语文成绩
	txtMaths		显示数学成绩
	txtEnglish		显示英语成绩
GroupBox	grouBox1	学生成绩信息	
ComboBox	cboTerm	显示或选择输入的学期	Items 值:1,2
	cboPhysical	显示或选择输入的物理	Items 值:A,B,C,D,E
	cboChemical	显示或选择输入的化学	Items 值:A,B,C,D,E
RadioButton	radMan	男	checked＝true
	radWoman	女	
Button	btnFirst	第一条	使用 Click 事件
	btnPrevious	上一条	使用 Click 事件
	btnNext	下一条	使用 Click 事件
	btnLast	最后一条	使用 Click 事件
	btnStuName	姓名查询	使用 Click 事件
	btnClassID	班级查询	使用 Click 事件
	btnCancel	取消还原	使用 Click 事件
	btnClose	关闭	使用 Click 事件
	btnUpdate	修改	使用 Click 事件
	btnDelete	姓名删除	使用 Click 事件
Form	FrmStuScore4	导航查询的实现	使用 Load 事件
	FrmStuScore5	记录的增、删、改、查	使用 Load 事件

（2）假如定义的数据集 myDataSet 中的表为 tblStuScore 某行某列中那个单元中数据，需要使用下列语句：

```
myDataSet.Tables["表名"].Rows[行号]["列名"].ToString();
```

实现从数据集的表中，根据行号和列名读取该位置的数据。

（3）假如 SqlCommand 的实例为 myCmd，需要执行如下语句：

```
myCmd.ExecuteNoQuery();
```

（4）通过按钮的 Enabled 属性，决定是否启用该按钮。

例如，程序开始运行时四个按钮的启用情况设置为：

```
btnPrevious.Enabled = false;    //第一条按钮
btnFirst.Enabled = false;       //前一条按钮
btnNext.Enabled = true;         //下一条按钮
btnLast.Enabled = true;         //最后一条按钮
```

（5）为了实现文本框、组合框、单选按钮显示学生成绩，需要添加 ShowData(int index) 方法。

其中"index"表示显示记录的行号。

4. 操作步骤

（1）创建一个 Windows 应用程序项目，项目名称为"Ex3_3_1_1"，修改解决方案资源管理器中的"Form1.cs"为"FrmStuScore4.cs"。

（2）向窗体上加入 1 个 GroupBox 控件，名称为"groupBox1"。

（3）向窗体上加入几个组合框、文本框和单选按钮，命名详见代码和图 3-33。

（4）向窗体上加入 4 个 Button 控件，重命名分别为"btnFirst"（第一条）、"btnPrevious"（前一条）、"btnNext"（下一条）、"btnLast"（最后一条）。

（5）定义类 FreStuScore4 的字段。

```
private SqlConnection myConn;        //数据访问对象
private SqlCommand myCmd;
private SqlDataAdapter myDataAdapter;
private DataSet myDataSet;
private int n;                       //当前记录的索引号
```

（6）定义方法 Showdata(int index)来显示某名学生成绩信息，参数 index 表示要显示的记录的索引号。代码如下：

```
private void ShowData(int index)
{
    //读取第 index + 1 条记录
    txtStuName.Text = myDataSet.Tables[0].Rows[index]["StuName"].ToString();
    if(myDataSet.Tables[0].Rows[index]["StuSex"].ToString() = = "男")
        radMan.Checked = true;//实现单选按钮功能
    else
        radWoman.Checked = true;
    txtIdentityID.Text = myDataSet.Tables[0].Rows[n]["IdentityID"].ToString();
    txtChinese.Text = myDataSet.Tables[0].Rows[n]["Chinese"].ToString();
    txtMaths.Text = myDataSet.Tables[0].Rows[n]["Maths"].ToString();
    txtEnglish.Text = myDataSet.Tables[0].Rows[n]["English"].ToString();
```

```
        cboPhysical.Text = myDataSet.Tables[0].Rows[n]["Physical"].ToString();

        cboChemical.Text = myDataSet.Tables[0].Rows[n]["Chemical"].ToString();

        cboTerm.Text = myDataSet.Tables[0].Rows[n]["Term"].ToString();

        txtClassID.Text = myDataSet.Tables[0].Rows[index]["ClassID"].ToString();
}
```

(7)加载窗体,连接数据库并读取学生成绩数据到 myDataSet 数据集中,显示第一条记录,并使 btnNext(下一条)和 btnLast(最后一条)可用。

```
private void FrmStuScore4_Load(object sender,EventArgs e)
{

        myConn = new SqlConnection("server = .;database = StuScore;uid = sa;pwd = 123");

        myCmd = new SqlCommand();

        myDataAdapter = new SqlDataAdapter();

        myDataSet = new DataSet();

        myCmd.CommandText = "select * from tblStuScore";

        myCmd.Connection = myConn;

        myDataAdapter.SelectCommand = myCmd;

        myDataAdapter.Fill(myDataSet,"tblStuScore");

        myBindingSource.DataSource = myDataSet;

        n = 0;

        ShowData(n);

        btnPrevious.Enabled = false;

        btnFirst.Enabled = false;

        btnNext.Enabled = true;

        btnLast.Enabled = true;
}
```

(8)双击"第一条"按钮,输入如下代码:

```
private void btnFirst_Click(object sender,EventArgs e)
{

        n = 0;

        ShowData(n);

        btnFirst.Enabled = true;

        btnPrevious.Enabled = false;

        btnLast.Enabled = true;

        btnNext.Enabled = true;
}
```

(9)双击"前一条"按钮,输入如下代码:

```
private void btnPrevious_Click(object sender,EventArgs e)
{

        n - -;

        ShowData(n);

        if(n = = 0)

        {

                btnPrevious.Enabled = false; btnFirst.Enabled = true;
```

```
        btnNext.Enabled = true; btnLast.Enabled = true;

    }
    else
    {
        btnPrevious.Enabled = true; btnFirst.Enabled = true;
        btnNext.Enabled = true; btnLast.Enabled = true;
    }
}
```

（10）双击"下一条"按钮，输入如下代码：

```
private void btnNext_Click(object sender,EventArgs e)
{
    n++;
    ShowData(n);
    if(n == myDataSet.Tables[0].Rows.Count - 1)
    {
        btnPrevious.Enabled = true; btnFirst.Enabled = true;
        btnNext.Enabled = false; btnLast.Enabled = false;
    }
    else
    {
        btnPrevious.Enabled = true; btnFirst.Enabled = true;
        btnNext.Enabled = true; btnLast.Enabled = true;
    }
}
```

（11）双击"最后一条"按钮，输入如下代码：

```
private void btnLast_Click(object sender,EventArgs e)
{
    n = myDataSet.Tables[0].Rows.Count - 1;
    ShowData(n);
    btnPrevious.Enabled = true; btnFirst.Enabled = true;
    btnNext.Enabled = false; btnLast.Enabled = false;
}
```

（12）选择"调试"→"开始执行（不调试）"选项，即弹出一个窗口，运行结果如图 3-34 所示。

（13）创建一个项目，项目名称为"Ex3_3_1_2"，在解决方案资源管理器修改"Form1.cs"为"FrmStuScore5.cs"。

在任务 3.1(1)的基础上，添加多个按钮控件，分别实现任务 3.1(2)的功能，按钮设置见表 3-22。

（14）双击"姓名查询"按钮，输入如下代码，实现按姓名查询：

```
private void btnStuName_Click(object sender,EventArgs e)
{
```

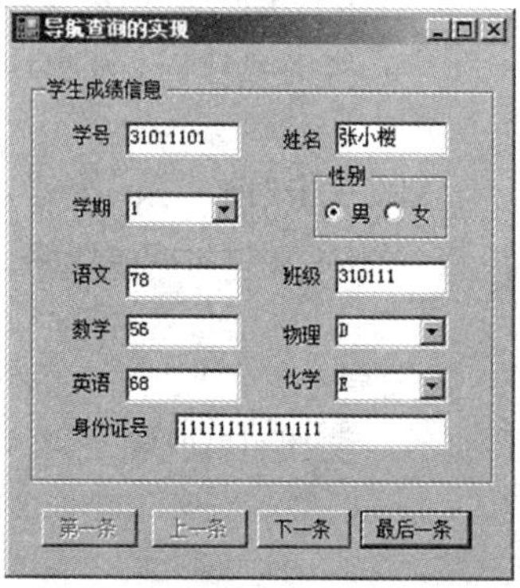

图 3-34 任务 3.1(1)运行结果

```
myCmd.Parameters.Add("@stuName",SqlDbType.VarChar,8,"StuName");
myCmd.Parameters["@stuName"].Value = txtStuName.Text;
myCmd.CommandText = "select * from tblStuScore where StuName = @stuName";
myCmd.Connection = myConn;
myDataAdapter.SelectCommand = myCmd;
myDataSet.Clear();
myDataAdapter.Fill(myDataSet,"tblStuScore");
n = 0;
ShowData(n);
btnPrevious.Enabled = false; btnFirst.Enabled = false;
btnNext.Enabled = false; btnLast.Enabled = false;
}
```

(15)双击"班级查询"按钮,输入如下代码,实现按班级查询:

```
/* 此处命名空间同上任务 */
private void btnClassID_Click(object sender,EventArgs e)
{
    myCmd.Parameters.Add("@classID",SqlDbType.NChar,6,"ClassID");
    myCmd.Parameters["@classID"].Value = txtClassID.Text;
    myCmd.CommandText = "select * from tblStuScore where ClassID = @classID";
    myCmd.Connection = myConn;
    myDataAdapter.SelectCommand = myCmd;
    myDataSet.Clear();
    myDataAdapter.Fill(myDataSet,"tblStuScore");
    n = 0;
    ShowData(n);
    btnPrevious.Enabled = false; btnFirst.Enabled = false;
    btnNext.Enabled = true; btnLast.Enabled = true;
}
```

(16)双击"增加"按钮,输入如下代码,实现向表中插入一条记录:

```
/* 此处命名空间同上任务 */
private void btnInsert_Click(object sender,EventArgs e)
{
    //1.给 myCmd 增加参数列表
    myCmd.Parameters.Add("@stuNo",SqlDbType.Char,8,"StuNo");
    myCmd.Parameters.Add("@stuName",SqlDbType.VarChar,8,"StuName");
    myCmd.Parameters.Add("@stuSex",SqlDbType.Char,2,"StuSex");
    myCmd.Parameters.Add("@term",SqlDbType.Char,1,"Term");
    myCmd.Parameters.Add("@identityID",SqlDbType.VarChar,18,"IdentityID");
    myCmd.Parameters.Add("@chinese",SqlDbType.TinyInt,1,"Chinese");
    myCmd.Parameters.Add("@maths",SqlDbType.TinyInt,1,"Maths");
    myCmd.Parameters.Add("@english",SqlDbType.TinyInt,1,"English");
    myCmd.Parameters.Add("@physical",SqlDbType.Char,1,"Physical");
    myCmd.Parameters.Add("@Chemical",SqlDbType.Char,1,"Chemical");
    myCmd.Parameters.Add("@classID",SqlDbType.NChar,6,"ClassID");
```

```
//2.给参数列表赋值
myCmd.Parameters["@stuNo"].Value = txtStuNo.Text;
myCmd.Parameters["@stuName"].Value = txtStuName.Text;
myCmd.Parameters["@stuSex"].Value = (radMan.Checked = = true)?"男":"女";
myCmd.Parameters["@term"].Value = char.Parse(cboTerm.Text);
myCmd.Parameters["@identityID"].Value = txtIdentityID.Text;
myCmd.Parameters["@chinese"].Value = Convert.ToByte(txtChinese.Text);
myCmd.Parameters["@maths"].Value = Convert.ToByte(txtMaths.Text);
myCmd.Parameters["@english"].Value = Convert.ToByte(txtEnglish.Text);
myCmd.Parameters["@physical"].Value = char.Parse(cboPhysical.Text);
myCmd.Parameters["@Chemical"].Value = char.Parse(cboPhysical.Text);
myCmd.Parameters["@classID"].Value = txtClassID.Text;
myCmd.CommandText = "insert tblStuScore(StuNo,StuName,stuSex,Term,
IdentityID,Chinese,Maths,English,Physical,Chemical,ClassID)
values (@stuNo,@stuName,@stuSex,@term,@identityID,
@chinese,@maths,@english,@physical,@Chemical,@classID)";
myCmd.Connection = myConn;
myConn.Open();                        //3.打开连接
try
{
    myCmd.ExecuteNonQuery();
    MessageBox.Show("记录增加成功!");
    FrmStuScore5_Load(null,null);  //4.重新初始化
}
catch(SqlException ex)
{ MessageBox.Show(ex.Message); }
finally
{ myConn.Close(); }
}
```

(17)双击"修改"按钮,输入如下代码,实现向表中对一条记录的修改:

```
private void btnUpdate_Click(object sender,EventArgs e)
{
    …//参考步骤(16)
    myCmd.CommandText = "update tblStuScore set StuNo = @stuNo,@stuSex = @stuSex,Term = @
    term,IdentityID = @identityID,Chinese = @chinese,Maths = @maths,English = @english,
    Physical = @physical,Chemical = @Chemical,ClassID = @classID where ID = @ID";
    …//参考步骤(16)
}
```

(18)双击"姓名删除"按钮,输入如下代码,实现对一条记录的删除:

```
private void btnDelete_Click(object sender,EventArgs e)
{
    myCmd.Parameters.Add("@stuName",SqlDbType.VarChar,8,"StuName");
    myCmd.Parameters["@stuName"].Value = txtStuName.Text;
    //提示是否确实要删除当前记录
```

```
DialogResult dr = MessageBox.Show("确实要删除当前记录吗?","警告",MessageBoxButtons.
YesNo,MessageBoxIcon.Question);
if(dr = = DialogResult.Yes)
{
    myCmd.CommandText = "delete from tblStuScore where StuName = @StuName";
    …//参考步骤(16)
}
}
```

(19)双击"取消还原"按钮,输入如下代码,实现 myDataSet 数据集的还原:

```
private void btnCancel_Click(object sender,EventArgs e)
{
    FrmStuScore5_Load(null,null);//重新初始化
}
```

(20)双击"关闭"按钮,输入如下代码,实现对窗体的关闭:

```
private void btnClose_Click(object sender,EventArgs e)
{ this.Close(); }
```

(21)选择"调试"→"开始执行(不调试)"选项,即弹出一个窗口,在"姓名"文本框中输入
"张小楼",其运行结果如图 3-35 所示。

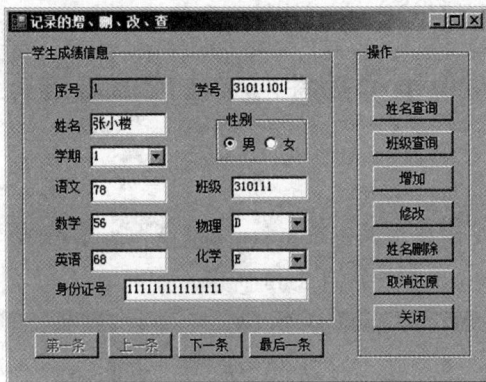

图 3-35 任务 3.1(2)按姓名查询结果

5.注意点

(1)第(5)步定义的类的字段不能在各个事件的方法中定义,否则,重复代码太多,并且不
能实现导航工具条的功能。

(2)第(15)步,"myDataSet.Clear();"语句不能少,意在填充数据集中的信息,否则可能无
法使用数据集中的表 tblStuScore。

(3)第(16)步,"myCmd.Parameters.Add("@stuName",SqlDbType.VarChar,8,"StuName");"
给 myCmd 添加参数列表,这与任务 2.1 操作步骤第(3)步给 myCmd 组件 Parameters 属性添
加参数列表功能相同,包括参数名称"@stuName",数据类型"VarChar",宽度"8",对应表
tblStuScore 的列"StuName"。

(4)第(16)步,"myCmd.Parameters["@stuName"].Value=txtStuName.Text;"给 myCmd 参
数列表中对应参数赋值,这与任务 2.1 操作步骤第(7)步给 myCmd 组件 Parameters 属性的对
应参数赋值功能相同。

(5)第(18)步提示框语句不能少,目的是减少删除后悔的可能性,其中使用"DialogResult"枚举类(对话结果)的对象"dr",dr 用于指示消息框 MessageBox()的返回值。

例如:

`DialogResult.Yes//单击"是"按钮的返回值`

DialogResult 枚举类的成员,见表 3-22。

表 3-22　　　　　　　　　　　DialogResult 的枚举值

枚举值	说　　明
Abort	对话框的返回值是 Abort(通常从标签为"中止"的按钮发送)
Cancel	对话框的返回值是 Cancel(通常从标签为"取消"的按钮发送)
Ignore	对话框的返回值是 Ignore(通常从标签为"忽略"的按钮发送)
No	对话框的返回值是 No(通常从标签为"否"的按钮发送)
None	从对话框返回了 Nothing。这表明有模式对话框继续运行
OK	对话框的返回值是 OK(通常从标签为"确定"的按钮发送)
Retry	对话框的返回值是 Retry(通常从标签为"重试"的按钮发送)
Yes	对话框的返回值是 Yes(通常从标签为"是"的按钮发送)

(6)从各个步骤中可以看出,代码中的重复代码不少,这种情形将在后面的任务中予以考虑。

(7)注意"序号"文本框是只读的,不允许输入和修改。

任务 3.2　　使用 MenuStrip 等控件对学生成绩表进行增、删、改、查操作

1.知识准备

📖 菜单条

我们平时使用的很多应用程序都有菜单,通过菜单把应用程序的功能进行分组,能够方便用户查找和使用,典型的 Word 菜单如图 3-36 所示。

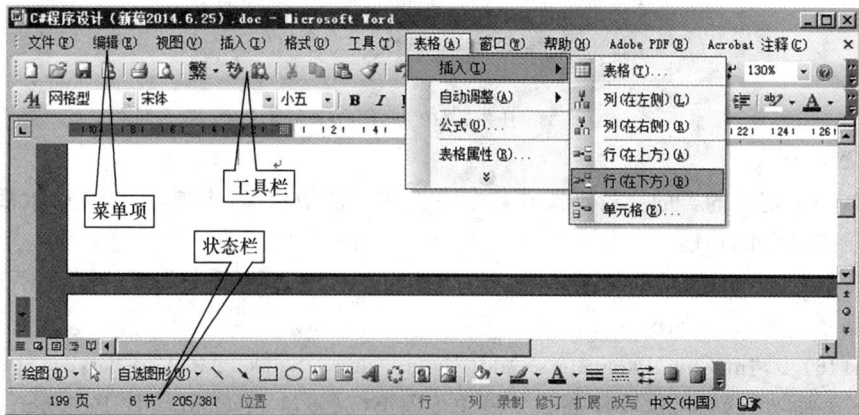

图 3-36　Word 的菜单

从上图中可以看出,窗体最上面的是菜单栏,菜单栏中包含的每一项是顶层菜单项,顶层菜单项下的选项称为"子菜单"或"菜单项"。.NET提供了 MenuStrip 控件,如图 3-37 所示,使我们能够方便地创建菜单。

图 3-37　菜单条控件

菜单条的主要属性见表 3-23。

表 3-23　　　　　菜单条的主要属性

属　性	说　明
Name	代码中菜单对象的名称
Items	在菜单中显示的项的集合
Text	与菜单相关联的文本

创建菜单的步骤如下：

(1)切换到窗体设计器，在工具箱的"所有 Windows 窗体"选项卡中选中"MenuStrip"。

(2)单击窗体添加菜单项。

(3)设置菜单项及属性。

菜单设计的过程将通过任务形式讲解。

　📖 **工具条(ToolStrip)与状态条(StatusStrip)控件**

在众多的软件中可以看到，除菜单外，很多窗口都有工具栏和状态栏，.NET 也提供了这两个控件。

工具条与状态条控件如图 3-38 和图 3-39 所示。

　　📇 **ToolStrip**　　　　　　📊 **StatusStrip**

　　　图 3-38　工具条控件 　　　　　　　图 3-39　状态条控件

使用工具条控件可以创建功能强大的工具栏，工具条中可以包含按钮(Button)、标签(Label)、下拉按钮(DropDownButton)、文本框(TextBox)和组合框(ComboBox)等，可以显示文字、图片或图片加文字。其主要属性见表 3-24。

表 3-24　　　工具条与状态条常用属性

属　性	说　明
ImageScalingSize	工具条或状态条中的项显示的图像大小
Items	工具条或状态条显示的项的集合

状态栏通常放在窗口的底部，用来显示一些基本信息。在状态条控件中可以包含标签(StatusLabel)和下拉按钮(DropDownButton)等，常与工具条和菜单控件配合使用。

在 Items 属性的编辑窗口中，可以增加和删除项，也可以调整各项的顺序，还可以设置其中每一项的属性。当然，在设计器中选中工具条或状态条中的项，可以直接在"属性"窗口中设置属性。

工具条与状态条中显示的按钮和标签的常用属性和事件见表 3-25。

表 3-25　　工具条与状态条上按钮和标签常用属性和事件

属　性	说　明
DisplayStyle	设置图像和文本的显示方式
Image	按钮/标签上显示的图片
Text	按钮/标签上显示的文本
事　件	**说　明**
Click	单击按钮/标签时，触发事件

2.任务要求

(1)创建一个菜单，如图 3-40 所示。

（2）创建一个工具条（ToolString），实现菜单的功能。

（3）使用 SqlConnection、SqlCommand、DataSet、SqlDataAdapter、DataGridView 控件和 Button 按钮，每个按钮具有菜单项和工具条功能。

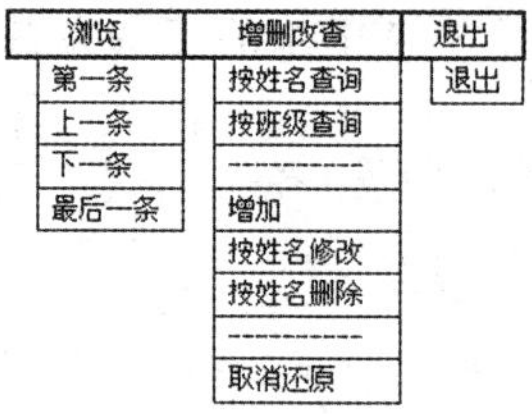

浏览	增删改查	退出
第一条	按姓名查询	退出
上一条	按班级查询	
下一条		
最后一条	增加	
	按姓名修改	
	按姓名删除	
	取消还原	

图 3-40　一个菜单及菜单项

3. 任务分析

（1）本任务所用控件及设置见表 3-26。

表 3-26　　　　　　　　任务 3.2 中的主要控件设置与说明

控　件	名　称	文本及显示	说　明
Label	label1～label2	输入姓名、输入班级	
Text	txtStuName		用于显示学生姓名
	txtClassID		显示班级
GroupBox	grouBox1	操作	
Button	btnFirst	第一条	使用 Click 事件
	btnPrevious	上一条	使用 Click 事件
	btnNext	下一条	使用 Click 事件
	btnLast	最后一条	使用 Click 事件
	btnStuName	姓名查询	使用 Click 事件
	btnClassID	班级查询	使用 Click 事件
	btnCancel	取消还原	使用 Click 事件
	btnExit	退出	使用 Click 事件
	btnUpdate	姓名修改	使用 Click 事件
	btnDelete	姓名删除	使用 Click 事件
Form	FrmMenu	菜单与工具条	使用 Load 事件
DataGridView	dataGridView1		用于显示记录
ToolStrip	toolStrip1		工具条，用于实现窗体按钮同等功能，其 Items 详见代码与结果图
StatusStrip	StatusStrip		用于显示一些简单信息

（2）DataGridView 的对象“DataGridView1”单元格中的数据提取，例如提取当前行的姓名（StuName）的方法如下：

```
myCmd.Parameters["@StuName"].Value =
myDataSet.Tables[0].Rows[dataGridView1.CurrentRow.Index][1].ToString();
```

其中：

①“Tables[0]”代表数据集中第 0 张表。

②“dataGridView1.CurrentRow.Index”代表当前行号。

③“1”代表第 1 列（或用“StuName”表示）。

（3）修改和删除数据没有根据文本框（txtStuName）中输入的姓名，而是根据当前选择的行中的姓名实现对记录的修改和删除，其关键在于如何读取当前选择行中的信息，见分析（2）。

（4）本任务使用 BindingSource 类绑定数据源，其对象为 myBindingSource，使用以下方法可实现导航工具条功能：

```
myBindingSource.MoveFirst(); myBindingSource.MovePrevious();
myBindingSource.MoveNext(); myBindingSource.MoveLast();
```

4. 操作步骤

(1)创建一个项目,项目名称为"Ex3_3_2",修改解决方案资源管理器中的"Form1. cs"为"FrmMenu. cs"。

(2)控件设计。切换到窗体设计器界面,从工具箱拖动 MenuStrip 到窗体中,MenuStrip 自动停靠在窗体顶端,并在窗体下方的区域中添加了一个代表菜单的图标。选中窗体下文的菜单控件"MenuStrip1"。

(3)添加菜单项。选中菜单条后会在窗体的顶部出现灰色的区域,并包含一个标记为"请在此处输入"的方框,单击这个方框,输入文本就添加了一个顶层菜单项。当新的菜单项添加到菜单条上之后,在其右侧和下方会出现两个"请在此处输入"的方框,我们可以继续添加菜单项,直到所有菜单项添加完。

(4)修改菜单属性。

(5)拖动工具条(ToolStrip)到菜单条下方,右击工具条,在弹出的快捷菜单中选择"设置图像",出现如图 3-41 所示的"选择资源"对话框。选择"项目资源文件"单选按钮,单击"导入"按钮,在 Visual C♯ 2010 图标文件夹中找到相应的图标,可根据 DisplayStyle 设置图像与文本的方式(None、Image、Text 和 ImageAndText),并可根据 ImageAlign 设置图像对齐方式▮▮▮▮▮▮。

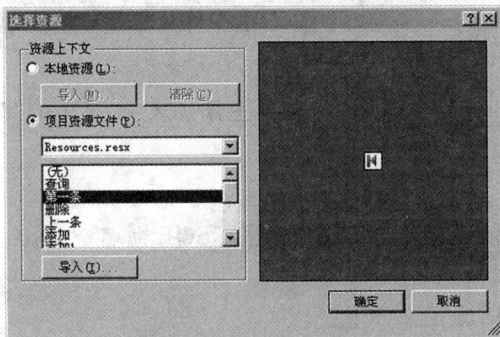

图 3-41　"选择资源"对话框

也可以在右击的快捷菜单中选择"属性",弹出"属性"对话框,选择"Items",单击右侧"▮▮"按钮,进入"项目编辑器"对话框,可以对其进行各种属性的编辑操作,如图 3-42 所示。

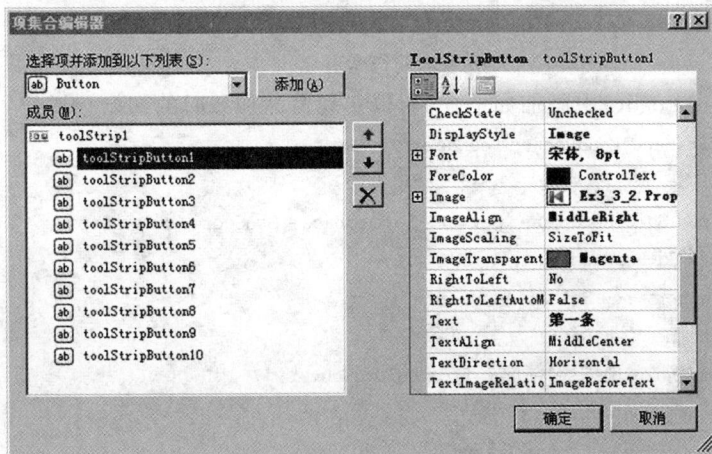

图 3-42　工具条"项目编辑器"对话框

(6)拖动状态条(StatusStrip)到窗体中,单击添加"toolStripStatusLabel1"标签,设置其 Text属性为"制作人:";继续单击添加"toolStripStatusLabel2"标签,设置其 Text 属性为"V1.0"。

(7)在窗体上增加两个标签用于显示"输入姓名:"和"输入班级:";增加两个文本框用于输入姓名和班级,其 Text 和 Name 见表 3-26。

(8)继续拖动一个 DataGridView 控件,到窗体的适当位置,单击其右上角的"▶",确保选中"启用添加""启用删除"和"启用更新"复选框。如图 3-43 所示。

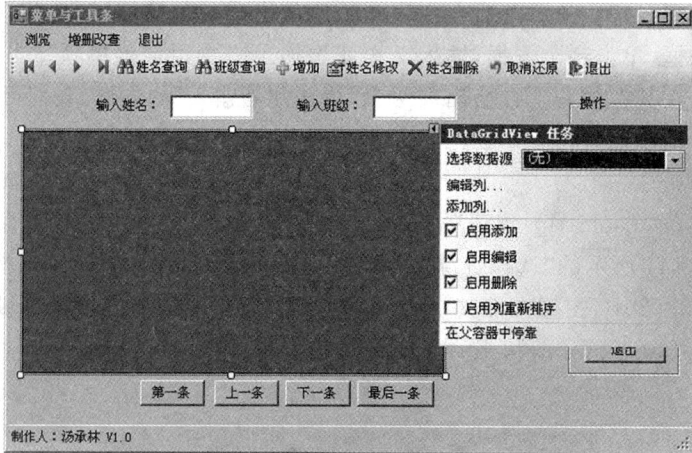

图 3-43   DataGridView 任务

(9)继续拖动 GroupBox 到窗体右侧,在其上添加表 3-26 中的"按姓名"等按钮,并根据表修改控件名称。

(10)代码设计。

在窗体类 FrmMenu 前面添加如下语句,引入 SQL 命名空间:

```
using System.Data.SqlClient;
```

在窗体类 FrmMenu 前面定义如下字段:

```
private SqlConnection myConn;    //数据访问对象
private SqlCommand myCmd;
private SqlDataAdapter myDataAdapter;
private DataSet myDataSet;
private BindingSource myBindingSource;
int n = 0;                       //获取当前行索引
```

在 FrmMenu_Load()中添加如下代码,以实现窗体加载时的初始化操作:

```
private void FrmMenu_Load(object sender,EventArgs e)
{
    myConn = new SqlConnection("server = .;database = StuScore;uid = sa;pwd = 123");
    myCmd = new SqlCommand();
    myDataAdapter = new SqlDataAdapter();
    myDataSet = new DataSet();
    myCmd.CommandText = "select * from tblStuScore";
    myCmd.Connection = myConn;
    myDataAdapter.SelectCommand = myCmd;
    myDataAdapter.Fill(myDataSet,"tblStuScore");
```

```
    //创建绑定源 BindingSource 对象
    myBindingSource = new BindingSource();
    //设置绑定源对象的 DataSource
    myBindingSource.DataSource = myDataSet.Tables[0];
    //设置 dataGridView1 对象的 DataSource
    dataGridView1.DataSource = myBindingSource;
    //初始化导航按钮是否可以使用
    btnPrevious.Enabled = false;
    btnFirst.Enabled = false;
    btnNext.Enabled = true;
    btnLast.Enabled = true;
}
```

(11)添加导航按钮的 Click 事件方法代码,实现浏览查询,代码如下:

```
private void btnFirst_Click(object sender,EventArgs e)
{
    myBindingSource.MoveFirst();            //1.移到第一条
    btnFirst.Enabled = false;
    btnPrevious.Enabled = false;
    btnLast.Enabled = true;
    btnNext.Enabled = true;
}
private void btnPrevious_Click(object sender,EventArgs e)
{
    myBindingSource.MovePrevious();         //2.上移一条
    n = dataGridView1.CurrentRow.Index;
    if(n = = 0)
    {
        btnPrevious.Enabled = false; btnFirst.Enabled = true;
        btnNext.Enabled = true; btnLast.Enabled = true;
    }
    else
    {
        btnPrevious.Enabled = true; btnFirst.Enabled = true;
        btnNext.Enabled = true; btnLast.Enabled = true;

    }
}
private void btnNext_Click(object sender,EventArgs e)
{
    myBindingSource.MoveNext();                 //3.下移一条
    n = dataGridView1.CurrentRow.Index;
    if(n = = myDataSet.Tables[0].Rows.Count - 1)
    {
        btnPrevious.Enabled = true; btnFirst.Enabled = true;
```

```
            btnNext.Enabled = false; btnLast.Enabled = false;
        }
        else
        {
            btnPrevious.Enabled = true; btnFirst.Enabled = true;
            btnNext.Enabled = true; btnLast.Enabled = true;
        }
    }
    private void btnLast_Click(object sender,EventArgs e)
    {
        myBindingSource.MoveLast();                    //4.移到最后一条
        btnPrevious.Enabled = true; btnFirst.Enabled = true;
        btnNext.Enabled = false; btnLast.Enabled = false;
    }
```

(12)双击"姓名查询"按钮,输入如下代码,实现按姓名查询记录以及导航按钮的控制:

```
    private void btnStuName_Click(object sender,EventArgs e)
    {
        myCmd.Parameters.Add("@stuName",SqlDbType.VarChar,8,"StuName");
        myCmd.Parameters["@stuName"].Value = txtStuName.Text;
        myCmd.CommandText = "select * from tblStuScore where StuName = @stuName";
        myCmd.Connection = myConn;
        myDataAdapter.SelectCommand = myCmd;
        myDataSet.Clear();                    //清除数据集
        myDataAdapter.Fill(myDataSet,"tblStuScore");
        myBindingSource = new BindingSource();
        myBindingSource.DataSource = myDataSet.Tables[0];
        dataGridView1.DataSource = myBindingSource;
        btnPrevious.Enabled = false;
        btnFirst.Enabled = false;
        btnNext.Enabled = false;
        btnLast.Enabled = false;
    }
```

(13)双击"班级查询"按钮,输入如下代码,实现按姓名班级记录以及导航按钮的控制:

```
    private void btnClassID_Click(object sender,EventArgs e)
    {
        myCmd.Parameters.Add("@classID",SqlDbType.NChar,6,"ClassID");
        myCmd.Parameters["@classID"].Value = txtClassID.Text;
        myCmd.CommandText = "select * from tblStuScore where ClassID = @classID";
        myCmd.Connection = myConn;
        myDataAdapter.SelectCommand = myCmd;
        myDataSet.Clear();
        myDataAdapter.Fill(myDataSet,"tblStuScore");
        myBindingSource = new BindingSource();
        myBindingSource.DataSource = myDataSet.Tables[0];
```

```
        dataGridView1.DataSource = myBindingSource;

    btnPrevious.Enabled = false;

    btnFirst.Enabled = false;

    btnNext.Enabled = true;

    btnLast.Enabled = true;

}
```

（14）双击"增加"按钮，输入如下代码，实现记录的增加，并刷新网格信息：

```
private void btnInsert_Click(object sender,EventArgs e)

{

    myCmd.Parameters.Add("@stuNo",SqlDbType.VarChar,8,"StuNo");

    myCmd.Parameters.Add("@stuName",SqlDbType.VarChar,8,"StuName");

    myCmd.Parameters.Add("@stuSex",SqlDbType.Char,2,"StuSex");

    myCmd.Parameters.Add("@term",SqlDbType.Char,1,"Term");

    myCmd.Parameters.Add("@identityID",SqlDbType.VarChar,18,"IdentityID");

    myCmd.Parameters.Add("@chinese",SqlDbType.TinyInt,1,"Chinese");

    myCmd.Parameters.Add("@maths",SqlDbType.TinyInt,1,"Maths");

    myCmd.Parameters.Add("@english",SqlDbType.TinyInt,1,"English");

    myCmd.Parameters.Add("@physical",SqlDbType.Char,1,"Physical");

    myCmd.Parameters.Add("@Chemical",SqlDbType.Char,1,"Chemical");

    myCmd.Parameters.Add("@classID",SqlDbType.NChar,6,"ClassID");

    //给参数列表赋值

    myCmd.Parameters["@StuNo"].Value = myDataSet.Tables[0].Rows
    [dataGridView1.CurrentRow.Index][1].ToString();

    myCmd.Parameters["@StuName"].Value = myDataSet.Tables[0].Rows
    [dataGridView1.CurrentRow.Index][2].ToString();

    myCmd.Parameters["@stuSex"].Value = myDataSet.Tables[0].Rows
    [dataGridView1.CurrentRow.Index][3].ToString();

    myCmd.Parameters["@term"].Value = char.Parse(myDataSet.Tables[0].Rows
    [dataGridView1.CurrentRow.Index][10].ToString());

    myCmd.Parameters["@identityID"].Value = myDataSet.Tables[0].Rows
    [dataGridView1.CurrentRow.Index][4].ToString();

    myCmd.Parameters["@chinese"].Value = Convert.ToByte(myDataSet.Tables[0].Rows
    [dataGridView1.CurrentRow.Index][5].ToString());

    myCmd.Parameters["@maths"].Value = Convert.ToByte(myDataSet.Tables[0].Rows
    [dataGridView1.CurrentRow.Index][6].ToString());

    myCmd.Parameters["@english"].Value = Convert.ToByte(myDataSet.Tables[0].Rows
    [dataGridView1.CurrentRow.Index][7].ToString());

    myCmd.Parameters["@physical"].Value = char.Parse(myDataSet.Tables[0].Rows
    [dataGridView1.CurrentRow.Index][8].ToString());

    myCmd.Parameters["@Chemical"].Value = char.Parse(myDataSet.Tables[0].Rows
    [dataGridView1.CurrentRow.Index][9].ToString());

    myCmd.Parameters["@classID"].Value = myDataSet.Tables[0].Rows
    [dataGridView1.CurrentRow.Index][11].ToString();

    myCmd.CommandText = "insert tblStuScore(StuNo,StuName,stuSex,Term,IdentityID,Chinese,
```

```
Maths,English,Physical,Chemical,ClassID)
values @stuNo,@stuName,@stuSex,@term,@identityID,@chinese,@maths,
@english,@physical,@Chemical,@classID)";
myCmd.Connection = myConn;
myConn.Open();//打开连接
try
{
    myCmd.ExecuteNonQuery();
    MessageBox.Show("记录增加成功!");
    FrmMenu_Load(null,null);//重新初始化
}
catch(SqlException ex)
{ MessageBox.Show(ex.Message); }
finally
{ myConn.Close(); }
}
```

(15)双击"姓名修改"按钮,输入如下代码,实现对记录的修改,并刷新网格信息:

```
private void btnUpdate_Click(object sender,EventArgs e)
{
    …//同第(14)步
    myCmd.CommandText = "update tblStuScore set StuNo = @stuNo,StuSex = @stuSex,Term = @term,
    IdentityID = @identityID,Chinese = @chinese,Maths = @maths,English = @english,
    Physical = @physical,Chemical = @Chemical,ClassID = @classID where StuName = @stuName";
    …//同第(14)步
}
```

(16)双击"姓名删除"按钮,输入如下代码,实现对记录的删除,并刷新网格信息:

```
private void btnDelete_Click(object sender,EventArgs e)
{
    myCmd.Parameters.Add("@stuName",SqlDbType.VarChar,8,"StuName");
    myCmd.Parameters["@StuName"].Value = myDataSet.Tables[0].Rows[dataGridView1.
    CurrentRow.Index][1].ToString();
    //提示是否确实要删除当前记录
    DialogResult dr = MessageBox.Show("确实要删除当前记录吗?","警告",MessageBoxButtons.
    YesNo,MessageBoxIcon.Question);
    if(dr = = DialogResult.Yes)
    {
        myCmd.CommandText = "delete from tblStuScore where StuName = @StuName";
        …//同第(14)步
    }
}
```

(17)双击"取消还原"按钮,输入如下代码,实现对网格信息初始化:

```
private void btnCancel_Click(object sender,EventArgs e)
```

```
{
    FrmMenu_Load(null,null);        //重新初始化
}
```

(18) 双击"退出"按钮，输入如下代码，实现退出应用程序：

```
private void btnExit_Click(object sender,EventArgs e)
{
    Application.Exit();             //退出应用程序
}
```

(19) 菜单项与工具条按钮事件的委托操作。

在编辑状态双击"浏览"菜单下的"第一条"，产生该项事件（即单击）对应的方法："第一条ToolStripMenuItem_Click(){ }"，在解决方案资源管理器的"FrmMenu. Designer. cs"文件中找到如图 3-44 所示的"第一条"菜单项对应的描述。

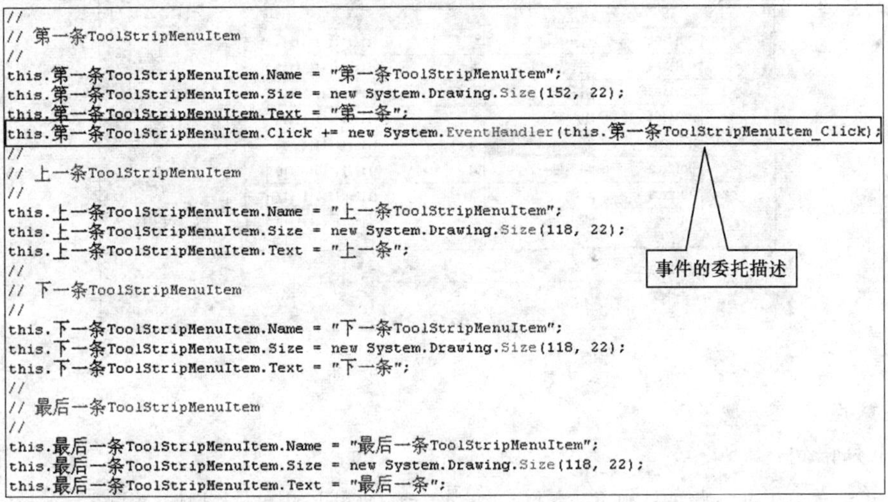

图 3-44　菜单项事件与委托关联

将上图中方框中的代码修改为：

this.第一条 ToolStripMenuItem.Click + = new System.EventHandler(btnFirst_Click);

即可实现菜单项单击事件与按钮"第一条"单击事件（btnFirst. Click）委托的方法（btnFirst_Click）关联，这样也就不需要再去编写菜单项"第一条"的代码了。

同理，可实现其他菜单项单击事件与对应按钮单击事件对应的方法的关联。代码如下：

//1.浏览菜单项

this.上一条 ToolStripMenuItem.Click + = new System.EventHandler(btnPrevious_Click);

this.下一条 ToolStripMenuItem.Click + = new System.EventHandler(btnNext_Click);

this.最后一条 ToolStripMenuItem.Click + = new System.EventHandler(btnLast_Click);

//2.增、删、改、查菜单项

this.按姓名查询 ToolStripMenuItem.Click + = new System.EventHandler(this.btnStuName_Click);

this.按班级查询 ToolStripMenuItem.Click + = new System.EventHandler(this.btnClassID_Click);

this.增加 ToolStripMenuItem.Click + = new System.EventHandler(this.btnInsert_Click);

this.按姓名修改 ToolStripMenuItem.Click + = new System.EventHandler(this.btnUpdate_Click);

this.按姓名删除 ToolStripMenuItem.Click + = new System.EventHandler(this.btnDelete_Click);

this.取消还原 ToolStripMenuItem.Click + = new System.EventHandler(this.btnCancel_Click);

this.退出 ToolStripMenuItem1.Click + = new System.EventHandler(this.btnExit_Click);

//3.工具条按钮

//4.第一条

this.toolStripButton1.Click + = new System.EventHandler(this.btnFirst_Click);

···//

//5.退出

this.toolStripButton10.Click + = new System.EventHandler(this.btnExit_Click);

（20）选择"调试"→"开始执行（不调试）"选项，即弹出一个窗口，在"输入姓名"文本框中输入"韦一笑"，其运行结果如图 3-45 所示。

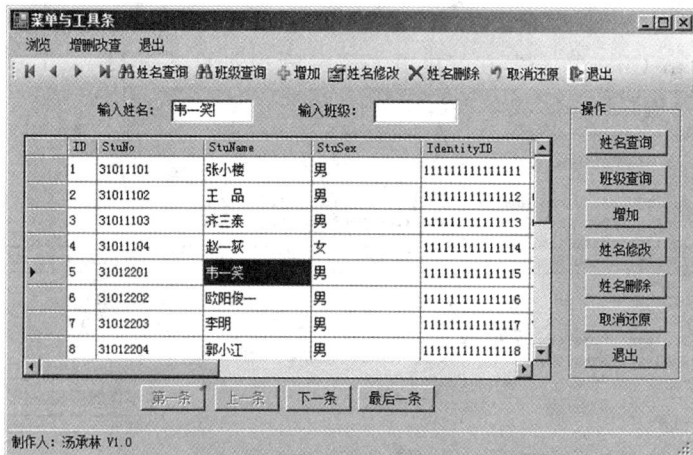

图 3-45　任务 3.2 运行结果

5.注意点

（1）下列语句：

this.第一条 ToolStripMenuItem.Click + = new System.EventHandler(btnFirst_Click);

"this"表示窗体"FrmMenu"类的实例，"第一条 ToolStripMenuItem. Click"为事件，"+ ="为事件的订阅，"EventHandler"为委托，"btnFirst_Click"为事件所委托的方法。

（2）第（13）步中：

myDataAdapter.Fill(myDataSet,"tblStuScore");

myBindingSource = new BindingSource();

myBindingSource.DataSource = myDataSet.Tables[0];

dataGridView1.DataSource = myBindingSource;

实现 myBindingSource 和 dataGridView1 的 DataSource（即数据源）的绑定，特别注意 myBindingSource 对象只能绑定数据集中的一个表。

只有通过绑定源组件 myBindingSource，我们才能使用其方法 MoveFirst()（第一条）、MoveNext()（下一条）、MovePrevious()（上一条）和 MoveLast()（最后一条），实现与导航工具条相同的功能。

（3）按姓名增加记录时，必须通过程序原有的数据集向表中插入记录，不能利用中间数据集（如班级查询结果集）实现向表中插入数据，否则会出现如图 3-46 所示的信息提示框。

（4）第（11）步中，"n=dataGridView1. CurrentRow. Index;"获取网格控件中选中行（相对位置）。而"myDataSet. Tables[0]. Rows. Count－1"是计算数据集第 0 个表的记录的行数。

图 3-46　向表中插入一个记录的错误操作提示框

任务 3.3　使用 TreeView 控件和 DataGridView 对学生成绩表进行查询操作

1. 知识准备

📖 **TreeView 控件**

TreeView 控件用于以节点形式显示文本或数据，这些节点按层次结构顺序排序。例如，Windows 资源管理器左边的窗格所包含的目录和文件夹就是以树型视图（TreeView）排列的。如图 3-47 所示。

📖 **节点集和节点对象**

TreeView 控件的 Nodes 属性表示 TreeView 控件的树节点集。树节点集中的每个树节点对象可以包括其本身的树节点集，树节点集中的 Add()、Remove() 和 RemoveAt() 方法使开发人员可添加和移动节点集，操作单个树节点。

📖 **TreeView 控件中添加、修改和删除节点**

添加节点要求必须先添加父节点后才能添加子节点。我们可以使用节点编辑器或者编写程序代码在 TreeView 上添加或删除节点。

（1）使用节点编辑器添加和删除树节点的步骤如下：

图 3-47　Windows 资源管理器中的 TreeView 控件

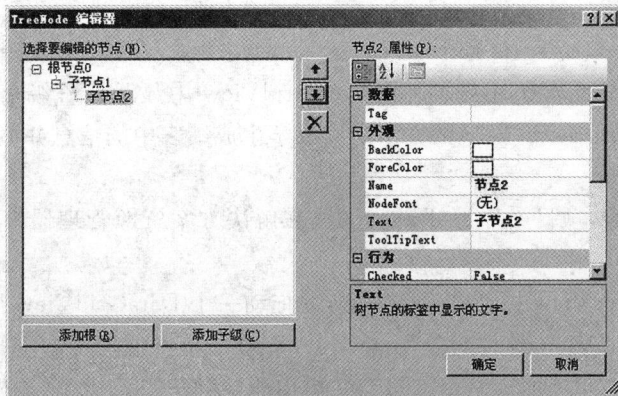

①拖动一个 TreeView 控件"⟦ TreeView ⟧"到窗体上。

②右击 TreeView 控件，在弹出的快捷菜单中选择"属性"，打开"属性"对话框，右击"Items"属性右侧的"…"，进入"TreeNode 编辑器"对话框，可以使用"添加根"和"添加子级"按钮实现节点的添加，可以使用"✕"按钮实现节点的删除，还可以使用"↑"和"↓"按钮调整节点级别，如图 3-48 所示。

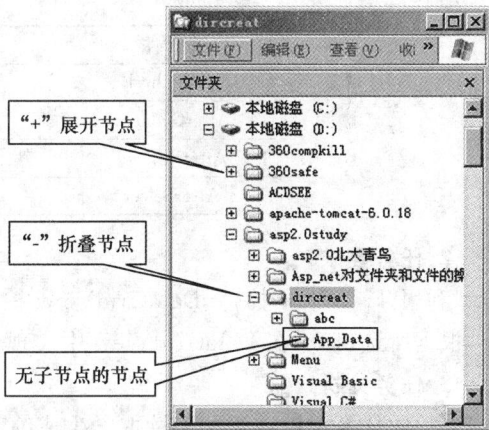

图 3-48　"TreeNode 编辑器"对话框

(2)编写程序代码实现节点的添加和删除。代码如下：

```
//添加节点
TreeNode node0 = new TreeNode("根节点 0");
treeView1.Nodes.Add(node0);
TreeNode node1 = new TreeNode("子节点 1");
node0.Nodes.Add(node1);
TreeNode node2 = new TreeNode("子节点 2");
node1.Nodes.Add(node2);
//清除节点
treeView1.Nodes.Clear();
```

📖 **TreeView 控件的事件**

TreeView 控件的事件见表 3-27。

表 3-27　　　　　TreeView 的事件

事　件	说　明
AfterCheck	选定树节点旁边的复选框时触发
AfterCollapse	折叠树节点时触发
AfterExpand	展开树节点时触发
AfterSelect	选定树节点时触发

2. 任务要求

利用 TreeView 控件、DataGridView 控件及 TreeView 控件表示学生成绩表中的所有班级，根据所选班级，在 DataGridView 中实现查询选定班级的学生成绩信息。

3. 任务分析

(1)此任务关键在于如何读取学生成绩表的所有班级。首先要使用如下语句添加根节点，选择根节点：

```
TreeNode classNode0 = new TreeNode("所有班级");
treeView1.Nodes.Add(classNode0);        //添加根节点
treeView1.SelectedNode = treeView1.Nodes[0];//获取或设置当前在树视图控件中选定的树节点
```

其次，在根节点下添加所有班级子节点。

```
//使用 SqlDataReader 对象的 Reader()方法读取表中数据
TreeNode sub = new TreeNode();
sub.Text = Reader.GetValue(0).ToString();        //获取指定的的值
treeView1.SelectedNode.Nodes.Add(sub);           //添加子节点
```

(2)在选中一个班级节点时又如何在 DataGridView 中显示该班级学生成绩信息呢？在 TreeView 的事件 AfterSelect 对应的方法中读取学生成绩表中的信息并显示于网格中。

4. 操作步骤

(1)创建一个项目，项目名称为"Ex3_3_3"，在解决方案资源管理器中重命名"Form1. cs"为"FrmTre. cs"。

(2)拖动一个 TreeView 控件到窗体左侧，并拖动一个 DataGridView 控件到窗体的右侧。

(3)选择 DataGridView 控件对象"dataGridView1"，单击该控件右上角的"▶"，在弹出的对话框中取消选中"启用添加""启用编辑"和"启用删除"复选框，单击"编辑列"选项，弹出"编辑列"对话框，如图 3-49 所示。

（4）在"编辑列"对话框中，单击"添加"按钮，在弹出的"添加列"对话框中，"名称"对应于数据库表中的列名"StuName"，"页眉文本"则采用数据库中相应列的中文名称"姓名"，如图 3-50 所示。

图 3-49 "编辑列"对话框   图 3-50 "添加列"对话框

（5）在添加列后，在"编辑列"对话框中选择"姓名"选项，将其"DataPropertyName"属性设置为"StuName"，使之与数据库中的列对应，如图 3-51 所示。继续添加所需的列，设置相应的属性，完成后单击"确定"按钮，完成"编辑列"操作。

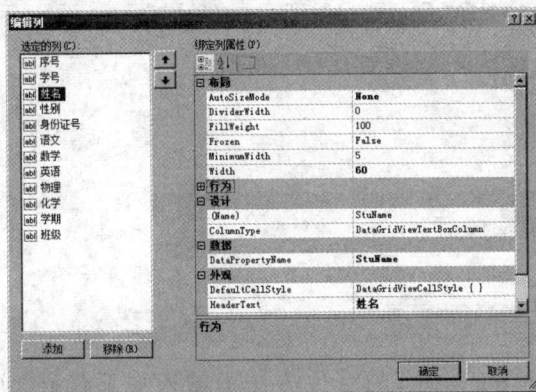

图 3-51 DataGridView 列属性设置

（6）在"FrmTreeView. cs"文件中，添加一个名为"InitDataGridView"的方法，代码如下：

```
private void InitDataGridView()
{
    //填充网格
    myCmd1 = new SqlCommand("select * from tblStuScore",myConn);
    myDataAdapter = new SqlDataAdapter();
    myDataSet = new DataSet();
    myDataAdapter.SelectCommand = myCmd1;
    myDataAdapter.Fill(myDataSet,"tblStuScore");
    dataGridView1.DataSource = myDataSet.Tables[0];
}
```

（7）在"FrmTreeView_Click"事件方法中，添加如下代码，实现 TreeView 对象和 DataGridView 对象的初始化：

```
private void FrmTreeView_Load(object sender,EventArgs e)
{
    myConn = new SqlConnection("server = .;database = StuScore;uid = sa;pwd = 123");
    //1.初始化 DataGridView
```

```
        InitDataGridView();
    myCmd = new SqlCommand();
    myCmd.CommandText = "select distinct ClassID from tblStuScore";
    myCmd.Connection = myConn;
    myConn.Open();
    TreeNode classNode0 = new TreeNode("所有班级");
    treeView1.Nodes.Add(classNode0);      //2.添加根节点
    //3.获取或设置当前在树视图控件中选定的树节点
    treeView1.SelectedNode = treeView1.Nodes[0];
    try
    {
        SqlDataReader reader = myCmd.ExecuteReader();
        while(reader.Read())
        {
            TreeNode sub = new TreeNode();
            //4.获取指定的值
            sub.Text = reader.GetValue(0).ToString();
            treeView1.SelectedNode.Nodes.Add(sub);//5.添加子节点
        }
        Reader.Close();
    }
    catch(Exception ex)
    { MessageBox.Show(ex.Message); }
    finally
    { myConn.Close(); }
}
```

（8）在"treeView1_AfterSelect"的事件方法中输入如下代码，实现选择班级后，更新 dataGridView1 的信息：

```
private void treeView1_AfterSelect(object sender,TreeViewEventArgs e)
{
    if(treeView1.SelectedNode.Text! = "所有班级")
    {
        string classID;
        classID = treeView1.SelectedNode.Text.Substring(0,6);
        string commandString = "select ID,StuNo,StuName,StuSex,IdentityID,
        Chinese,Maths,English,Physical,Chemical,ClassID from tblStuScore
        where classID = '" + classID + "'";
        myDataAdapter = new SqlDataAdapter(commandString,myConn);
        myDataSet = new DataSet();
        myDataAdapter.Fill(myDataSet,"tblStuScore");
        dataGridView1.DataSource = myDataSet.Tables[0];
    }
    else
        InitDataGridView();
}
```

(9)选择"调试"→"开始执行(不调试)"选项,其运行结果如图 3-52 所示。

图 3-52 任务 3.3 运行结果

5. 注意点

(1)第(7)步中,利用 SqlDataReader 对象实现从数据库表中读取班级信息,添加到 treeView1 的子节点集中。

sub. Text = reader. GetValue(0). ToString();

该语句也可以使用如下语句实现:

sub. Text = reader["ClassID"]. ToString();

(2)第(8)步中,从树节点中得到选择节点的文本赋给局部变量 classID,实现班级(文本)的选择。

classID = treeView1. SelectedNode. Text. Substring(0,6);

(3)注意网格标题的宽度设置,请读者多练习。

单元小结

ADO. NET 是程序与数据库接口类型之一,通过这种途径,程序设计者不需要考虑数据库的具体实现细节,就可以把程序设计和数据库接口完全分离,这样就可以把全部精力放在数据库接口的实现上。

ADO. NET 向用户提供了数据集、数据适配器、数据连接以及 WinForms 窗体等组件(或对象)。使用 ADO. NET 实现数据库的访问有两种方式,一是使用 ADO. NET 组(控)件(如 SqlConnection、SqlCommand、SqlDataAdapter 和 DataSet 等);二是使用 ADO. NET 对象。两种方式没有本质区别,本单元使初学者理解 ADO. NET 组件,在熟悉 ADO. NET 组件后,再使用 ADO. NET 对象实现对数据库的访问。

本单元使用 ADO. NET 组(控)件和对象两种方式,实现对数据库的访问,内容由浅入深,通俗易懂。

习 题

一、选择题

1. . NET 中大多数控件都派生自(　　)类。

A. System. IO

B. System. Data

C. System. Windows. Forms. Control

D. System. Data. Odbc

2.若想修改窗体标题栏中的名称,应当设置窗体的(　　)属性。

A. Text　　　　　B. Name　　　　　C. Enabled　　　　　D. Visible

3.在 RadioButton 控件的事件中,(　　)事件在 Checked 属性的值更改时发生。

A. CheckState　　　　　　　　B. ThreeState

C. CheckedChanged　　　　　　D. Click

4.当应用程序中需要选择性别时常常会使用(　　)控件。

A. TextBox　　　　B. listView　　　　C. RadioBox　　　　D. CheckBox

5.可以承载其他控件的控件是(　　)。

A. TextBox　　　　　　　　　B. ComboBox

C. RadioBox　　　　　　　　　D. GroupBox

6.用于控制文本框是否只读(即不接受用户的输入)的属性是(　　)。

A. ReadOnly　　　　　　　　　B. Name

C. Text　　　　　　　　　　　D. Size

7.从数据库读取记录,不可能用到的方法有(　　)。

A. ExecuteNonQuery　　　　　　B. ExecuteScalar

C. Fill　　　　　　　　　　　　D. ExecuteReader

8.在对 SQL Server 数据库操作时应选用(　　)。

A. SQL Server . NET Framework 数据提供程序

B. OLE DB . NET Framework 数据提供程序

C. ODBC . NET Framework 数据提供程序

D. Oracle . NET Framework 数据提供程序

9.在 ADO. NET 中,对于 Command 对象的 ExecuteNonQuery()方法和 ExecuteReader()方法,下面叙述错误的是(　　)。

A. insert、update 和 delete 等操作的 SQL 语句主要用 ExecuteNonQuery()方法来执行

B. ExecuteNonQuery()方法返回执行 SQL 语句所影响的行数

C. select 操作的 SQL 语句只能由 ExecuteReader()方法来执行

D. ExecuteReader()方法返回一个 DataReader 对象

10.有如下代码:

```
string connectionString = "server = LIKER;database = SelectCourse;integrated security = SSPI";
```

其中,"SelectCourse"为(　　)

A.服务器名　　　　　　　　　B.数据库名

C.数据库表　　　　　　　　　D.身份验证方式

11.单击 Button 按钮触发的事件是(　　)。

A. MouseUp　　　　　　　　　B. KeyDown

C. Click　　　　　　　　　　　D. MouseClick

12.下列代码用户创建的是(　　)。

```
private System.Windows.Forms.ListBox listBox1
```

A. ListBox 类型变量　　　　　　B. ListBox 类型对象

C. A 和 B　　　　　　　　　　　D.以上都不是

13. C♯ 对 SQL Sever 数据库操作使用的命名空间语句是（　　）。

A. using System. Data. SqlClient；　B. using System. Data. OleDb；

C. using System. Data. Oracle；　　D. using System. Data. Odbc；

14. Connection 对象的（　　）方法用于打开与数据库的连接。

A. Close　　　　　　　　　　B. Open

C. DataBase　　　　　　　　D. ConnectionString

15. ADO. NET 五个对象中的（　　）对象能够自动关闭与数据库的连接。

A. Connection　　　　　　　B. DataAdapter

C. DataSet　　　　　　　　　D. Command

16. 使用（　　）对象可以用只读的方式快速访问数据库中的数据。

A. DataSet　　　　　　　　　B. DataAdapter

C. Connection　　　　　　　　D. DataReader

17. 利用 Command 对象的 ExecuteNonQuery()方法执行 insert、update 和 delete 语句时，返回（　　）。

A. True 或 False　　　　　　B. 1 或 0

C. 受影响的记录的行数　　　D. －1

18. 以下关于 DataSet 的说法错误的是（　　）。

A. DataSet 里面可以创建多个表

B. DataSet 的数据存放在磁盘上

C. DataSet 中的数据不能修改

D. 在关闭数据库连接的时候，不能使用 DataSet 中的数据

19. 在一个 WinForms 应用程序中已经创建一个数据集 myDataSet 和一个数据适配器 myDataAdapter，现在想把数据库中的 Friends 表中的数据放在 myDataSet 中 MyFriends 表中，下面（　　）语句是正确的。

A. myDataAdapter. Fill(myDataSet,"myFriends")；

B. myDataAdapter. Fill(myDataSet,"Friends")；

C. myDataAdapter. Update(myDataSet,"myFriends")；

D. myDataAdapter. Update(myDataSet,"Friends")；

二、简答题

1. 简述 ADO. NET 的对象结构，简要说明各个对象的作用。

2. 使用 ADO. NET 组件访问数据库一般需要哪些步骤？

3. 简述在 ADO. NET 中使用数据库访问对象访问数据库的步骤。

三、课外拓展题

课外拓展背景。根据全国计算机等级考试要求，等级考试数据库（StuInfo）的成绩表（tblStuInfo）中包含如图 1-42 所示信息。

1. 使用窗体基本控件做如下操作（对应任务 1.2）。

（1）使用 TextBox（文本框）输入学生姓名，要求文本框输入不得超过 4 个汉字，也不能为空，当超过 4 个汉字时，使用 MessageBox. Show()显示"姓名不能为空或长度不能超过 4 个汉字"。

（2）使用 2 个 RadioButton（单选按钮）选择学生性别。

（3）使用 3 个 ComboBox（下拉组合框）选择科目（机试和笔试），二个组合框选择内容不得重复。

（4）使用列表框（ListBox）表示所选内容。

（5）使用按钮（Button）把所选内容显示在列表框中。

2．使用文本框（TextBox）、单选按钮（RadioButton）、按钮（Button）、SqlConnection、SqlCommand 和 SqlDataReader 从等级考试成绩表（tblStuInfo）中读取一条记录到窗体控件中显示（对应任务 2.1）。

3．（1）结合题 2 中使用 ADO. NET 中的 SqlConnection、SqlCommand、SqlDataAdapter、DataSet、简单控件和单选按钮（RadioButton），并使用 BindingSource 和 BindingNavigator 组件查询等级考试成绩信息（对应任务 2.2（1））。

（2）在（1）的基础上，使用 BindingSource 和 BindingNavigator 组件以及 DataGridView 控件，浏览等级考试成绩信息（对应任务 2.2（2））。

4．使用 ADO. NET 组件和简单控件，对等级考试成绩表进行如下操作（对应任务 2.3）。

（1）使用 ADO. NET 组件，向等级考试成绩表中插入如表 3-28 中的一条记录。

表 3-28　　　学生成绩表（tblStuScore）的一条记录

学号	姓名	性别	年龄	机试	笔试	准考证号
3109112	王五	男	33	67	88	1012

（2）根据学生学号，修改学号为"3109112"的学生的机试成绩为 78，笔试成绩为 78，性别为"男"，其他值不变。

（3）根据学生学号，删除刚插入的记录。

5．使用 DataGridView 控件和 ADO. NET 组件 SqlConnection、SqlCommand、SqlData-Adapter、DataGridView 和 SqlCommandBuilder（关键点）实现对等级考试成绩表的增、删、改操作（对应任务 2.4）。

6．使用 ADO. NET 组件操作等级考试成绩表（对应于任务 3.1）。

（1）使用 SqlConnection、SqlCommand、DataSet 和 SqlDataAdapter 对象，以及简单窗体控件，实现导航工具条的功能。

（2）使用 SqlConnection、SqlCommand、DataSet 和 SqlDataAdapter 对象，以及简单窗体控件，实现根据学生的学号（或姓名）和班级查询等级考试信息；根据要求，实现对单个记录的增加、删除和修改。

第二部分

C#程序设计实训

単元1 POS进销存管理系统设计

本单元要点

- 理解软件开发流程;
- 掌握进销存系统的功能;
- 掌握 ADO. NET 的基础知识;
- 实现数据库的增、删、改、查操作;
- 实现参数化查询语句;
- 实现数据库连接类;
- 掌握 WinForms 程序的开发方法;
- 掌握系统主界面制作流程;
- 掌握菜单工具栏、状态栏应用。

第一部分讲述了 C# 语言的基本知识点及 WinForms 应用程序设计,本实训部分将通过一个完整的项目案例,来学习 C# 的 WinForms 开发知识。应用软件的开发流程一般按照需求分析、系统设计(包括数据库设计、系统类库设计、核心算法设计、接口设计和界面设计等)、编码实现、测试、运行和维护等步骤进行。

任务 1　POS 进销存系统需求分析

1. 知识准备

📖 软件开发过程

软件开发过程并不是简单地将几个窗体层叠在一起,然后编写一些相关代码即可。实际上,软件开发过程是一个非常复杂的综合过程,需要开发人员制定一个良好的、可操作的软件开发规划,自始至终要认真对待并准确地完成各个阶段的任务,只有这样,才能降低软件开发与维护的成本,高效地开发出用户满意的软件。

软件从形成初步概念到完成编写,再从使用所开发的软件到其完全失去使用价值的整个过程称为软件的生命周期。一般来说,可以把软件生命周期分为三个时期,即分析、开发和运行维护,其中每个时期又由若干阶段组成。例如,开发时期包括设计、编码和测试阶段。软件开发过程始终存在于整个软件生命周期中。

(1)软件分析时期

①可行性分析

在可行性分析阶段,必须确定开发任务的总目标,给出待开发软件的功能、性能、可靠性以及用户接口等方面的设想,由软件开发人员和用户进行可行性研究,并对可供利用的资源、开发成本、效益和开发进度进行估计,制定完成开发任务的实施计划。

②需求分析

该阶段需要解决软件应做什么的问题,这就要求软件开发人员和用户共同讨论决定可以满足的需求,并对这些需求进行详细精确的定义,写出软件需求说明书和初步的用户使用手册。

(2)软件开发时期

这个时期主要解决怎么做的问题。软件开发人员要考虑软件的总体结构、界面布局、程序结构和数据结构以及如何用计算机语言实现的问题,并随时考虑软件的可行性、可维护性和可移植性。

①设计阶段

设计是软件开发的技术核心,在设计阶段完成模块的划分和接口设计,并确定每一模块内部的实现算法和数据结构。设计阶段包括概要设计和详细设计。数据库设计也属于这个阶段。

通过概要设计,设计人员要完成模块管理、界面管理和数据管理;要把已确定的各项需求转换成对应的体系结构,结构中的每一个组成部分都是意义明确的模块;要确定使用系统功能的人机交互方式;要设计数据存储及其接口。

通过详细设计,设计人员要对每个模块如何完成进行具体描述,以便为编写程序打下基础。

②软件编码阶段

编码是采用某一种合适的计算机语言将软件设计转换成计算机可以接受的程序。

③软件测试阶段

测试是保证软件质量的重要手段,其主要测试方式是设计测试用例来验证软件的各个组成部分。通常来讲,首先进行单元测试,发现模块在功能和结构方面的问题;其次将已通过单元测试的模块组装起来进行集成测试,查看各个模块能否有机地整合起来;再次按所规定的需求,逐项进行验收测试;最后在进行了对环境适应程度的系统测试后,将合格的软件交付用户使用。

(3)运行维护时期

该时期是指软件正式投入使用后的时期。运行维护的工作主要包括改正运行中发现的软件错误,为适应变化的软件工作环境而做变更,以及为增强软件的功能进行的补充。

📖 **"POS进销存管理系统"拓扑结构**

整个系统拓扑结构如图1-1所示。整个系统架设在局域网内,数据库服务器一般单独存放,前后台软件系统通过局域网访问数据库服务器。在前台,可以同时设置多个收款机,也可以采用PC替代,每个机器称为信息点(销售终端);同时可以部署多个后台管理服务器。这种系统架构称为客户端/服务器(C/S)架构。

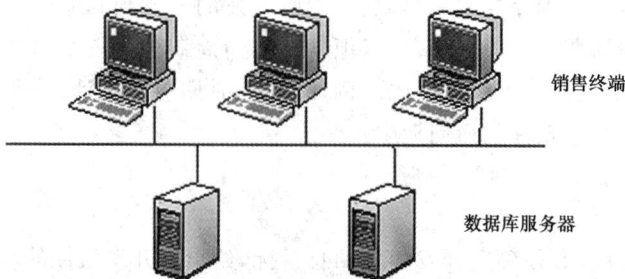

销售终端

数据库服务器

图1-1　系统拓扑结构图

在本系统中，将按照软件开发的步骤，引领读者完成本项目的功能，在实现项目功能的同时复习 C♯ WinForms 应用程序开发技术。

📖 C/S 结构

C/S 结构全称为 Client/Server，即客户端/服务器模式。C/S 结构的系统分为两部分，即客户机和服务器。应用程序也分为客户端程序和服务器端程序。服务器端程序负责管理和维护数据资源，并接受客户机的服务请求（如数据查询或更新等），向客户机提供所需的数据或服务。对于用户的请求，如果客户机能够满足，则直接给出结果，否则交给服务器处理。该结构可以合理均衡事务的处理，充分保证数据的完整性和一致性。

客户端程序一般包括用户界面和本地数据库等。客户端的请求可采用 SQL 语句，或直接调用服务器上的存储过程来实现。服务器将运行的结果发送给客户机，客户机和服务器之间的通信通过数据库引擎（如 ODBC 和 OLEDB 等）来完成。数据库一般采用大型数据库（如 SQL Server、Oracle 等）。C/S 结构的示意图如图 1-2 所示。

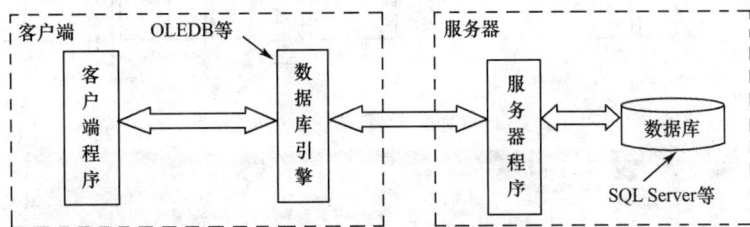

图 1-2　C/S 结构的示意图

B/S 结构全称为 Browser/Server，即浏览器/服务器模式。随着 Internet 的不断普及，以 Web 技术为基础的 B/S 结构正日益显现其先进性，当今很多基于大型数据库的管理信息系统均采用了这种全新的结构。本项目使用 C/S 结构，因此这里就不再赘述 B/S 结构知识。

2. 任务要求

根据实际需求，简单描述"POS进销存管理系统"的功能需求，并画出该系统的后台功能模块图。

3. 任务分析

"POS进销存管理系统"是一个典型的数据库应用程序，是一个根据企业的需求，为方便超市卖场管理、库存管理、信息查询与决策，采用先进的计算机技术开发的，集进货、销售和存储多个环节于一体的信息系统。

"POS进销存管理系统"应包括商品的采购、销售和库存盘点三个方面。

为实现"POS进销存管理系统"，根据软件开发过程，分析该系统的需求，该软件系统的开发步骤如图 1-3 所示。

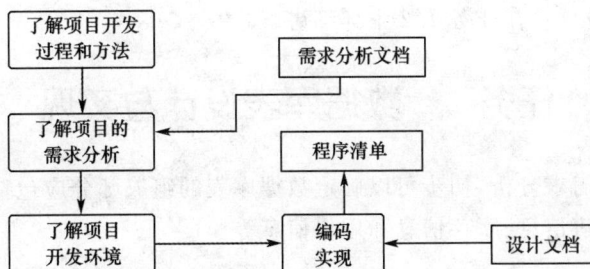

图 1-3　项目开发步骤

4. 操作步骤

"POS进销存管理系统"由前台收款系统和后台管理系统组成,后台管理系统的功能主要分为基础资料设置、日常业务处理和查询统计等子模块,如图1-4所示,系统主界面如图1-5所示。在实际应用时,还可以添加系统退出、备份与还原和系统帮助等辅助功能模块。

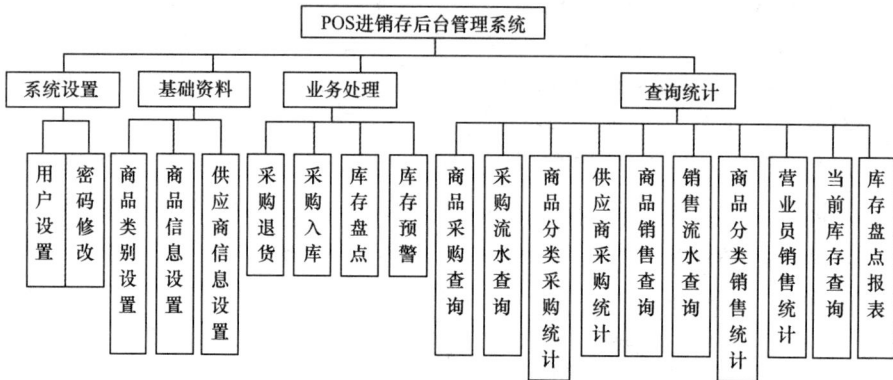

图1-4　POS进销存后台管理系统功能模块

图1-5　POS进销存管理系统后台管理子系统主界面

5. 注意点

(1)本系统功能模块并不全面,需要增加更多功能,但为了便于教学和实训要求,仅设计出主要功能模块;

(2)后台数据库设计将在任务1.2中详细讲解。

任务2　数据库表设计与实现

针对任务1.1的需求分析,初步可以确定数据库表的组成部分应包括基础资料信息、供应商信息、进货信息、销售信息、库存信息和用户信息等。

任务 2.1　描述数据库数据字典并画出 E-R 图

1. 知识准备

📖 **数据库设计步骤**

在实际的项目开发中,如果系统的数据存储量较大,设计的表比较多,表和表之间的关系比较复杂,则需要考虑规范化的数据库设计,然后进行具体的创建库、创建表工作,无论是创建 B/S 程序,还是创建 C/S 程序设计,数据库设计的重要性都是不言而喻的。如果设计不当,查询起来就非常吃力,程序的性能也会受到影响。无论使用的数据库是 SQL Server 还是 Oracle,通过进行规范化的数据库设计,都可以使程序代码更具可读性,更容易扩展,从而也会提升项目的应用性能。

何谓数据库设计?简单地说,数据库设计就是规划和结构化数据库中的数据对象以及这些数据对象之间关系的过程。

数据库中创建的数据结构的种类,以及在数据对象之间建立的复杂关系是数据库系统效率的重要因素。

一个好的数据库设计表现为:效率较高;更新和检索数据时不会出现问题;便于进一步扩展;应用程序开发容易。

对项目的设计开发一定要有一个整体的感性认识,项目开发需要经过需求分析、概要设计、详细设计、代码编写、运行测试和打包发行等几个阶段。这里重点讨论各个阶段的数据库设计过程。

(1)需求分析阶段:分析客户的业务和数据处理需求。

(2)概要设计阶段:绘制数据库的 E-R 图,用于在项目团队内部、设计人员和客户之间进行沟通,确认需求信息的正确和完整。

(3)详细设计阶段:将 E-R 图转换为多张表,进行逻辑设计,确认各表的主外键,并应用数据库的三大范式进行审核。经项目组讨论确定后,还需要根据项目的技术实现、团队开发能力以及经费来源,选择具体的数据库进行物理实现,包括创建数据库、表、存储过程和触发器等。

(4)代码编写阶段:编写数据库、表、视图、用户自定义函数、存储过程和触发器等对象的代码。

(5)运行测试阶段:数据对象代码的运行、调试和分析,保证数据库数据的完整性和一致性。

(6)打包发行阶段:数据库的备份。

📖 **需求分析阶段的数据库设计**

需求分析阶段的重点是调查、收集并分析客户业务数据需求、处理需求以及安全性与完整性需求等。

常用的需求调查方法有:在客户的单位跟班实习;组织召开调查会;邀请专人介绍;设计调查表并请用户填写、查阅业务相关数据记录等。

常用的需求分析方法有:调查客户的单位组织情况;各部门的业务需求情况;协助客户分析系统的各种业务需求;确定新系统的边界。

无论数据库的大小和程序复杂性如何,在进行数据库的系统分析时,都可以参考下列基本步骤:收集信息;标识实体;标识每个实体需要存储的详细信息(属性);标识实体之间的关系。

（1）收集信息

创建数据库之前，必须充分理解数据库需要完成的任务和功能。简单地说，用户需要了解数据库需要存储哪些信息（数据）以及实现哪些功能。以本教材讲解的"POS进销存管理系统"为例，需要了解"POS进销存管理系统"的具体功能与后台数据库的关系。

（2）标识实体

在收集需求信息后，必须标识数据库要管理的关键实体。

数据库中每个不同的实体一般都拥有一个与其对应的表，也就是说，在数据库中，会对应16张表，分别是供应商信息表、商品计量单位表、商品类别表、商品信息表、进货信息表（汇总）、进货明细表、销售类型表、销售信息（汇总）表、销售明细表、库存盘点信息（汇总）表、库存盘点明细表、用户表、权限表、菜单项信息表、小票打印信息表和提示信息表。

（3）标识每个实体需要存储的详细信息（属性）

对实体的描述，一般表示如下：

实体名(属性1，属性2，属性3，……，属性n)

其中，"属性1"带下划线，表示是主键（主键也同能由多个属性组成）。

（3）标识实体之间的关系

关系型数据库有着非常强大的功能，能够关联数据库中各个项目的相关信息。在设计过程中，要标识实体之间的关系，需要分析这些表，确定这些表在逻辑上是如何关联的，以及添加关系列建立起表之间的连接。

📖 画 E-R 图

在需求分析阶段解决了客户的业务和数据处理需求后，就进入了概要设计阶段，此时需要和项目团队的其他成员以及客户沟通，讨论数据库的设计是否满足客户的业务和数据处理需求。如同机械行业需要机械制图、建筑行业需要施工图纸一样，数据库设计也需要图形化。E-R(Entity-Relationship)表示实体之间关系图，也包括一些具有特定含义的图形符号。

E-R 图以图形方式将数据库的整个逻辑结构表示出来。E-R 图的组成包括矩形、椭圆形、菱形和直线（连接线）。

📖 将 E-R 图转换为表

概要设计阶段解决了客户的需求问题，并绘制了 E-R 图。在详细设计阶段，需要把 E-R 图转换为多张表，并标识表的主外键，审核各表的结构是否规范。

为了叙述方便，这里把实体集也称为实体。转换步骤如下：

（1）将各实体转换为对应的表，将各属性转换为各表对应的列。

（2）标识每个表的主键列，需要注意的是，对没有主键的表添加 ID 列（标识列），并设置为主键，该列没有实际含义，只用作主键或外键。

（3）将联系的属性与联系相关的实体的主键组合成一个表。例如，现实中的含有学号、课程号和成绩列的学生成绩表是由学生基本信息表中的学号和课程表中的课程号构成的。

（4）还需要在表之间体现实体之间的映射关系，这种映射关系用外键表达。

2. 任务要求

分析"POS进销存管理系统"的后台数据库，描述数据库数据字典并画 E-R 图（实体之间）。

3. 任务分析

根据任务要求，数据库的基础操作过程如下：

（1）标识实体

以"POS 进销存管理系统"为例，其具体包含如下实体：

①供应商实体：反映供应商情况。

②商品计量单位实体：反映商品计量单位情况，如"台""袋"和"双"等。

③商品类别实体：商品的分类，如一般把商品分为：食品类、烟酒类、服装与鞋类、家用电器类、日杂用品类和文化用品类等。

④商品信息实体：登记商品信息。

⑤权限信息实体：登记用户权限信息。

⑥用户信息实体：反映用户名称、用户 ID、用户密码和权限情况。

⑦进货信息实体：登记进货商品的批次和供应商信息等。

⑧销售类型实体：反映销售商品类型情况。

⑨销售信息实体：反映销售商品的销售单号和销售金额等情况。

⑩库存盘点信息实体：反映库存盘点情况。

⑪权限信息实体：反映操作软件菜单编码及菜单项情况。

⑫小票打印信息实体：反映小票打印的表头和表尾信息。

（2）描述实体

以"POS 进销存管理系统"为例，其各实体描述如下：

①供应商信息（<u>供应商编号</u>，供应商名称，助记码，联系地址，联系人，电话，邮政编码，电子邮件，主页，银行账号，税号，备注）

②商品计量单位（<u>计量单位编号</u>，计量单位名称）

③商品类别（<u>商品类别编号</u>，商品类别名称）

④商品信息（<u>商品编号</u>，商品类别编号，商品名称，拼音简码，条形码，计量单位编号，库存上限，库存下限，单价，是否可用，库存数量，上次进价）

⑤权限信息（<u>权限编号</u>，权限名称，菜单编号）

⑥用户信息（<u>用户编号</u>，用户名，密码，权限编号，是否可用）

⑦进货信息（<u>进货单号</u>，进货日期，供应商编号，操作员，进货金额，进货类型）

⑧销售类型（<u>编号</u>，名称）

⑨销售信息（<u>销售单号</u>，销售类型，销售金额，操作员，销售时间）

⑩库存盘点信息（<u>盘点单号</u>，盘点日期，操作员）

⑪小票打印信息（<u>编号</u>，小票头，小票尾，是否打印）

⑫提示信息（<u>编号</u>，内容，提示类型，提示方式）

注意：带下划线的属性为实体的主键。

（3）标识实体之间的关系

以"POS 进销存管理系统"为例：

①供应商实体与进货信息实体之间的主从关系，需要进货信息实体中表示所进商品属于哪个供应商。

②计量单位实体与商品信息之间的主从关系。

③商品类别实体与商品信息实体之间的主从关系。

④商品信息实体与进货信息实体之间的多对多关系。

⑤商品信息实体与销售信息实体之间的多对多关系。

⑥商品信息实体与库存盘点实体之间的多对多关系。

⑦用户信息实体与进货信息实体之间的主从关系。

⑧用户信息实体与销售信息实体之间的主从关系。

⑨用户信息实体与库存盘点信息实体之间的主从关系。

（4）画 E-R 图

具体"POS 进销存管理系统"的 E-R 图见本任务操作步骤（1）。

（5）将 E-R 转化成表（数据字典）

见本任务操作步骤（2）。

（6）描述表与表之间关系

①供应商信息表（SupInfo）中的供应商编号（SupID）与进货信息表（PInfo）中的供应商编号（SupID）的主、外键关系。

②计量单位表（GUnit）中的计量单位编号（UnitID）与商品信息表（GInfo）表中的计量单位编号（GUnit）的主、外键关系。

其他表与表之间关系不再——列出。

4. 操作步骤

（1）根据任务分析和任务要求，"POS 进销存管理系统"的主要实体 E-R 图如图 1-6 所示。

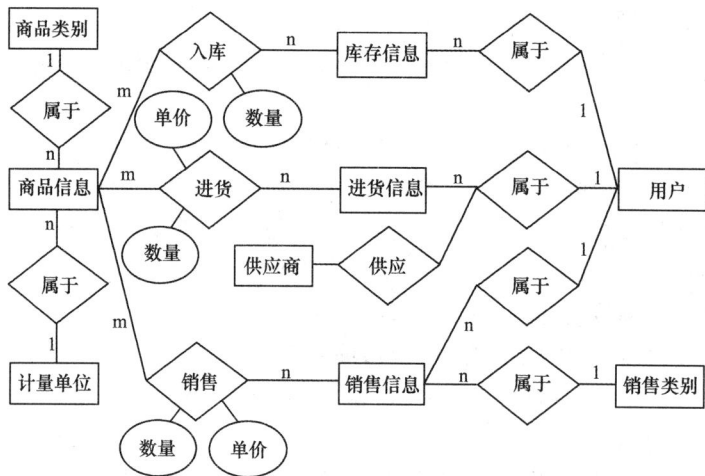

图 1-6　数据库 HcitPos 实体 E-R 图

（2）根据任务分析和任务要求，分析"POS 进销存管理系统"的主要数据库表结构（数据字典）（详见后面的相关任务）。

5. 注意点

（1）E-R 图中实体与实体之间的联系及对应关系。

（2）数据字典表与表之间的关系（主外键）。

（3）E-R 图与数据字典之间的联系。

任务 2.2　创建数据库及数据库表

1. 知识准备

📖 **SQL Server 2008 中 SSMS 简介**

SQL Server 2008 中的 SQL Server Management Studio 又称 SQL Server 2008 管理平台，

简称 SSMS(SQL Server Management Studio)，此处不再赘述。

📖 **数据库文件的几个概念**

数据库文件的几个概念如下：

(1)主数据文件(Primary DataBase File)。

(2)辅助数据库文件(Secondary DataBase File)。

(3)事务日志文件(Transaction Log File)。

(4)逻辑文件名和物理文件名。

📖 **数据库表**

数据库本身实质上是一个容器，用来存放数据库表与对表操作的各种数据访问对象。数据库是无法直接存储数据的，直接存储数据是通过数据库中的表来实现的。数据库以表为基础，并在此基础上使用各种数据库对象对表进行操作。

2. 任务要求

创建"POS 进销存管理系统"数据库"HcitPos"，并在数据库中创建表(如任务 2.1)，请用界面方式或命令方式创建数据库。

创建一个 HcitPos 数据库，该数据库的主数据文件逻辑名称为"HcitPos_Data"，物理文件名为"HcitPos_Data.mdf"，初始大小为 10 MB，最大的大小为无限大，增长速度为 10%，数据库的日志文件逻辑名称为"HcitPos_Log"，物理文件名为"HcitPos_Log.ldf"，初始大小为 5 MB，增长速度为每次 1 MB，主数据文件和日志文件都存放在"C:"盘的根目录下。

3. 任务分析

本任务要求创建一个名为"HcitPos"的数据库，要求理解数据库的主要属性：

(1)Name：主数据库文件和日志文件的逻辑名。

(2)FileName：主数据库文件和日志文件的物理名。

(3)Size：主数据库文件和日志文件的大小。

(4)FileGrowth：主数据库文件和日志文件增长速度。

4. 操作步骤

(1)打开 SQL Server 2008 R2，进入其主界面。

(2)选择"数据库"节点，右击并在弹出的快捷菜单中选择"新建数据库"选项。

(3)根据要求输入或设置数据库 HcitPos 的相关属性值。

(4)单击 SSMS"新建查询"，出现"查询标签页"，在其中输入 T-SQL 语句。

5. 注意点

如果实训时间不允许，可以提供给学生数据库(HcitPos)。

任务 1.3　实现系统登录功能

任务 3.1　系统登录功能主界面设计

1. 知识准备

📖 **登录功能**

在对数据库系统的功能有所了解的基础上，下面将实现一个简单的登录功能。在本任务中，将采用图形化操作界面，即 Windows 窗体界面。

每一个软件为了安全和保密起见,都设置了一个登录入口。通常登录界面有登录用户帐号和密码,用户根据输入的帐号和密码实现对系统的登录。

2. 任务要求

创建一个如图 1-7 所示的登录窗体。

实现从用户表(UserInfo)中读取销售人员的工号和密码,验证密码是否正确,如果正确则进入"POS 进销存管理系统"的登录主界面。

3. 任务分析

从任务要求可知,登录界面需要 2 个标签、2 个文本框和 2 个命令按钮,其具体属性见表 1-1。

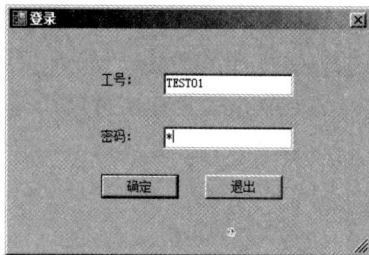

图 1-7　登录界面

表 1-1 　　　　　　　　　　登录窗体中使用的控件及其主要属性

控 件	属 性	属 性 值	说 明	
Label	Text	工号	label1	
	Name	label1		
	Text	密码	lable2	
	Name	lable2		
Button	Text	确定	使用 btnLogin_Click 事件	
	Name	btnLogin		
	Text	退出	使用 btExit_Click 事件	
	Name	btnExit		
TextBox	Name	txtUserID		工号文本框
	TabIndex	0	控件索引号	
	Name	txtPassword		密码文本框
	TabIndex	1	控件索引号	
	PasswordChar	*	密码字符	
Form	Name	FrmLogin	名称	
	Text	登录		
	StartPosition	CenterScreen	窗体在屏幕中心	

4. 操作步骤

(1)打开 VS 2010,执行"新建"→"项目"命令,在"项目类型"中选择"Windows 窗体应用程序",并将项目命名为"HcitPos"。

(2)单击"确定"按钮后,在 VS 2010 的主编辑区将出现一个名为"Form1"的窗体。

(3)右击"From1"窗体,在弹出的快捷菜单中选择"属性",修改"Text"属性值为"登录";修改"Name"属性为"FrmLogin"。

(4)从"工具箱"中拖动 1 个"Label"控件到"FrmLogin"窗体上,并修改"Label1"的"Text"属性为"工号"。

(5)从"工具箱"中拖动 1 个"Label"控件、2 个"TextBox"控件和 2 个"Button"控件到"FrmLogin"窗体上,最终界面布局如图 1-8 所示。

(6)修改"工号"对应的"TextBox"控件的"Name"属性为"txtUserID";修改"密码"对应的"TextBox"控件的"Name"属性为"txtPassword","PasswordChar"属性为"＊";修改第一个

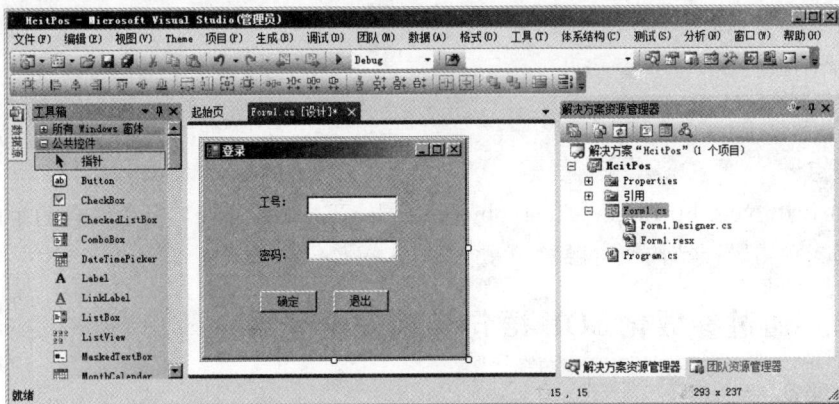

图 1-8　登录界面布局

Button 的"Text"属性值为"确定","Name"属性为"btnLogin";修改第二个 Button 的"Text"属性值为"退出","Name"属性为"btnExit"。

（7）双击"确定"按钮,在系统自动生成的代码中添加如下内容:

```
private void btnLogin_Click(object sender, EventArgs e)
{
    //1.配置数据库连接
    SqlConnection conn = new SqlConnection("Data Source = .; Initial Catalog = HcitPos; Integrated
    Security = True");
    conn.Open();          //2.打开数据库连接
    //3.获取用户输入,组合 SQL 语句
    string select = "select * from usersinfo where userid = '" + txtUserID.Text + "' and password =
    '" + txtPassword.Text + "'";
    SqlCommand cmd = new SqlCommand(select, conn);
    SqlDataReader dr = cmd.ExecuteReader();
    if(dr.Read())      //4.如果输入正确,"dr.Read()"为真
        MessageBox.Show("登录成功!");
    else
    {
        MessageBox.Show("登录失败,请重新登录!");
        txtUserID.Focus();
    }
    dr.Close();
    conn.Close();
}
```

（8）运行程序,登录界面如图 1-9 所示,输入正确的工号和密码,单击"确定"按钮则显示"登录成功!"消息对话框;如果输入错误,则显示"登录失败,请重新登录!"消息对话框,并将焦点转移到"工号"文本框控件。

（9）双击"退出"按钮,添加如下代码,可以实现退出系统功能:

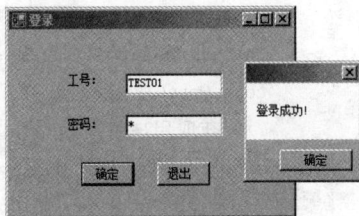

图 1-9　登录界面及登录运行效果

```
private void btnExit_Click(object sender,EventArgs e)
{
    this.Close();
}
```

5. 注意点

代码"private void btnLogin_Click(object sender,EventArgs e)"是系统自动生成的,该方法中的代码当单击"登录"按钮时触发。

任务 3.2　通过参数化 SQL 语句实现安全登录

1. 知识准备

📖 **参数化 SQL 语句步骤(以查询为例)**

```
//1.定义 SqlConneciton 类实例
SqlConnection conn = new SqlConnection(数据库连接串);
//2.定义带参数查询语句
string sqlString = "select * from <表名>where 列名 = @参数名";
//3.创建 SqlCommand 实例
SqlCommand cmd = new SqlCommand(sqlString,conn);
//4.为 cmd 添加参数
cmd.Parameters.AddWithValue("参数名",参数值);
//5.执行 cmd.ExecuteReader()方法
SqlDataReader dr = cmd.ExecuteReader();
```

2. 任务要求

使用参数化 SQL 语句,创建一个如图 1-7 所示的登录窗体。

实现从用户表(UserInfo)中读取销售人员的工号和密码,验证密码是否正确,如果正确则进入"POS 进销存管理系统"的登录主界面。

3. 任务分析

(1)参数化 SQL 语句的关键是如何向 SQL 语句中传递参数的值。

(2)根据任务要求,把登录界面的"工号"文本框和"密码"文本框中的值作为参数传递给 SQL 语句。

4. 操作步骤

(1)根据任务 3.1 实现第(1)～(6)步。

(2)双击"确定"按钮,在其 btnLogin_Click()事件方法中输入如下代码:

```
private void btnLogin_Click(object sender,EventArgs e)
{
    //1.配置数据库连接
    SqlConnection conn = new SqlConnection("Data Source = . ;
    Initial Catalog = HcitPos;Integrated Security = True");
    conn.Open();    //2.打开数据库连接
    //3.获取用户输入,组合 SQL 语句
    string sqlString = "select * from usersinfo where userid = @userid and password = @password";
    SqlCommand cmd = new SqlCommand(sqlString,conn);
    cmd.Parameters.AddWithValue("userid",txtUserID.Text);
```

```
cmd.Parameters.AddWithValue("password",txtPassword.Text);
SqlDataReader dr = cmd.ExecuteReader();
if(dr.Read())      //4.如果输入正确,即"dr.Read()"为真
    MessageBox.Show("登录成功!");
else
{
    MessageBox.Show("登录失败,请重新登录!");
    txtUserID.Focus();
}
dr.Close();
conn.Close();
}
```

(3)运行程序,登录界面见图1-9。

5.注意点

本任务代码中SQL语句的写法为:

select * from usersinfo where userid = @userid and password = @password

然后通过:

```
cmd.Parameters.AddWithValue("userid",txtUserID.Text);
cmd.Parameters.AddWithValue("password",txtPassword.Text);
```

实现参数化赋值,可如实记录用户的输入,对其中的关键字不再敏感。

任务4　构造数据库操作类

1.知识准备

📖 **代码冗余**

前几个任务实现了对数据库的增、删、改、查以及参数化SQL语句的编写,在以上例子中,存在着大量的代码冗余。例如:

```
SqlConnection conn = new SqlConnection("Data Source = .;Initial Catalog = HcitPos;Integrated
Security = True");
```

这些代码在各个例子中都存在,在实际编程中经常是通过"复制"和"粘贴"的操作来编写的,如果一个程序中"复制"和"粘贴"的操作太过频繁,则应该考虑通过类的形式来封装代码,减少冗余。

2.任务要求

为减少代码冗余,创建一个数据库操作类,实现对数据库访问操作的常用方法。

3.任务分析

(1)数据库操作类的字段与方法

数据库操作类的字段与方法一般含有:

①字段:SqlConnection类实例"sqlConn";SqlCommand实例"sqlCmd"。

②返回数据集(DataSet)的方法。

③添加参数的方法:AddParameter()。

④执行SQL语句插入、删除和更新的方法:ExecuteNonQuery()。

⑤SqlDataReader()方法。

⑥ExecuteScalar()方法。

⑦事务开始、提交和回滚方法。

本任务给出的数据库操作类如图 1-10 所示。

（2）App.Config 文件

为减少访问数据库"连接串"冗余，需在项目中添加应用程序配置文件"App.config"，在此文件增加"连接串"信息。

"App.config"文件是 XML 文件，其结构为：

```
<?xml version = "1.0" encoding = "utf-8" ?>
<configuration>
  <connectionStrings>
  <add name = "连接串名" connectionString = "数据库连接串"
providerName = "System.Data.SqlClient"/>
  </connectionStrings>
</configuration>
```

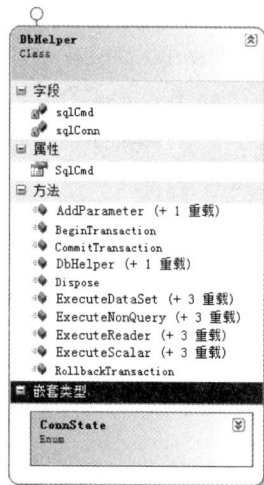

图 1-10　数据库操作类

4. 操作步骤

（1）右击"解决方案资源管理器"中的"HcitPos"节点，在弹出的快捷菜单中选择"添加"→"类"命令，输入名称为"DbHelper"。

（2）在类的前面增加引用：

```
using System.Data;
using System.Data.SqlClient;
using System.Configuration;
```

（3）右击"HcitPos"节点下的"引用"节点，在弹出的快捷菜单中选择"添加引用"，如图 1-11 所示。

（4）在"添加引用"对话框中选择".NET"选项卡，选择"System.Configuration"组件，如图 1-12 所示。

图 1-11　"添加引用"选项

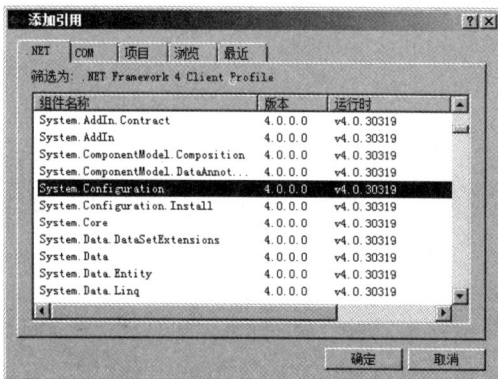

图 1-12　"添加引用"对话框

（5）右击"HcitPos"，在弹出的快捷菜单中选择"添加"→"新建项"，如图 1-13 所示，选择"应用程序配置文件"。

（6）在 App.config 中添加如下代码：

```
<?xml version = "1.0" encoding = "utf-8" ?>
<configuration>
```

图 1-13 添加"App. config"文件

```
<connectionStrings>
    <add name = "HcitPosConnectionString" connectionString = "Data Source = .;Initial
    Catalog = HcitPos;Integrated Security = True"
    providerName = "System.Data.SqlClient"/>
</connectionStrings>
</configuration>
```

(7)在"DbHelper"类中添加如下代码(含有其他代码):

```csharp
using System;
using System.Collections.Generic;
using System.Text;
using System.Data;
using System.Data.SqlClient;
using System.Configuration;
namespace HcitPos
{
    public class DbHelper:IDisposable
    {
        //1.定义数据库 SqlConnection 和 SqlCommand 变量
        private SqlConnection sqlConn = new SqlConnection();
        private SqlCommand sqlCmd = new SqlCommand();
        public SqlCommand SqlCmd
        {
            get { return sqlCmd; }
        }
        public DbHelper()                              //2.默认构造方法
        {
            string connString = ConfigurationManager.ConnectionStrings["HcitPosConnectionString"].
            ConnectionString;
            sqlConn.ConnectionString = connString;
            sqlCmd.Connection = sqlConn;
```

```
    }
    public DbHelper(string connString)              //3.带一个参数的构造方法
    {
        sqlConn.ConnectionString = connString;
        sqlCmd.Connection = sqlConn;
    }
    //4.定义带两个参数设置 SqlParameter 变量的方法
    public void AddParameter(string name,object value)
    {
        SqlParameter p = new SqlParameter();
        p.ParameterName = name;
        p.Value = value;
        sqlCmd.Parameters.Add(p);
    }
    //5.定义带一个参数设置 SqlParameter 变量的方法
    public void AddParameter(SqlParameter parameter)
    {
        sqlCmd.Parameters.Add(parameter);
    }
    public void BeginTransaction()                  //6.定义事务开始方法
    {
        if(sqlConn.State = = ConnectionState.Closed)
            sqlConn.Open();
        sqlCmd.Transaction = sqlConn.BeginTransaction();

    }
    public void CommitTransaction()                 //7.定义事务提交方法
    {
        sqlCmd.Transaction.Commit();
        sqlConn.Close();
    }
    public void RollbackTransaction()               //8.定义事务回滚方法
    {
        sqlCmd.Transaction.Rollback();
        sqlConn.Close();
    }
    //9.定义带三个参数的插入、删除和更新记录的方法
    public int ExecuteNonQuery(string query,CommandType commandType,ConnState
    connectionState)
    {
        sqlCmd.CommandText = query;
        sqlCmd.CommandType = commandType;
        try
        {
```

```
            if(sqlConn.State = = ConnectionState.Closed)
                sqlConn.Open();
            int i = sqlCmd.ExecuteNonQuery();
            return i;
        }
        catch(Exception ex)
        {
            throw ex;
        }
        finally
        {
            sqlCmd.Parameters.Clear();
            if(connectionState = = ConnState.CloseOnExit)
                sqlConn.Close();
        }
    }
//10.定义带一个参数的插入、删除和更新记录的方法
public int ExecuteNonQuery(string query)
{
    return ExecuteNonQuery(query,CommandType.Text,ConnState.CloseOnExit);
}
//11.定义带两个参数的插入、删除和更新记录的方法
public int ExecuteNonQuery(string query,CommandType commandType)
{
    return ExecuteNonQuery(query,commandType,ConnState.CloseOnExit);
}
//12.定义带两个参数但参数类型不同的插入、删除和更新记录的方法
public int ExecuteNonQuery(string query,ConnState connectionState)
{
    return ExecuteNonQuery(query,CommandType.Text,connectionState);
}
//13.定义带三个参数的读取表中第一行第一列数据的方法
public object ExecuteScalar(string query,CommandType commandType,
ConnState connectionState)
{
    sqlCmd.CommandText = query;
    sqlCmd.CommandType = commandType;
    object o = null;
    try
    {
        if(sqlConn.State = = System.Data.ConnectionState.Closed)
            sqlConn.Open();
        o = sqlCmd.ExecuteScalar();
    }
```

```
        catch(Exception ex)
        {
            throw ex;
        }
        finally
        {
            sqlCmd.Parameters.Clear();
            if(connectionState = = ConnState.CloseOnExit)
                sqlConn.Close();
        }
        return o;
    }
    //14.定义带一个参数的读取表中第一行第一列数据的方法
    public object ExecuteScalar(string query)
    {
        return ExecuteScalar(query,CommandType.Text,ConnState.CloseOnExit);
    }
    //15.定义带两个参数的读取表中第一行第一列数据的方法
    public object ExecuteScalar(string query,CommandType commandType)
    {
        return ExecuteScalar(query,commandType,ConnState.CloseOnExit);
    }
    //16.定义带三个参数但参数类型不同的读取表中第一行第一列数据的方法
    public object ExecuteScalar(string query,ConnState connectionState)
    {
        return ExecuteScalar(query,CommandType.Text,connectionState);
    }
    //17.定义带三个参数读取表中数据的读操作方法
    public SqlDataReader ExecuteReader ( string query, CommandType commandType, ConnState
    connectionState)
    {
        sqlCmd.CommandText = query;
        sqlCmd.CommandType = commandType;
        SqlDataReader reader = null;
        try
        {
            if(sqlConn.State = = System.Data.ConnectionState.Closed)
                sqlConn.Open();
            if(connectionState = = ConnState.CloseOnExit)
                reader = sqlCmd.ExecuteReader(CommandBehavior.CloseConnection);
            else
                reader = sqlCmd.ExecuteReader();
        }
        catch(Exception ex)
```

```
        {
            throw ex;
        }
        finally
        {
            sqlCmd.Parameters.Clear();
        }
        return reader;
    }
//18.定义带一个参数读取表中数据的读操作方法
public SqlDataReader ExecuteReader(string query)
{
    return ExecuteReader(query,CommandType.Text,ConnState.CloseOnExit);
}
//19.定义带两个参数的读取表中数据的读操作方法
public SqlDataReader ExecuteReader(string query,CommandType commandType)
{
    return ExecuteReader(query,commandType,ConnState.CloseOnExit);
}
//20.定义带两个参数但参数类型不同的读取表中数据的读操作方法
public SqlDataReader ExecuteReader(string query,ConnState connectionState)
{
    return ExecuteReader(query,CommandType.Text,connectionState);
}
//21.定义带三个参数并返回数据集的方法
public DataSet ExecuteDataSet(string query,CommandType commandType,ConnState connectionState)
{
    SqlDataAdapter adapter = new SqlDataAdapter();
    sqlCmd.CommandText = query;
    sqlCmd.CommandType = commandType;
    adapter.SelectCommand = sqlCmd;
    DataSet ds = new DataSet();
    try
    {
        adapter.Fill(ds);
    }
    catch(Exception ex)
    {
        throw ex;
    }
    finally
    {
        sqlCmd.Parameters.Clear();
        if(connectionState = = ConnState.CloseOnExit)
```

```
            {
                if(sqlConn.State = = System.Data.ConnectionState.Open)
                {
                    sqlConn.Close();
                }
            }
        }
        return ds;
    }
//22.定义带一个参数并返回数据集的方法
public DataSet ExecuteDataSet(string query)
{
    return ExecuteDataSet(query,CommandType.Text,ConnState.CloseOnExit);
}
public DataSet ExecuteDataSet(string query,CommandType commandType)
{
    return ExecuteDataSet(query,commandType,ConnState.CloseOnExit);
}
public DataSet ExecuteDataSet(string query,ConnState connectionState)
{
    return ExecuteDataSet(query,CommandType.Text,connectionState);
}
public enum ConnState
{
    KeepOpen,CloseOnExit
}
//23.定义关闭 sqlConn 和释放 sqlConn、sqlCmd 对象的方法
public void Dispose()
{
    sqlConn.Close();
    sqlConn.Dispose();
    sqlCmd.Dispose();
}
    }
}
```

5. 注意点

(1)在"DbHelper"类中添加命名空间"using System.Configuration;"和"App.config"文件的目的是在代码:

```
string connString = ConfigurationManager.ConnectionStrings["HcitPosConnectionString"].
ConnectionString;
```

中识别"ConfigurationManager"类。

(2)类"DbHelper"包括访问数据库的所有操作方法,请大家认真阅读、理解和掌握。该类极大地减少了访问数据库的代码冗余,这对以后的任务操作有很大的帮助。

任务 5　系统主界面设计

前面任务介绍了"POS 进销存管理系统"的基本功能,实现了数据库设计和数据库连接类的设计,本任务将介绍系统主界面开发流程,从而为具体功能模块的开发打下基础。

1. 知识准备

📖 菜单条(略)

2. 任务要求

(1)根据"POS 进销存管理系统后台管理子系统"的实际需要,设计系统的菜单项,见表 1-2,其菜单示意图如图 1-14 所示。

表 1-2　系统菜单项

功能菜单项	子菜单项	功能菜单项	子菜单项
系统设置	基本资料	查询统计	商品采购查询
	用户设置		采购流水查询
	密码修改		商品分类采购统计
	数据库备份		供应商采购统计
	数据库还原		商品销售查询
	退出系统		销售流水查询
基础资料	商品类别设置		商品分类销售统计
	商品计量单位设置		营业员销售统计
	商品信息设置		当前库存查询
	供应商信息设置		库存盘点报表
业务处理	采购入库	辅助工具	计算器
	采购退货		记事本
	库存盘点		日常提醒
	库存预警	帮助	帮助
			关于软件

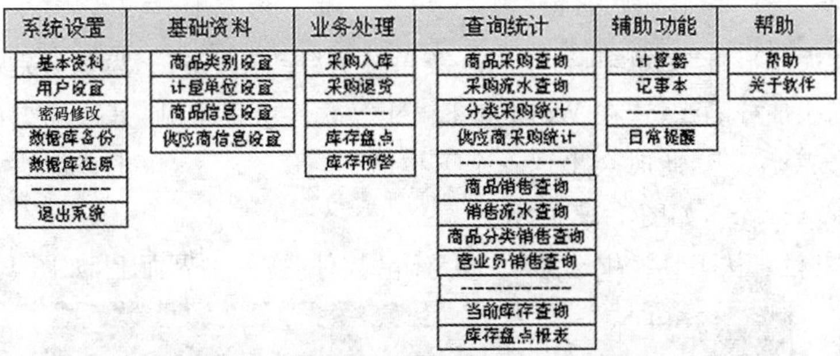

图 1-14　菜单示意图

(2)在菜单下方设计工具栏,部分具有菜单项功能。

3. 任务分析

根据任务要求,"POS 进销存管理系统后台管理子系统"的主界面部分应包括:

(1)1 个 Form 窗体;

(2)1 个主菜单;

（3）1个工具栏；

（4）1个状态栏。

4. 操作步骤

（1）创建主窗体。在"HcitPos"节点右击并在弹出的快捷菜单中选择"添加"→"Windows 窗体"，输入名称"FrmMain"。

（2）为FrmMain窗体的属性设置值，见表1-3。Form的其他属性请读者自行查看。

表 1-3　　　　　　　　　　　　　　　FrmMain 窗体属性

属　　性	值	说　　明
Name	FrmMain	将窗体控件前缀以"FrmMain"开头
FormBorderStyle	FixedSingle	窗体设置为固定大小
MaximizeBox	False	取消窗体的最大化按钮
MinimizeBox	False	取消窗体的最小化按钮
StartPosition	CenterScreen	程序初次运行时相对于显示器的位置
Text	POS进销存管理系统后台管理子系统	窗体标题栏文字

（3）按F5键运行程序，此时将看到一个居于屏幕中央的窗体，其标题栏显示为"POS进销存管理系统后台管理子系统"。

经过以上步骤，系统已经具备了一个初步的界面，相比任务要求还缺少1个菜单栏、1个快捷工具栏、1个图片框和1个状态栏。

（4）创建菜单栏。从工具栏中选择"MenuStrip"控件，拖到主界面上，如图1-15所示。

（5）根据菜单示意图（图1-14）依次键入各个菜单项，如图1-16所示。

图 1-15　创建菜单栏　　　　　　　　图 1-16　添加菜单项

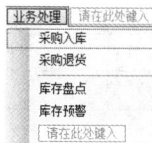

（6）在添加"采购退货"菜单项后，下一个菜单项为"库存盘点"。为了区别功能，一般会在两个菜单项之间添加分隔线，这在Word和Excel等软件中很常见，其添加方法为：将鼠标移到"请在此处键入"提示上，此时会出现一个下拉箭头 请在此处键入 ，单击该箭头，即可弹出新的选择项，选择"Separator"，如图1-17所示。

（7）创建工具栏。从工具栏中选择"ToolStrip"控件，拖到主界面上，如图1-18所示。

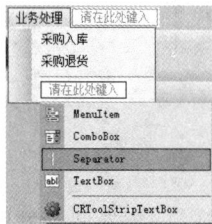

图 1-17　添加"分隔线"　　　　　　　图 1-18　添加工具栏

（8）在工具栏上单击下拉箭头，在弹出的下拉菜单中选择"Button"，添加一个快捷按钮，如

图 1-19 所示。

(9)添加成功后,VS 2010 将生成一个名为"toolStripButton1"的控件。右击并在弹出的快捷菜单中选择"设置图像"选项,如图 1-20 所示。弹出如图 1-21 所示的"选择资源"对话框。

图 1-19　添加快捷按钮　　图 1-20　选择"设置图像"　　图 1-21　"选择资源"对话框

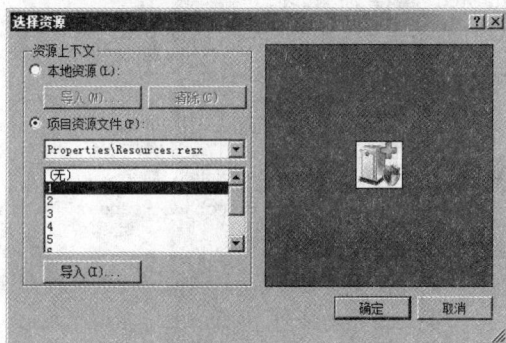

(10)单击"导入"按钮,选择一张图片。

(11)修改"toolStripButton1"的"ImageScaling"属性为"None","Text"属性为"采购入库","ToolTipText"属性将自动修改为"采购入库"。当鼠标经过该控件属性设置时,系统显示的是提示文本。

(12)添加其他的"toolStripButton",包含"采购入库""库存盘点""商品销售查询""销售流水查询""当前库存查询""商品类别设置""商品信息设置"和"供应商信息设置"共 8 个按钮,如图 1-22 所示。

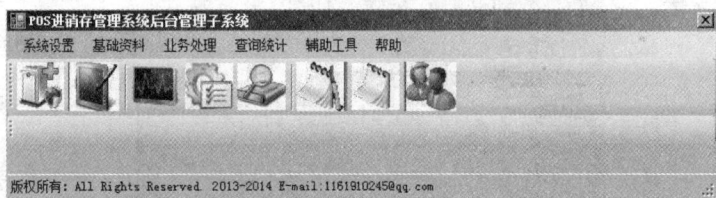

图 1-22　工具栏运行效果

(13)状态栏的设计。从工具栏中选择"StatusStrip"控件,拖到主界面上,如图 1-23 所示。

(14)在状态栏上单击下拉箭头，在弹出的下拉菜单中选择"StatusLabel"命令,添加一个标签控件,如图 1-24 所示。

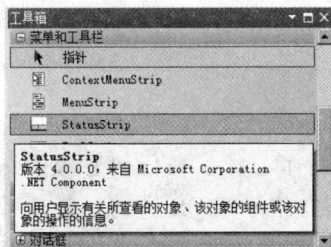

图 1-23　添加状态栏　　　　图 1-24　添加状态栏标签控件

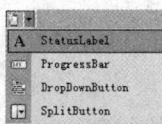

(15)修改"toolStripStatusLabel1"控件的"Text"属性为"版权所有：All Rights Reserved. 2013-2014 E-mail：1161910245@qq.com"。

(16)运行程序可以发现主界面已经具备了菜单、工具栏和状态栏。

(17)还可以为状态栏添加时钟功能,在 VS 2010 的工具栏中选择"Timer"控件,拖到主界面上,修改"Timer"控件的"Interval"属性为"1000"(Interval 为时间间隔,单位为毫秒),"Enabled"属性为"True"。

(18)单击"属性"对话框的图标" ",设置"Timer"的"Tick"事件,如图 1-25 所示。

图 1-25 设置"Timer"控件的"Tick"事件

(19)在"timer1"的"Tick"事件中添加如下代码,可以实现在状态栏中显示时钟功能:

```
private void timer1_Tick(object sender,EventArgs e)
{
    toolStripStatusLabel1.Text = "版权所有:All Rights Reserved. 2013-2014 E-mail:1161910245@
qq.com 当前日期:" + DateTime. Now. ToString("yyyy-MM-dd hh:mm:ss");
}
```

(20)美化主界面。至此,主界面已经具备了菜单、工具栏和状态栏,具备了一个应用程序的雏形,但是主界面中间仍呈现一片空白,可以利用 Photoshop 等工具制作一张图片,并将其添加到主界面上。具体步骤如下:

①在 VS 2010 的"工具箱"中选择"PictureBox"控件,拖到主界面上,选择其"Image"属性,按照设置工具栏按钮图片的方式选择一张图片到"PictureBox"中。

②选择"PictureBox"的"Dock"属性,设置为"Fill",如图 1-26 所示。

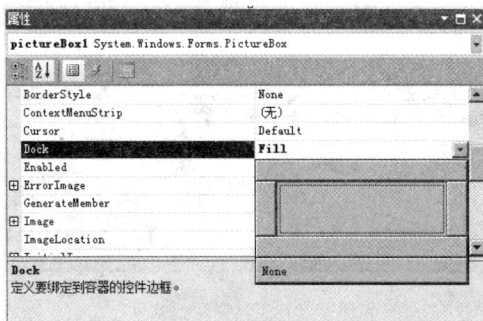

图 1-26 设置"Dock"属性为"Fill"

③运行程序,将看到如图 1-27 所示的"POS 进销存管理系统后台管理子系统"主界面。

单元小结

本单元主要包含两个部分:

(1)第一部分。对"POS 进销存管理系统"进行了介绍。在任何管理信息系统中,首要的一个环节在于数据库的设计和系统框架的设计。介绍了"POS 进销存管理系统"后台数据库的设计与实现,包括数据库的需求分析、画 E-R 图、编写数据字典、建立数据库和表。

之后在介绍 ADO. NET 基础知识的基础上,给出了一个封装好的数据操作类。

最后,通过系统登录功能,介绍了 WinForms 编程模型,这种编程模型体现了所见即所得的思想,其在开发过程中,主要通过修改控件的属性和编写控件对应的事件处理代码来实现程序功能。

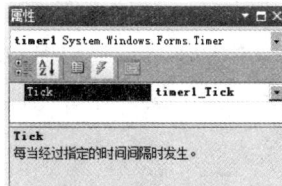

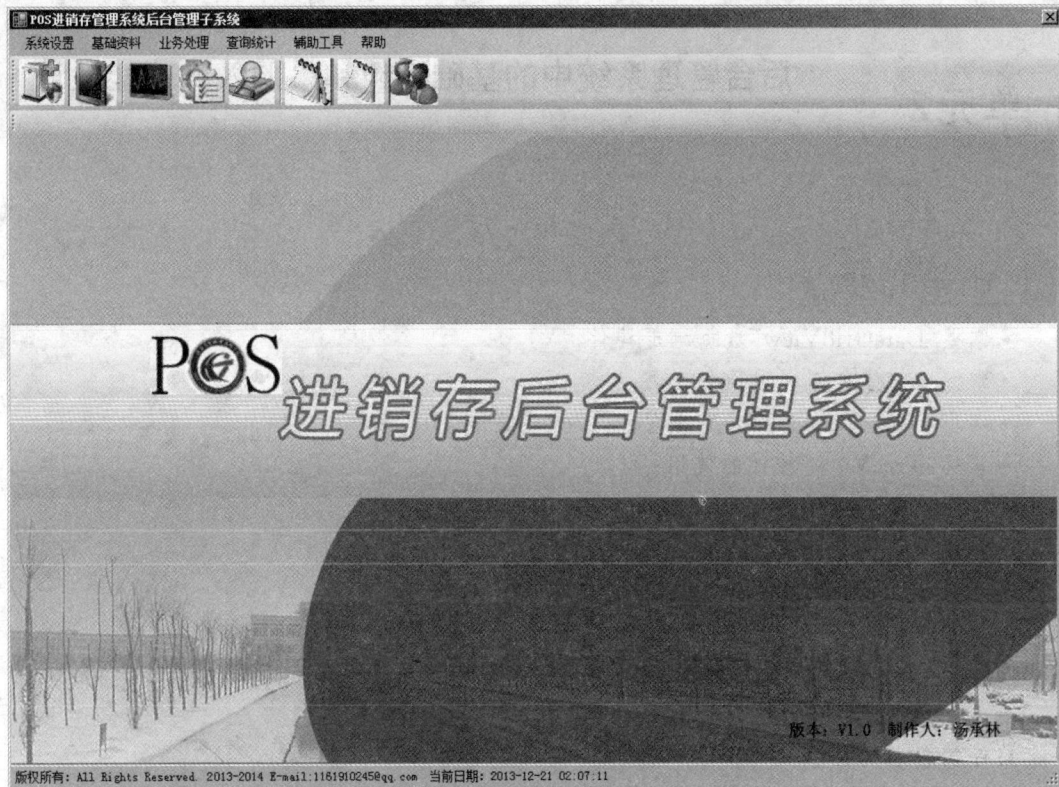

图 1-27　"POS 进销存管理系统后台管理子系统"主界面

　　(2)第二部分。主要介绍了利用菜单、工具栏和状态栏控件来制作应用程序主界面的一般流程。在 WinForms 应用程序中,一般采用固定大小的对话框来作为程序的主界面,在主界面上,一般会制作一张带有公司 Logo、说明软件产品的效果图来宣传和介绍该产品。

　　在实现状态栏显示时钟这一功能时,又一次应用了事件驱动的编程模式。

本单元要点

- 掌握"DataGridView"数据绑定控件；
- 掌握基础信息模块的开发方法；
- 实现 WinForms 下数据库的增、删、改、查操作；
- 掌握"TreeView"控件的使用；
- 掌握 ADO. NET 事务处理机制；
- 实现采购入库、采购退货功能；
- 掌握 DataTable 内存表操作。

任务1　了解模块功能与配置数据库操作类

1. 任务要求

（1）了解基础资料功能。基础资料设置模块包括商品类别设置、商品计量单位设置、商品信息设置和供应商信息设置等，用户通过选择主菜单"基础资料设置"中的菜单项，打开相应的信息设置对话框进行的处理。每个对话框实现一张数据库表的增、删、改、查等操作，画出基础资料功能模块图。

（2）配置"DbHelper"类数据库操作类。

（3）配置应用程序配置文件"App. config"。

2. 任务分析

从实际应用看，除了数据库表不同外，基础资料设置的各个子功能模块在界面上和实现代码上基本是一致的。本任务将重点讲述商品计量单位设置和商品信息维护功能的实现过程。

3. 操作步骤

（1）绘制基础资料功能模块图。

建立一个 Word 文档或 Visio 文档，如图 2-1 和图 2-2 所示。

（2）"DbHelper"设置。

在本单元相应目录下创建一个 VS 2010 的项目，项目名称为"HcitPos"（或者复制单元 1 的项目"HcitPos"至单元 2 相应目录下，删除"FrmMain"等窗体）。

由于需要对数据库进行操作，首先要做的任务就是配置数据库连接。具体来讲，就是将单元 1 中创建的数据库连接类 DbHelper 应用到本单元的 POS 商业销售中来。

（3）将在单元 1 中构造的"DbHelper. cs"数据库操作类复制到在单元 2 中创建的项目"HcitPos"的目录下。

（4）在 VS 2010 的"解决方案资源管理器"中，选择项目"HcitPos"并右击，在弹出的快捷菜单中执行"添加"→"现有项"命令，如图 2-3 所示。

商品类别设置界面

类别编号	类别名
SPLB01	食品
SPLB02	烟酒
SPLB03	服装鞋帽
SPLB04	日杂用品
SPLB05	家用电器
SPLB06	文化用品

基础资料
商品类别设置
计量单位设置
商品信息设置
供应商信息设置

增加　　修改　　删除　　退出

商品计量单位设置界面

计量单位编号	计量单位名
1	个
2	袋
3	台
4	双
5	件

增加　　修改　　删除　　退出

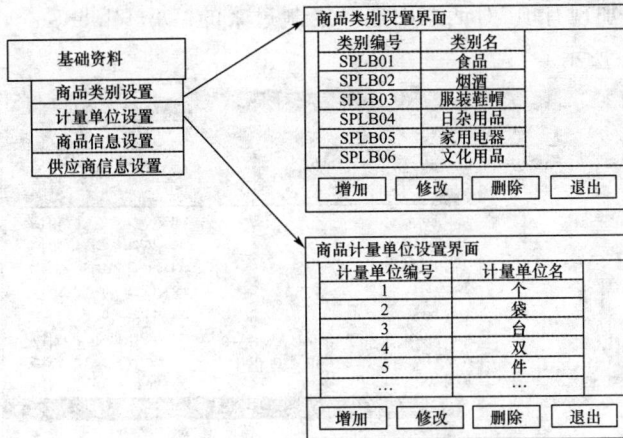

图 2-1　基础资料设置模块 1

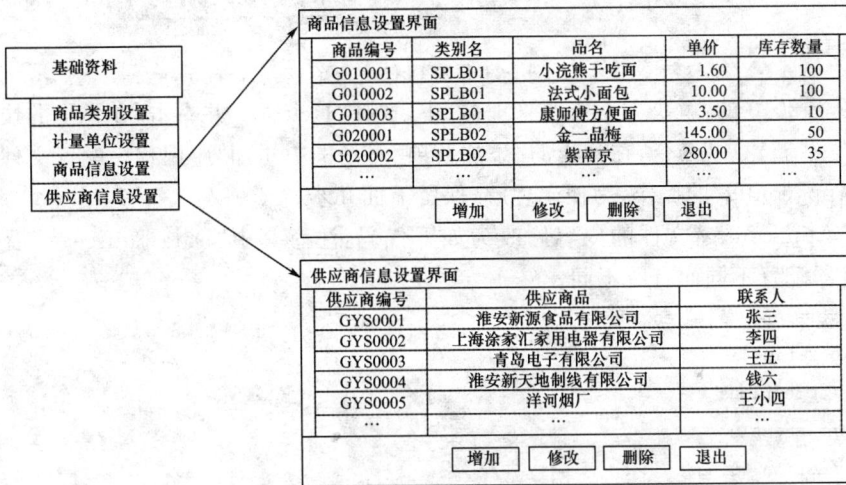

商品信息设置界面

商品编号	类别名	品名	单价	库存数量
G010001	SPLB01	小浣熊干吃面	1.60	100
G010002	SPLB01	法式小面包	10.00	100
G010003	SPLB01	康师傅方便面	3.50	10
G020001	SPLB02	金一品梅	145.00	50
G020002	SPLB02	紫南京	280.00	35
...	...	...	...	...

基础资料
商品类别设置
计量单位设置
商品信息设置
供应商信息设置

增加　　修改　　删除　　退出

供应商信息设置界面

供应商编号	供应商品	联系人
GYS0001	淮安新源食品有限公司	张三
GYS0002	上海涂家汇家用电器有限公司	李四
GYS0003	青岛电子有限公司	王五
GYS0004	淮安新天地制线有限公司	钱六
GYS0005	洋河烟厂	王小四
...	...	...

增加　　修改　　删除　　退出

图 2-2　基础资料设置模块 2

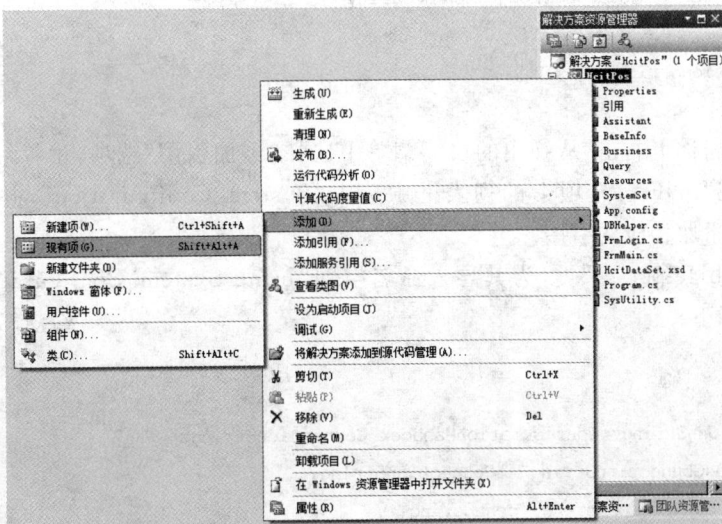

图 2-3　添加"现有项"

（5）在弹出的"添加现有项"对话框中选择复制过来的"DbHelper.cs"，将数据库操作类添加入本项目，如图 2-4 所示。

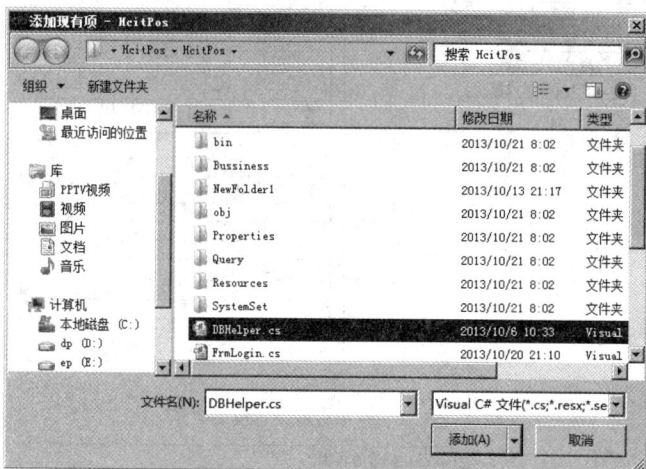

图 2-4 添加 DbHelper 类

（6）在 VS 2010 的"解决方案资源管理器"中，选择"HcitPos"并右击，在弹出的快捷菜单中执行"添加"→"新建项"命令，在弹出的"添加新项"对话框中添加"应用程序配置文件"（同单元1 中添加"App.config"的操作，为便于理解，保留下面几步）。

（7）将"App.config"文件的内容修改为如下代码，注意其中"Data Source＝"后的服务器地址根据机器配置不同而有所不同。

```
＜? xml version = "1.0" encoding = "utf-8" ?＞
＜configuration＞
  ＜configSections＞
  ＜/configSections＞
  ＜connectionStrings＞
  ＜add name = "HcitPosConnectionString" connectionString = "Data Source = .;
  Initial Catalog = HcitPos;Integrated Security = True"
  providerName = "System.Data.SqlClient"/＞
  ＜/connectionStrings＞
＜/configuration＞
```

（8）在项目名称上右击，从弹出的快捷菜单中选择"添加引用"选项，稍等片刻，弹出"添加引用"对话框，在".NET"选项卡的列表框中选中"System.Configuration"，并单击"确定"按钮，为整个项目添加相应的引用。

（9）打开"DbHelper.cs"类，为其导入命名空间"using System.Configuration"，并将构造方法代码修改如下：

```
public DbHelper()
{
    String connString = ConfigurationManager.ConnectionStrings
    ["HcitPosConnectionString"].ConnectionString;
    sqlConn.ConnectionString = connString;
    sqlCmd.Connection = sqlConn;
}
```

(10)在 VS 2010 的"解决方案资源管理器"中，选择"HcitPos"并右击，从弹出的快捷菜单中执行"添加"→"新建文件夹"命令，将文件夹命名为"BaseInfo"。在接下来的任务中，右击"BaseInfo"文件夹来添加新的 Windows 窗体，将功能相对独立的模块放置在同一文件夹中，以便于项目分工和后期维护，整个项目也会显得干净整齐。

4. 注意点

(1)注意步骤(8)和(9)"System. Configuration"的添加和命名空间的引用"using System. Configuration"。

(2)画功能模块图时最好采用 Microsoft Office Visio 软件，该软件比 Microsoft Office Word 画图效率高、图形紧凑。

任务 2　实现商品类别设置功能

在实现商品信息维护前，首先要将商品分类存放，以便于查找。商品类别信息的设置包括增加、修改、删除和退出等操作。

任务 2.1　显示商品类别信息

1. 任务要求

根据图 2-1 所示的商品类别信息和表 2-1 所示信息设计显示商品类别信息的窗体。

2. 任务分析

根据单元 1 创建的数据库表结构信息，商品类别信息的数据库表结构见表 2-1。

表 2-1　　　　　　　　　　　　　　　　**GClass(商品类别表)**

序　号	列　　名	数据类型	长　度	小数位	主　　键	说　　明
1	ClassID	varchar	10		√	类别编号
2	ClassName	varchar	50			类别名称

3. 操作步骤

显示商品类别信息界面是商品类别信息设置子模块的主界面，具体实现步骤如下：

(1)在 VS 2010 的"解决方案资源管理器"中，右击"BaseInfo"文件夹，从弹出的快捷菜单中执行"添加"→"新建项"命令，在"添加新项"对话框中选择"Windows 窗体"，并将其命名为"FrmClassInfo. cs"。

(2)将"FrmClassInfo"窗体的各项属性修改为表 2-2 中的值，其中"Size"属性的设置根据窗体(或控件)的布局而定，无固定的大小要求，后续窗体中该属性的设置与之类似，不再赘述。

表 2-2　　　　　　　　　　　　　**商品类别信息主界面属性值**

属　　性	值	说　　明
FormBorderStyle	FixedSingle	窗体设置为固定大小
MaximizeBox	False	取消窗体的最大化按钮
MinimizeBox	False	取消窗体的最小化按钮
Size	566,426	设置窗体大小
StartPosition	CenterParent	相对于程序主界面的位置
Text	商品类别信息	窗体标题栏文字

（3）在"工具箱"中选择"容器"选项卡，拖动一个"Panel"控件到商品类别信息窗体上，其属性设置见表 2-3。

表 2-3　　　　　　　　　　　"panel1"控件属性值

属　性	值	说　明
Name	panel1	这里用控件的默认名字
Size	560,50	设置控件大小，改高度值即可
Dock	Bottom	使"panel1"控件在父窗体底部停靠

（4）在"panel1"控件中添加 4 个按钮，分别命名为"btnAdd"（添加）、"btnEdit"（修改）、"btnDelete"（删除）和"btnClose"（退出），在添加过程中，可以利用布局工具加快布局速度，如图 2-5 所示。

图 2-5　"FrmClassInfo"窗体

（5）在"工具箱"中选择"容器"选项卡，再拖动一个"Panel"控件到商品类别信息窗体上，其属性设置见表 2-4。

表 2-4　　　　　　　　　　　"panel2"控件属性值

属　性	值	说　明
Name	panel2	这里用控件的默认名字
Dock	Fill	使"Panel2"控件充满对话框

（6）利用"Panel"进行布局是 Windows 应用程序开发的常见方式，布局结束后，在"工具箱"中，将"数据"选项卡中的"DataGridView"控件拖到"panel2"容器控件中，其属性设置见表 2-5。

表 2-5　　　　　　　　　　　"DataGridView"控件属性值

属　性	值	说　明
Name	gvGoodsClass	用 gv 作为前缀代指 GridView
Dock	Fill	使 datagridview 控件充满 panel2 容器
SelectionMode	FullRowSelect	同时选中一行

（7）选择刚添加的"DataGridView"控件，单击其右上角的三角箭头，如图 2-6 所示。

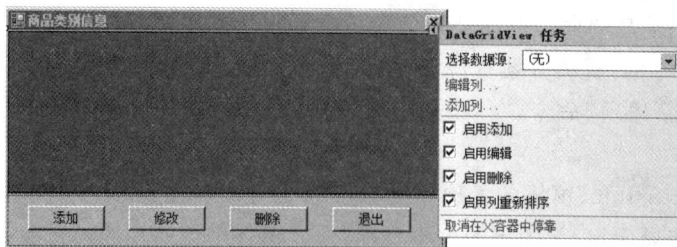
图 2-6　通过单击三角箭头设置"DataGridView"控件

（8）在弹出的对话框中取消选中"启用添加""启用编辑"和"启用删除"复选框，单击"编辑列"选项，弹出"编辑列"对话框，如图 2-7 所示。

（9）在"编辑列"对话框中，单击"添加"按钮，在弹出的"添加列"对话框中，"名称"对应采用数据库中的字段名"ClassID"，"页眉文本"则采用数据库中相应字段的中文名称"类别编号"，如图 2-8 所示。

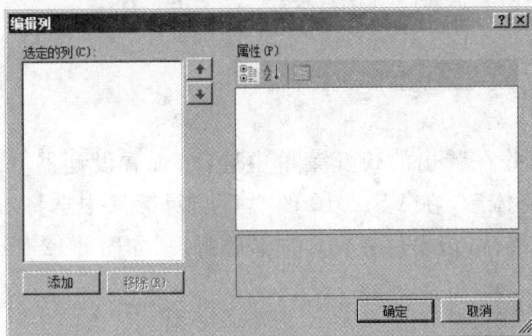

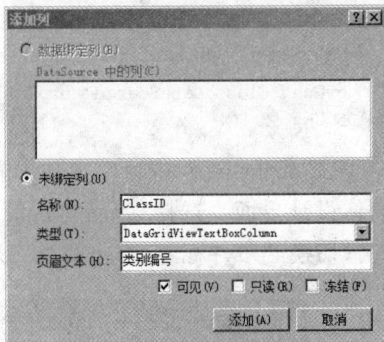

图 2-7　"编辑列"对话框　　　　　　　　　　图 2-8　为"DataGridView"添加新列

（10）在添加列后，在"编辑列"对话框中选择"类别编号"选项，将其"DataPropertyName"属性设置为"ClassID"，使之和数据库中的字段对应，如图 2-9 所示。

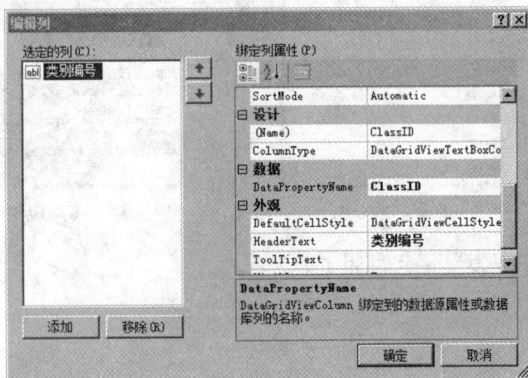

图 2-9　设置类别编号列的"DataPropertyName"属性为"ClassID"

（11）继续添加数据库表中的其他几列，添加后的效果如图 2-10 所示，添加结束后，单击"确定"按钮。

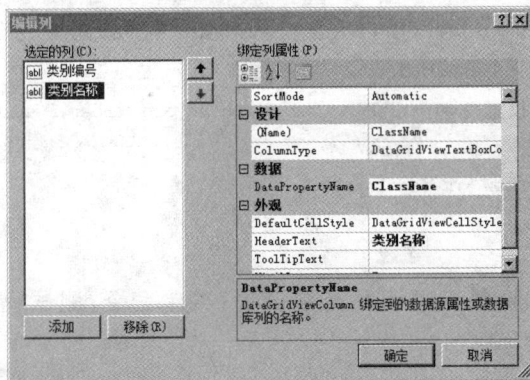

图 2-10　将数据库中的列添加到"DataGridView"中

（12）在"FrmClassInfo"窗体的设计页面上右击，在弹出的快捷菜单中选择"查看代码"命令，如图 2-11 所示。

（13）在"FrmClassInfo.cs"文件中，添加一个名为"InitGridView"的私有方法，代码如下：

```
private void InitGridview()
{
    DbHelper db = new DbHelper();
```

```
string select = "select * from Gclass";
DataSet ds = db.ExecuteDataSet(select);
gvGoodsClass.DataSource = ds.Tables[0].DefaultView;
}
```

（14）在"FrmClassInfo.cs"文件中右击，并在弹出的快捷菜单中选择"查看设计器"命令，回到窗体设计界面。选择"商品类别信息"窗体后，在 VS 2010 的"属性"对话框中选择"闪电图标" ，切换到事件标签，双击添加"Load"事件，该事件在窗体加载时触发，如图 2-12 所示。

图 2-11　查看代码　　　　　　　图 2-12　添加窗体的"Load"事件

在"Form_Load"事件中方法，添加如下代码：

```
private void FrmClassInfo_Load(object sender,EventArgs e)
{
    InitGridview();
}
```

（15）在 VS 2010 的"解决方案资源管理器"中双击"FrmMain.cs"文件，切换到应用程序主界面。在主界面中选择"基础资料"菜单，然后双击"商品类别设置"菜单项，在生成的"商品类别设置 ToolStripMenuItem_Click"事件方法中添加如下代码（需要先在"FrmMain.cs"代码的顶部，添加"using HcitPos.BaseInfo;"）：

```
private void 商品类别设置 ToolStripMenuItem_Click(object sender,EventArgs e)
{
    FrmClassInfo frm = new FrmClassInfo();
    frm.ShowDialog();
}
```

（16）通过执行"基础资料"→"商品类别设置"菜单命令，测试程序代码，结果如图2-13所示。

任务 2.2　添加商品类别信息

1. 任务要求

为实现添加商品类别信息功能，可以创建新的"添加商品类别"窗体。

2. 任务分析

由于商品类别表只有"ClassID"和"ClassName"两个列，所以在设计的"添加商品类别"窗体中必须增加 2 个标签（Label）、2 个文本框（TextBox）和 2 个按钮（Button）。

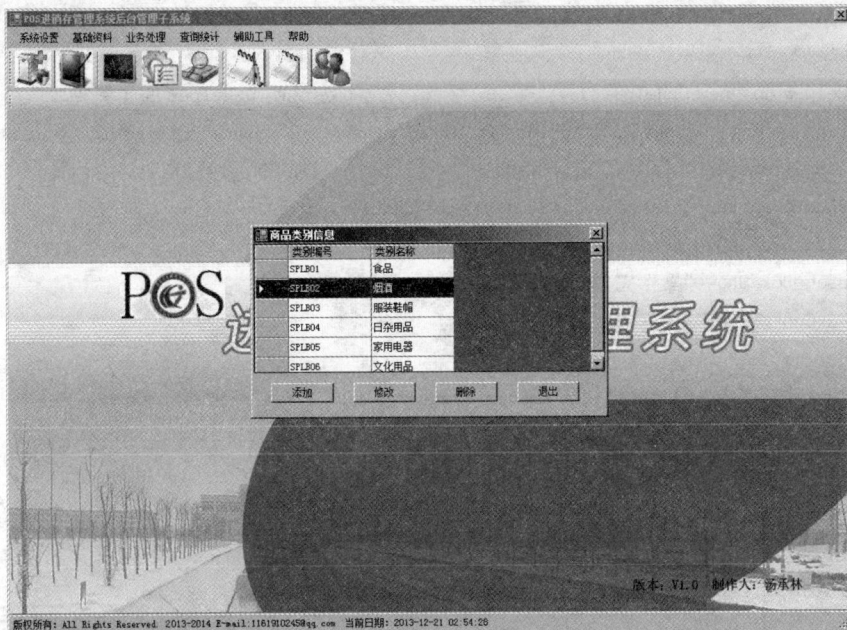

图 2-13　查看商品类别信息界面

3. 操作步骤

本任务具体操作步骤如下：

(1)在 VS 2010 的"解决方案资源管理器"中右击"BaseInfo"文件夹，在弹出的快捷菜单中执行"添加"→"新建项"命令，在"添加新项"对话框中选择"Windows 窗体"，并将该窗体命名为"FrmClassInfoSet. cs"。

(2)将"FrmClassInfoSet"窗体的各项属性修改为表 2-6 所示的值。

表 2-6　　　　　　　　　　　"添加商品类别"界面属性值

属　　性	值	说　　明
FormBorderStyle	FixedSingle	窗体设置为固定大小
MaximizeBox	False	取消窗体的最大化按钮
MinimizeBox	False	取消窗体的最小化按钮
StartPosition	CenterParent	相对于程序主界面的位置
Text	添加商品类别	窗体标题栏文字

（3）在"FrmClassInfoSet"窗体上添加如图 2-14 所示的控件，其中"TextBox"控件从上至下依次命名为"txtClassID"和"txtClassName"，"Button"控件则命名为"btnSave"和"btnCancel"。

(4)双击"保存"按钮，添加如下代码，注意在此自定义了两个方法"ClearControl"和"InsertRecords"：

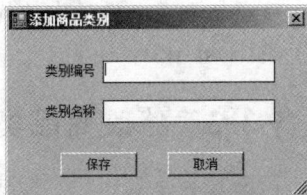

图 2-14　"添加商品类别"界面

```csharp
private void ClearControl()
{
    txtClassID. Text = "";
    txtClassName. Text = "";
}
```

```csharp
private void InsertRecords()
{
    DbHelper db = new DbHelper();                      //1.定义类 DbHelper 的实例
    string insert = "insert into gclass (classid,classname) values (@classid,@classname)";
    db.AddParameter("classid",txtClassID.Text);  //2.添加 SQL 参数值
    db.AddParameter("classname",txtClassName.Text);
    db.ExecuteNonQuery(insert);
    MessageBox.Show("操作完成!");
    ClearControl();
}
private void btnSave_Click(object sender,EventArgs e)
{
    InsertRecords();
}
```

(5)双击"取消"按钮,添加如下代码:

```csharp
private void btnCancel_Click(object sender,EventArgs e)
{
    Close();
}
```

(6)在"解决方案资源管理器"中双击"FrmClassInfo.cs"文件,切换到查看商品类别信息界面,在该界面中双击"添加"按钮并添加如下代码:

```csharp
private void btnAdd_Click(object sender,EventArgs e)
{
    FrmClassInfoSet frm = new FrmClassInfoSet();
    frm.ShowDialog();
    InitGridview();        //刷新 gvGoodsClass
}
```

(7)执行"基础资料"→"商品类别设置"命令,在打开的"商品类别信息"对话框中单击"添加"按钮切换到添加商品类别信息界面,通过录入测试数据来测试该功能是否正确,如图 2-15 所示。

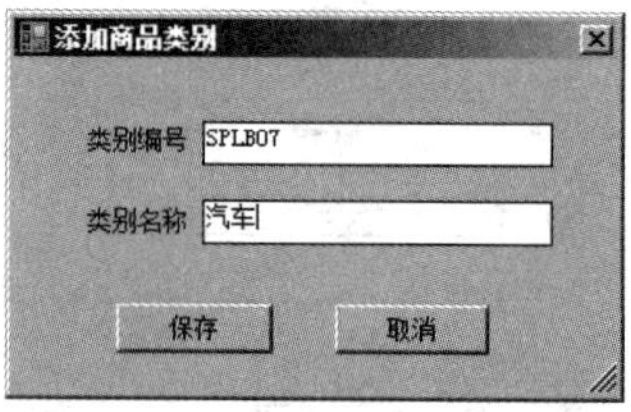

4.注意点

注意与下一个任务中的代码合并,特别是在下个任务中增加了类"SysUtility"。

图 2-15 "添加商品类别"界面

任务 2.3 修改商品类别信息

1.任务要求

修改商品类别信息的功能实现对商品类别表中商品类别的修改。

2.任务分析

修改商品类别信息的功能和添加商品信息类似,可以继续使用任务 2.2 中创建的"FrmClassInfoSet.cs"界面。

3.操作步骤

本任务具体操作步骤如下:

（1）在 VS 2010 的"解决方案资源管理器"中，选择"HcitPos"项目并右击，在弹出的快捷菜单中执行"添加"→"类"命令，将新添加的类命名为"SysUtility"，并在其中编写如下代码：

```
using System;
using System.Collections.Generic;
using System.Linq;
using System.Text;
namespace HcitPos
{
    public class SysUtility
    {
        public enum OperationMethod
        {
            Insert,Edit,Delete
        }
    }
}
```

（2）在 VS 2010 的"解决方案资源管理器"中，双击"FrmClassInfoSet.cs"文件，切换到添加商品信息功能主界面。在该界面上右击，在弹出的快捷菜单中选择"查看代码"命令，切换到代码编辑界面，并添加如下代码：

```
//1.私有变量,确定是增加还是修改操作
private SysUtility.OperationMethod action = SysUtility.OperationMethod.Insert;
//2.设置该窗体功能为添加还是修改
public void SetActionMode(SysUtility.OperationMethod method)
{
    this.action = method;
    if(method = = SysUtility.OperationMethod.Insert)
        this.Text = "添加商品类别";
    else
        this.Text = "编辑商品类别";
}
//3.如果是修改操作,需要初始化控件的值
public void InitControl(string classID,string className)
{
    txtClassID.Text = classID;
    txtClassName.Text = className;
    txtClassID.ReadOnly = true;
    txtClassName.Focus();
}
//4.实现修改功能
private void EditRecords()
{
    DbHelper db = new DbHelper();
    string update = "update goodsclass set classname = @classname where
```

```
        classid = @classid";
        db.AddParameter("classname",txtClassName.Text);
        db.AddParameter("classid",txtClassID.Text);
        db.ExecuteNonQuery(update);
        MessageBox.Show("操作完成!");
        Close();
    }
```

(3)修改"private void btnSave_Click(object sender,EventArgs e)"中的代码为如下内容:

```
private void btnSave_Click(object sender,EventArgs e)
{
    if(action = = SysUtility.OperationMethod.Insert)
        InsertRecords();
    if(action = = SysUtility.OperationMethod.Edit)
        EditRecords();
}
```

(4)在 VS 2010 的"解决方案资源管理器"中,选择"FrmClassInfo.cs",切换到商品类别信息设置主界面,双击"添加"按钮,修改代码为如下内容:

```
private void btnAdd_Click(object sender,EventArgs e)
{
    FrmClassInfoSet frm = new FrmClassInfoSet();
    frm.SetActionMode(SysUtility.OperationMethod.Insert);
    frm.ShowDialog();
    InitGridview();      //刷新 gvGoodsClass
}
```

(5)双击"修改"按钮,添加如下代码:

```
private void btnEdit_Click(object sender,EventArgs e)
{
    FrmClassInfoSet frm = new FrmClassInfoSet();
    frm.SetActionMode(SysUtility.OperationMethod.Edit);
    frm.InitControl(gvGoodsClass.SelectedRows[0].Cells[0].Value.ToString(),
                gvGoodsClass.SelectedRows[0].Cells[1].Value.ToString())
    frm.ShowDialog();
    InitGridview();      //刷新 gvGoodsClass
}
```

(6)运行程序,测试修改功能,如图 2-16 和图 2-17 所示。

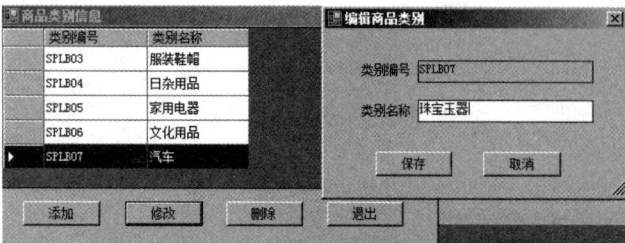

图 2-16　修改商品类别前　　　　　　　　　　　图 2-17　修改商品类别成功后

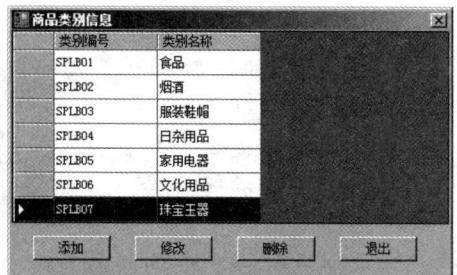

4. 注意点

(1)注意修改前与修改后网格中商品类别信息的变化,如果没有变化,则说明网格没有刷新。

(2)"SysUtility"类的作用是防止误操作(如插入、删除和修改等)。

任务 2.4　删除商品类别信息

1. 任务要求

选择某个商品类别,删除该商品类别。

2. 任务分析

删除商品类别信息的功能和添加商品信息类似,可以继续使用任务 2.2 中创建的"FrmClassInfoSet.cs"界面。

3. 操作步骤

本任务具体操作步骤如下:

(1)在 VS 2010 的"解决方案资源管理器"中,双击"FrmClassInfo.cs",切换到商品类别信息设置主界面,双击"删除"按钮,添加如下代码:

```
private void btnDelete_Click(object sender,EventArgs e)
{
    if(DialogResult.Yes = = MessageBox.Show("确定删除记录?","警告",MessageBoxButtons.YesNo))
    {
        DbHelper db = new DbHelper();
        string classid = gvGoodsClass.SelectedRows[0].Cells[0].Value.ToString();
        string delete = "delete from gClass where classid = @classid";
        db.AddParameter("classid",classid);
        db.ExecuteNonQuery(delete);
        InitGridView();       //刷新 gvGoodsClass
    }
}
```

这里,通过"MessageBox.Show"方法来询问用户是否同意接下来的操作,这种模式在实际项目开发中得到了广泛应用。

(2)运行程序,测试效果,删除前后的界面如图 2-18 和图 2-19 所示。

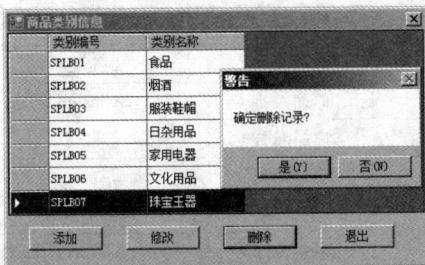

图 2-18　删除商品类别前　　　　　图 2-19　删除商品类别成功后

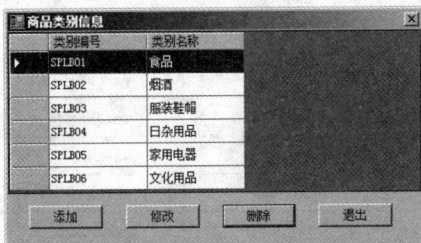

(3)双击"退出"按钮,添加如下代码:

```
private void btnClose_Click(object sender,EventArgs e)
{
    Close();
}
```

至此,商品类别设置功能全部实现。

4. 注意点

(1)注意删除前与删除后网格中商品类别信息的变化,如果没有变化,则说明网格没有刷新。

(2)请读者反复操作任务 2.2 中各子任务,这样在对各种数据库信息进行增、删、改、查操作时就会得心应手。

(3)根据任务 2.2 操作方法,请读者设计商品计量单位设置功能。

任务 3 实现商品信息设置功能

商品信息设置功能相对于商品类别信息设置要复杂一些,包含了商品信息查询功能,其界面如图 2-20 所示。

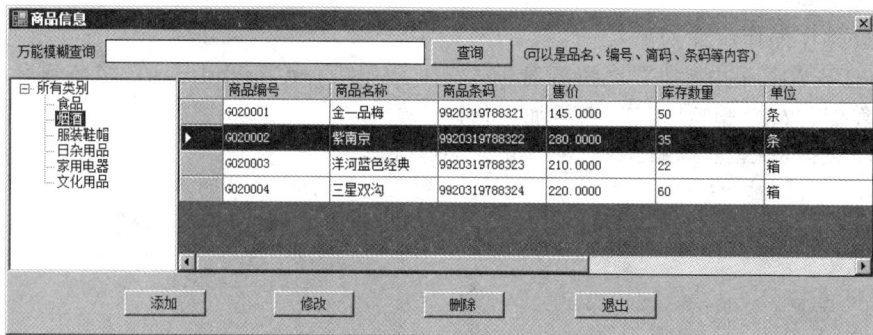

图 2-20 商品信息维护界面

任务 3.1 显示商品信息

1. 任务要求

实现对商品信息的显示。

2. 任务分析

根据"POS 进销存管理系统"数据库要求,商品信息的数据库表结构见表 2-7。

表 2-7 **GsInfo(商品信息表)**

序　号	列　名	数据类型	长　度	列名含义	说　明
1	GID	varchar	50	商品编号	主键
2	ClassID	varchar	10	商品类别	外键,GClass(ClassID)
3	GName	varchar	250	商品名称	非空
4	ShortCode	varchar	50	拼音简码	
5	BarCode	varchar	20	条形码	唯一性约束
6	GUnit	varchar	4	计量单位编号	外键,GUnit(UnitID)
7	Price	money		单价	默认值 0
8	StoreNum	int		库存数量	默认值 0
9	StopUse	bit		是否可用	
10	StoreLimit	int		库存上限	默认值 0
11	StoreBaseline	int		库存下限	默认值 0
12	LastPPrice	money		上次进价	默认值 0

3. 操作步骤

本任务的具体实现步骤如下：

（1）在 VS 2010 的"解决方案资源管理器"中，右击"BaseInfo"文件夹，在弹出的快捷菜单中执行"添加"→"新建项"命令，在弹出的"添加新项"对话框中选择"Windows 窗体"，并将该窗体命名为"FrmGoodsInfo.cs"。

（2）将"FrmGoodsInfo"窗体的各项属性修改为表 2-8 所示的值。

表 2-8　　　　　　　　　　商品信息设置主界面属性值

属　性	值	说　明
FormBorderStyle	FixedSingle	窗体设置为固定大小
MaximizeBox	False	取消窗体的最大化按钮
MinimizeBox	False	取消窗体的最小化按钮
StartPosition	CenterParent	相对于程序主界面的位置
Text	商品信息	窗体标题栏文字

（3）在 VS 2010 的"工具箱"中选择"容器"选项卡，拖动一个"Panel"控件到商品信息窗体上，其属性设置见表 2-9。

表 2-9　　　　　　　　　　"panel1"控件属性值

属　性	值	说　明
Dock	Top	使"panel1"控件在父窗体顶部停靠
Size	816,42	设置控件大小，改高度值即可

（4）在"panel1"控件中添加如图 2-21 所示的控件，将"TextBox"控件命名为"txtSearch"，将"Button"控件命名为"btnSearch"。

图 2-21　查询功能控件

（5）在 VS 2010 的"工具箱"中选择"容器"选项卡，再拖动一个"Panel"控件到商品信息窗体上，其属性设置见表 2-10。

表 2-10　　　　　　　　　　"panel2"控件属性值

属　性	值	说　明
Name	panel2	这里用控件的默认名字
Dock	Bottom	使"panel2"控件在父窗体底部停靠

（6）在"panel2"控件中添加 4 个按钮，分别命名为"btnAdd"（添加）、"btnEdit"（修改）、"btnDelete"（删除）和"btnClose"（退出），在添加过程中，可以利用布局工具加快布局速度，如图 2-22 所示。

图 2-22　商品信息布局

（7）在 VS 2010 的"工具箱"中选择"容器"选项卡，再拖动一个"Panel"控件到商品信息窗体上,其属性设置见表 2-11。

<table>
<tr><td colspan="3">表 2-11　　　　　　　　　　　"panel3"控件属性值</td></tr>
<tr><td>属　性</td><td>值</td><td>说　明</td></tr>
<tr><td>Name</td><td>panel3</td><td>这里用控件的默认名字</td></tr>
<tr><td>Dock</td><td>Fill</td><td>使"panel3"控件充满对话框</td></tr>
</table>

(8)从 VS 2010 的"工具箱"中的"容器"选项卡中拖动两个"Panel"控件到"panel3"控件上,分别将其"Dock"属性设置为"Left"和"Right"。其中,左侧的"Panel"控件(应为"panel4")宽度设置为"404"(根据需要而定)。

(9)从 VS 2010 的"工具箱"中选择"TreeView"控件,将其拖到"panel4"控件上,设置其名称为"tvClass","Dock"属性为"Fill"。选中"TreeView"控件,单击该控件右上方的三角箭头,在弹出的菜单中,选择"编辑节点"选项,如图 2-23 所示。

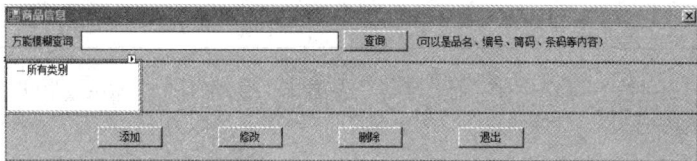

图 2-23　编辑节点

(10)在弹出的"TreeNode 编辑器"对话框中,单击"添加根"按钮,将其"Name"属性设置为"rootNode","Text"属性设置为"所有类别","Tag"属性设置为"－1",如图 2-24 所示,然后单击"确定"按钮。

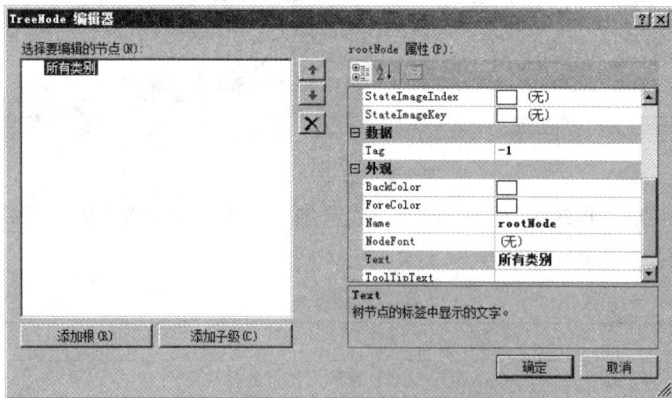

图 2-24　为"TreeView"控件添加根节点

(11)在 VS 2010 的"工具箱"中,将"数据"选项卡中的"DataGridView"控件拖到"panel5"容器控件中,设置其"Name"属性为"gvGoods","Dock"属性为"Fill","SelectionMode"属性为"FullRowSelect"。

(12)选择刚添加的"DataGridView"控件,单击其右上角的三角箭头,在弹出的对话框中取消选中"启用添加""启用编辑"和"启用删除"复选框,单击"编辑列",弹出"编辑列"对话框,按照任务 2.1 的方式添加"DataGridView"控件与商品信息表的映射列,如图 2-25所示。

(13)至此,商品信息维护功能主界面布局已完成,接下来添加代码来初始化各个控件的值。切换至 FrmGoodsInfo 的代码编辑页面,添加如下代码(注意在"FrmGoodsInfo.cs"顶部添加"using System.Data.SqlClient;"):

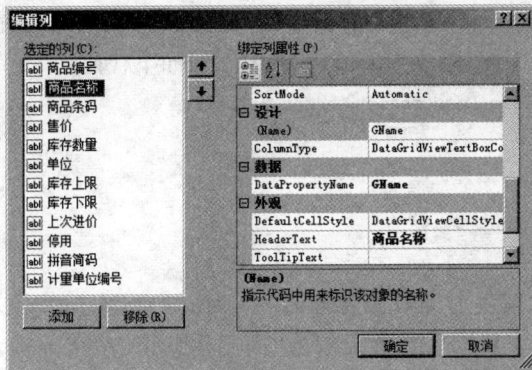

图 2-25 编辑"DataGridView"列

```
//1.初始化 TreeView 控件
private void InitTreeView()
{
    DbHelper db = new DbHelper();
    string select = "select * from gclass";
    SqlDataReader dr = db.ExecuteReader(select);
    tvClass.Nodes[0].Nodes.Clear();
    while(dr.Read())
    {
        TreeNode node = new TreeNode();
        node.Text = dr["ClassName"].ToString();
        node.Tag = dr["ClassID"].ToString();
        tvClass.Nodes[0].Nodes.Add(node);
    }
    dr.Close();
    db.Dispose();
}
//2.初始化"DataGridView"控件,这里根据 classid 来选择不同的商品信息
private void InitGridView(string classid)
{
    DbHelper db = new DbHelper();
    //3.下面的语句涉及两张表,即 GInfo(商品信息表)和 GUnit(计量单位表)
    string select = "select goodsid,goodsname,barcode,goodsunit,storelimit,
    storebaseline,price,stopuse,lastpurchaseprice,shortcode from goodsinfo";
    //4.当 classid 为 -1 时,选择所有商品,否则按类别选择该类别商品
    if(classid! = " - 1")
    {
        select + = " where classid = @classid";
        db.AddParameter("classid",classid);
    }
    DataSet ds = db.ExecuteDataSet(select);
    gvGoods.DataSource = ds.Tables[0].DefaultView;
}
```

(14)在"FrmGoodsInfo.cs"文件上右击,在弹出的快捷菜单中选择"查看设计器"命令,回到窗体设计界面,然后双击窗体,在"Load"事件中添加如下代码:

```
private void FrmGoodsInfo_Load(object sender,EventArgs e)
{
    InitTreeView();
    InitGridView("-1");
}
```

(15)在 VS 2010 的"解决方案资源管理器"中双击"FrmMain.cs"文件,切换到应用程序主界面。在其中选择"基础资料"菜单,然后双击"商品信息设置"菜单项,在生成的"商品信息设置 ToolStripMenuItem_Click"事件中添加如下代码:

```
private void 商品信息设置 ToolStripMenuItem_Click(object sender,EventArgs e)
{
    FrmGoodsInfo frm = new FrmGoodsInfo();
    frm.ShowDialog();
}
```

(16)执行菜单中的"基础资料"→"商品信息设置"命令,测试程序代码,查看效果。

(17)切换回"FrmGoodsInfo.cs",首先实现根据"TreeView"控件中的商品类别来过滤具体的商品信息功能。选中"TreeView"控件,在 VS 2010 的"属性"对话框中选择"TreeView"的"AfterSelect"事件并双击,添加如下代码:

```
private void tvClass_AfterSelect(object sender,TreeViewEventArgs e)
{
    InitGridView(e.Node.Tag.ToString());
}
```

(18)在商品信息主界面上,双击"查询"按钮,添加如下代码,实现商品查询功能:

```
private void btnSearch_Click(object sender,EventArgs e)
{
    if(txtSearch.Text.Trim()! = "")
    {
        DataView dv = (DataView)gvGoods.DataSource;
        dv.RowFilter = "goodsid like '%" + txtSearch.Text + "%'or goodsname like
        '%" + txtSearch.Text + "%' or shortcode like '%" + txtSearch.Text +
        "%' or barcode like '%" + txtSearch.Text + "%'";
    }
}
```

(19)运行程序,测试效果,如图 2-26 所示。

至此,商品信息显示、查询功能已实现。

4. 注意点

(1)注意"gvGoods"网格控件中有的列可见,有的列不可见,详见教材资源。

(2)"TreeView"控件"tvClass"的"AfterSelect"事件,在单击(或选择)节点后触发。

(3)请读者仔细阅读本任务中的各种方法和事件方法,该任务中与任务 2.2 不同,此处使用的"TreeView"控件。

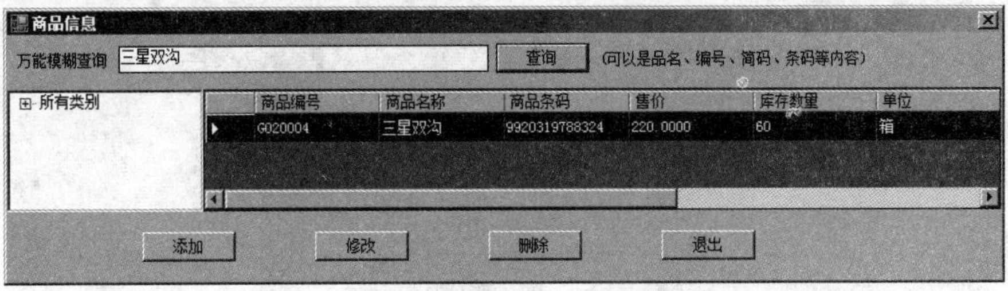

图 2-26　任务 3.1 运行结果

任务 3.2　添加、修改商品信息

1. 任务要求

实现商品信息的添加和修改功能。

2. 任务分析

添加、修改商品信息功能与商品类别信息设置的实现方法类似。

3. 操作步骤

本任务具体操作步骤如下：

（1）在 VS 2010 的"解决方案资源管理器"中，右击"BaseInfo"文件夹，在弹出的快捷菜单中执行"添加"→"新建项"命令，在"添加新项"对话框中选择"Windows 窗体"，并将该窗体命名为"FrmGoodsInfoSet. cs"。

（2）将"FrmGoodsInfoSet"窗体的各项属性修改为表 2-12 所示的值。

表 2-12　　　　　　　　　　添加商品信息界面属性值

属　性	值	说　明
FormBorderStyle	FixedSingle	窗体设置为固定大小
MaximizeBox	False	取消窗体的最大化按钮
MinimizeBox	False	取消窗体的最小化按钮
StartPosition	CenterParent	相对于程序主界面的位置
Text	添加商品信息	窗体标题栏文字

（3）在"FrmGoodsInfoSet"窗体上添加如图 2-27 所示的控件，其中 TextBox 控件命名规范为"txt"前缀加"GoodsInfo"表中的字段名，ComboBox 控件命名为"cboGClass"，CheckBox 控件命名为"ckStopUse"。

（4）切换到代码编辑页面，在代码顶端添加"using System. Data. SqlClient;"，在"FrmGoodsInfoSet"类中添加如下代码，初始化 ComboBox 控件（商品类别和商品计量单位名）。

```
//1.初始化 cboGClass 和 cboUnitName 控件
private void InitComboBox()
{
    DbHelper db = new DbHelper();
    //2.初始化 cboGClass
    string sql = "select * from gclass";
    DataSet ds = db.ExecuteDataSet(sql);
    cboGClass.DataSource = ds.Tables[0];
    cboGClass.DisplayMember = "classname";
```

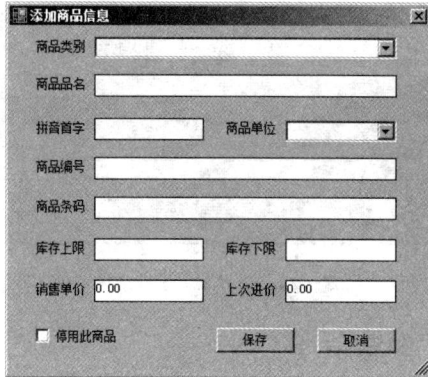

图 2-27 添加商品信息设计界面

```
cboGClass.ValueMember = "classid";
cboGClass.SelectedIndex = - 1;
//3.初始化 cboUnitName
string sql1 = "select * from gunit";
DataSet ds1 = db.ExecuteDataSet(sql1);
cboUnitName.DataSource = ds1.Tables[0];
cboUnitName.DisplayMember = "unitname";
cboUnitName.ValueMember = "unitid";
cboUnitName.SelectedIndex = - 1;
}
```

(5)在"FrmGoodsInfoSet"的构造方法中,调用 InitComboBox()方法,具体代码如下:

```
public FrmGoodsInfoSet()
{
    InitializeComponent();
    InitComboBox();
}
```

(6)添加自定义方法"SetActionMode",设置窗体状态,供父窗体调用,以决定该窗体功能是添加记录还是修改记录。代码如下:

```
//4.添加私有字段,标识当前操作
private SysUtility.OperationMethod action = SysUtility.OperationMethod.Insert;
//5.设置当前为添加状态还是编辑状态
public void SetActionMode(SysUtility.OperationMethod method)
{
    this.action = method;
    if(method = = SysUtility.OperationMethod.Insert)
        this.Text = "添加商品信息";
    else
        this.Text = "编辑商品信息";
}
```

(7)继续添加"ClearControl"和"InsertRecords"方法,实现添加记录操作。代码如下:

```
//6.清空控件的值,为下一次添加记录做准备
private void ClearControl()
{
```

```
        txtGID.Text = "";

        txtGName.Text = "";

        txtBarCode.Text = "";

        txtLastPPrice.Text = "";

        txtPrice.Text = "";

        txtShortCode.Text = "";

        ckStopUse.Checked = false;

}
//7.添加记录
public void InitControl(string gid)
{
        DbHelper db = new DbHelper();

        string select = "select * from ginfo where gid = @gid";

        db.AddParameter("gid",gid);

        SqlDataReader dr = db.ExecuteReader(select);

        if(dr.Read())

        {
                txtBarCode.Text = dr["barcode"].ToString();

                txtGID.Text = dr["gid"].ToString();

                txtGID.ReadOnly = true;

                txtGName.Text = dr["gname"].ToString();

                cboUnitName.Text = dr["gunit"].ToString();

                txtLastPPrice.Text = dr["lastpprice"].ToString();

                txtPrice.Text = dr["price"].ToString();

                txtShortCode.Text = dr["shortcode"].ToString();

                txtStoreBaseline.Text = dr["storebaseline"].ToString();

                txtStoreLimit.Text = dr["storelimit"].ToString();

                cboGClass.SelectedValue = dr["classid"].ToString();

                ckStopUse.Checked = Convert.ToBoolean(dr["StopUse"]);

        }

        dr.Close();

        db.Dispose();

}
```

(8)添加"InitControl"和"EditRecords"方法,实现修改记录操作。代码如下:

```
//8.如果是编辑记录,需要调用该方法设置控件的值
public void InitControl(string gid)
{
        DbHelper db = new DbHelper();

        string select = "select * from ginfo where gid = @gid";

        db.AddParameter("gid",gid);

        SqlDataReader dr = db.ExecuteReader(select);

        if(dr.Read())

        {
                txtBarCode.Text = dr["barcode"].ToString();

                txtGID.Text = dr["gid"].ToString();
```

```
            txtGID.ReadOnly = true;
            txtGName.Text = dr["gname"].ToString();
            cboUnitName.Text = dr["gunit"].ToString();
            txtLastPPrice.Text = dr["lastpprice"].ToString();
            txtPrice.Text = dr["price"].ToString();
            txtShortCode.Text = dr["shortcode"].ToString();
            txtStoreBaseline.Text = dr["storebaseline"].ToString();
            txtStoreLimit.Text = dr["storelimit"].ToString();
            cboGClass.SelectedValue = dr["classid"].ToString();
            ckStopUse.Checked = Convert.ToBoolean(dr["StopUse"]);
        }
        dr.Close();
        db.Dispose();
    }

//9.修改记录
private void EditRecords()
{
        DbHelper db = new DbHelper();
        string update = " update ginfo set classid = @ classid, gname = @ gname, shortcode =
        @ shortcode, barcode = @ barcode, gunit = @ gunit, storelimit = @ storelimit, storebaseline =
        @ storebaseline, price = @ price, stopuse = @ stopuse, lastpprice = @ lastpprice where gid = @
        gid";
        db.AddParameter("classid", cboGClass.SelectedValue);
        db.AddParameter("gname", txtGName.Text);
        db.AddParameter("shortcode", txtShortCode.Text);
        db.AddParameter("barcode", txtBarCode.Text);
        db.AddParameter("gunit", cboUnitName.SelectedValue);
        db.AddParameter("storelimit", txtStoreLimit.Text);
        db.AddParameter("storebaseline", txtStoreBaseline.Text);
        db.AddParameter("price", txtPrice.Text);
        db.AddParameter("stopuse", ckStopUse.Checked);
        db.AddParameter("lastpprice", txtLastPPrice.Text);
        db.AddParameter("gid", txtGID.Text);
        db.ExecuteNonQuery(update);
        MessageBox.Show("操作完成!");
        Close();
}
```

(9)双击“保存”按钮,添加如下代码:

```
private void btnSave_Click(object sender, EventArgs e)
{
    if(action = = SysUtility.OperationMethod.Insert)
        InsertRecords();
    if(action = = SysUtility.OperationMethod.Edit)
        EditRecords();
}
```

(10)双击"取消"按钮,添加如下代码:

```
private void btnCancel_Click(object sender,EventArgs e)
{
    Close();
}
```

(11)在 VS 2010 的"解决方案资源管理器"中双击"FrmGoodsInfo.cs"文件,切换到商品信息维护主界面。在该界面中双击"添加"按钮,并添加如下代码:

```
private void btnAdd_Click(object sender,EventArgs e)
{
    FrmGoodsInfoSet frm = new FrmGoodsInfoSet();
    frm.SetActionMode(SysUtility.OperationMethod.Insert);
    frm.ShowDialog();
    if(tvClass.SelectedNode! = null)
        InitGridView(tvClass.SelectedNode.Tag.ToString());
    else
        InitGridView("-1");
}
```

(12)在商品信息维护界面中双击"修改"按钮,添加如下代码:

```
private void btnEdit_Click(object sender,EventArgs e)
{
    FrmGoodsInfoSet frm = new FrmGoodsInfoSet();
    frm.SetActionMode(SysUtility.OperationMethod.Edit);
    frm.InitControl(gvGoods.SelectedRows[0].Cells[0].Value.ToString());
    frm.ShowDialog();
    if(tvClass.SelectedNode! = null)
        InitGridView(tvClass.SelectedNode.Tag.ToString());
    else
        InitGridView("-1");
}
```

(13)执行"基础资料"→"商品信息设置"命令,打开"商品信息设置"对话框,单击其中的"添加"按钮和"修改"按钮来测试功能是否实现,操作效果如图 2-28～图 2-31 所示。

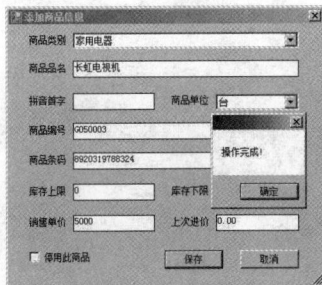

图 2-28 添加商品信息成功前

图 2-29 添加商品信息成功后

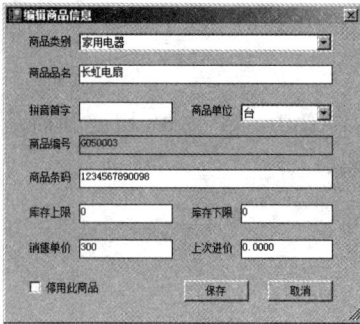

图 2-30　编辑商品信息成功前　　　　　图 2-31　编辑商品信息成功后

4. 注意点

(1)特别注意如下 4 行代码：

```
cboGClass.DisplayMember = "classname";
cboGClass.ValueMember = "classid";
cboUnitName.DisplayMember = "unitname";
cboUnitName.ValueMember = "unitid";
```

第 1 行，设置"cboGClass"控件的显示信息（商品类别名）；第 2 行设置"cboGClass"控件的值信息（商品类别号），这是关键，没有前两行，无法保存商品类别号，仅能显示商品类别名；同样，第 3 行，设置"cboUnitName"控件的显示信息（商品计量单位名）；第 4 行设置"cboUnitName"控件的值信息（商品计量单位号），这是关键，没有后两行，无法保存商品计量单位号，仅能显示商品计量单位名。

(2)注意 SQL 语句中添加和修改语句一次仅对一个表进行操作，千万不能同时对两个或两个以上的表进行操作。

(3)注意中代码中如下两行语句：

```
public void InitControl(string gid)
{
    …
    cboUnitName.SelectedValue = dr["gunit"].ToString();
    …
    cboGClass.SelectedValue = dr["classid"].ToString();
    …
}
```

以及如下两行语句：

```
private void EditRecords()
{
    …
    db.AddParameter("classid",cboGClass.SelectedValue);
    …
```

```
db.AddParameter("gunit",cboUnitName.SelectedValue);
...
}
```

及方法 EditRecords()中的对应控件属性是"SelectedValue"。

任务 3.3　删除商品信息

1. 任务要求

实现商品信息的删除功能。

2. 任务分析

删除商品信息功能与商品类别信息设置的实现方法类似。

3. 操作步骤

本任务具体操作步骤如下：

(1)在 VS 2010 的"解决方案资源管理器"中,双击"FrmGoodsInfo. cs",切换到商品信息设置主界面,双击"删除"按钮,添加如下代码：

```
private void btnDelete_Click(object sender,EventArgs e)
{
    if(DialogResult.Yes = = MessageBox.Show("确定删除记录?","警告",MessageBoxButtons.YesNo))
    {
        DbHelper db = new DbHelper();
        string goodsid = gvGoods.SelectedRows[0].Cells[0].Value.ToString();
        string delete = "delete from ginfo where gid = @gid";
        db.AddParameter("gid",gid);
        db.ExecuteNonQuery(delete);
        if(tvClass.SelectedNode! = null)
            InitGridView(tvClass.SelectedNode.Tag.ToString());
        else
            InitGridView(" - 1");
    }
}
```

(2)双击"退出"按钮,添加如下代码：

```
private void btnClose_Click(object sender,EventArgs e)
{
    Close();
}
```

至此,商品信息设置功能全部实现。

(3)运行程序,选择任务 3.2 中刚添加的商品信息,删除前效果如图 2-32 所示,删除后效果如图 2-33 所示。

4. 注意点

(1)注意删除一条记录之前,一定要弹出如图 2-32 所示的警告对话框,以免误删。

(2)删除时选中网格的某一整行,不能选中多行多列,这就要设置网格的属性"MultiSelect"的值为"false","SelectionMode"的值为"FullRowSelect"。

图 2-32　删除商品信息前

图 2-33　删除商品信息成功后

任务 4　采购入库功能设计

任务 4.1　分析采购入库功能

1. 任务要求

(1)分析采购入库功能。

(2)使用 Visio 软件,画出与采购入库相关数据库表的数据库模型图(或关系图)。

2. 任务分析

"POS 进销存管理系统"的业务模块主要包含采购入库子系统、销售管理子系统和库存盘点子系统,采购入库模块一般会生成如图 2-34 所示的采购入库单。

采购入库单

订单编号: P0004　供应商: 淮安新源食品有限公司　　打印日期:2013年10月13日

商品编号	品名	单价	数量	单位	金额
G010001	小浣熊干吃面	1.60	10	袋	16.00
G010002	法式小面包	10.00	20	袋	200.00
				合计	¥216.00

淮安信息职业技术学院软件教研室,电话:0517-83808238　　制表人: test01

图 2-34　采购入库单

为了支持上述表单的生成,需要采用父子表(Master/Details)的形式,即需要两张表,一张为进货信息表,另一张为进货明细表,以防止数据的冗余,见表 2-13 和表 2-14。

表 2-13　　　　　　　　　　　　　PInfo(进货信息表)

序 号	列 名	数据类型	长 度	列名含义	说 明
1	PID	varchar	50	进货单号	主键
2	PDate	datetime		进货日期	默认 getdate()
3	SupID	varchar	20	供应商编号	外键,SupInfo(SupID)
4	UserID	varchar	20	操作员	外键,UsersInfo(UserID)
5	PMoney	money		进货金额	
6	PType	int		进货类型	检查约束(值为:1,2),默认值1

表 2-14　　　　　　　　　　　　　PDetails(进货明细表)

序 号	列 名	数据类型	长 度	列名含义	说 明	
1	ID	int		编号	标识列	
2	PID	varchar	50	进货单号	外键,PInfo(PID)	主键
3	GID	varchar	50	商品编号	外键,GInfo(GID)	
4	UnitPrice	money	20	单价(实际)	默认值 0	
5	PCount	int		进货数量	默认值 0	

采购入库子系统通过采购入库功能主界面向用户提供采购入库和打印单据等功能,如图 2-35 所示。

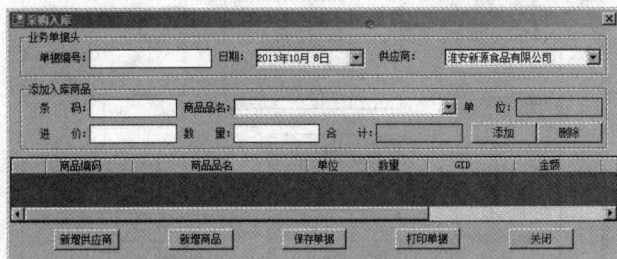

图 2-35　采购入库功能主界面

另外,采购成功后,相应商品的库存数量应该增加。商品库存信息保存在商品信息表中,见表 2-15。

表 2-15　　　　　　　　　　　　　GInfo(商品信息表)

序 号	列 名	数据类型	长 度	列名含义	说 明
1	GID	varchar	50	商品编号	主键
2	ClassID	varchar	10	商品类别	外键,GClass(ClassID)
3	GName	varchar	250	商品名称	非空
4	ShortCode	varchar	50	拼音简码	
5	BarCode	varchar	20	条形码	唯一性约束
6	GUnit	varchar	4	计量单位编号	外键,GUnit(Unit ID)
7	Price	money		单价	默认值 0
8	StoreNum	int		库存数量	默认值 0
9	StopUse	bit		是否可用	
10	StoreLimit	int		库存上限	默认值 0
11	StoreBaseline	int		库存下限	默认值 0
12	LastPPrice	money		上次进价	默认值 0

与采购入库功能模块相关联的还有商品计量单位信息等表,为输入商品信息时减少计量单位名称输入的冗余,增加商品计量单位表。商品计量单位表结构见表 2-16。

表 2-16　　　　　　　　　　GUnit(商品计量单位表)

序　号	列　　名	数据类型	长　度	列名含义	说　　明
1	UnitID	varchar	4	计量单位编号	主键
2	UnitName	varchar	10	计量单位名称	非空

其他表不再一一列出,请参考单元 1 中的相关表。

3. 操作步骤

限于篇幅,具体操作请读者参考 Visio 画图软件的相关操作方法,这里仅给出本任务的数据库模型图(关系图),如图 2-36 所示。

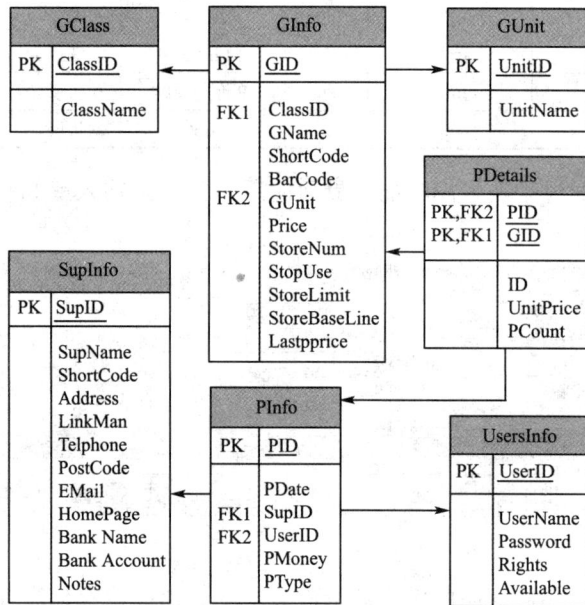

图 2-36　采购入库相关数据库表数据库模型图

4. 注意点

采购入库相关数据库表数据库模型图,可以采用 Visio 软件中的"数据库"菜单中"反向工程"命令自动从 SQL Server 2008 R2 系统中生成。

任务 4.2　采购入库功能主界面设计

1. 任务要求

创建采购入库功能主界面,如图 2-35 所示。

2. 任务分析

由于采购入库功能属于进销存业务模块,因此需要新建一个名为"Bussiness"的文件夹,从而区别于基础信息设置模块,采购入库主界面中具体使用的控件及属性详见操作步骤中的介绍。

3. 操作步骤

本任务具体实现步骤如下:

（1）在 VS 2010 的"解决方案资源管理器"中，选择项目名称"HcitPos"并右击，在弹出的快捷菜单中执行"添加"→"新建文件夹"命令，将文件夹命名为"Bussiness"。

（2）右击"Bussiness"文件夹，在弹出的快捷菜单中执行"添加"→"新建项"命令，在"添加新项"对话框中选择"Windows 窗体"，并将该窗体命名为"FrmPurchase.cs"。

（3）将"FrmPurchase"窗体相应属性修改为如表 2-17 所示的值。

表 2-17　商品采购主界面属性值

属　性	值	说　明
FormBorderStyle	FixedSingle	窗体设置为固定大小
MaximizeBox	False	取消窗体的最大化按钮
MinimizeBox	False	取消窗体的最小化按钮
StartPosition	CenterParent	相对于程序主界面的位置
Text	采购入库	窗体标题栏文字

（4）在 VS 2010 的"工具箱"中选择"容器"选项卡，拖动"Panel"控件到"采购入库"窗体上，这里需要 4 个 Panel 控件，其属性见表 2-18。

表 2-18　"Panel"控件属性值

控件名	属　性	值
panel1	Dock	Top
	Size	703,55
panel2	Dock	Top
	Size	703,88
panel3	Dock	Bottom
	Size	703,43
panel4	Dock	Fill

（5）在"panel1"容器中添加如图 2-37 所示控件，各个控件的名称及属性值见表 2-19。

图 2-37　"panel1"容器控件

表 2-19　"panel1"控件属性

控件类型	控件名	属　性	值
GroupBox	gbTitle	Text	业务单据头
		Size	677,51
TextBox	txtPurchaseID	Size	140,21
DateTimePicker	dtpPurchaseDate	Size	127,21
ComboBox	comboSupplier	Size	182,20

（6）在"panel2"容器中添加如图 2-38 所示控件，按由左至右、由上到下的顺序，各个控件的属性值见表 2-20。

图 2-38　"panel2"容器控件

表 2-20 "panel2"控件属性

控件类型	控件名	属 性	值
GroupBox	gbInGoods	Text	添加入库商品
		Size	677,75
ComboBox	comboGoods	Size	259,20
TextBox	txtBarcode	Size	100,21
	txtUnit	ReadOnly	True
		Size	100,21
	txtUnitPrice	Size	100,21
	txtPurchaseCount	Size	100,21
	txtTotal	ReadOnly	True
		Size	100,21
Button	btnDetailsAdd	Text	添加
	btnDetailsDelete	Text	删除

(7)在"panel3"容器中添加如图 2-39 所示控件,将各个 Button 控件依次命名为 "btnAddSupplier""btnAddGoods""btnSave""btnPrint"和"btnClose"。

图 2-39 "panel3"容器控件及其上各个功能按钮

(8)在 VS 2010 的"工具箱"中选择"数据"选项卡,将其中的"DataGridView"控件拖到"panel4"容器控件中,设置其"Name"属性值为"gvPurchaseDetails","Dock"属性值为"Fill","SelectionMode"属性值为"FullRowSelect","MultiSelect"属性值为"false"。

(9)选择刚添加的 DataGridView 控件,单击该控件右上角的三角箭头,在弹出的对话框中取消选中"启用添加""启用编辑"和"启用删除"复选框,单击"编辑列",弹出"编辑列"对话框,添加 DataGridView 控件与采购入库功能的映射列,如图 2-40 所示,各个列属性见表 2-21。

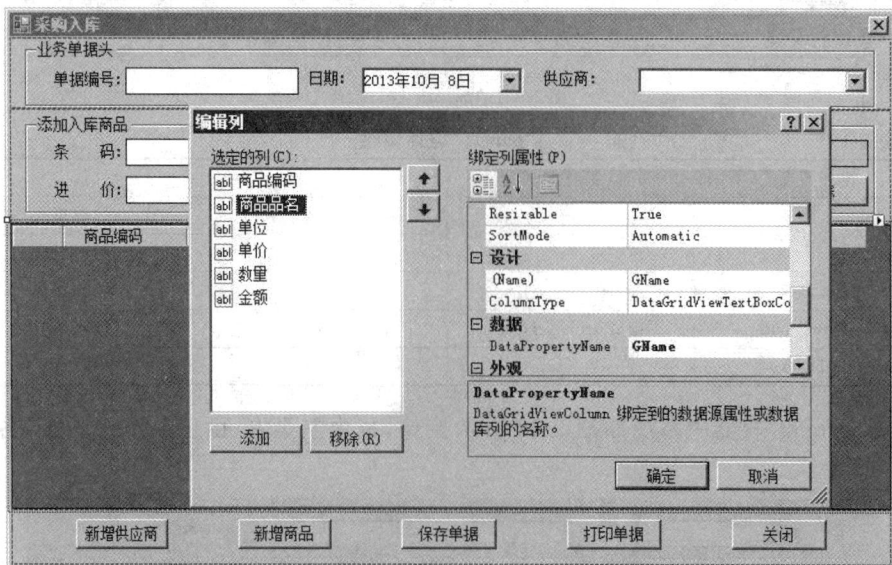

图 2-40 预设 DataGridView 控件的各个列

表 2-21   **gvPurchaseDetails 控件各列的属性**

序 号	Name 属性	DataPropertyName 属性	HeaderText 属性	Width 属性
1	GID	GD	商品编码	100
2	GName	GName	商品品名	200
3	GUnit	GUnit	单位	100
4	UnitPrice	UnitPrice	单价	100
5	PCount	PCount	数量	70
6	TotalMoney	TotalMoney	金额	100

(10)DataGridView 控件没有和数据库中的表直接关联,这里将自定义内存表与之关联,具体代码如下:

```
//1.定义私有变量,自定义内存表与 DataGridView 控件关联
private DataTable dt = new DataTable();
//2.初始化内存表
private void InitDataTableColumn()
{
    dt.Rows.Clear();
    dt.Columns.Clear();
    dt.Columns.Add("GID",Type.GetType("System.String"));
    dt.Columns.Add("GName",Type.GetType("System.String"));
    dt.Columns.Add("UnitPrice",Type.GetType("System.Double"));
    dt.Columns.Add("PCount",Type.GetType("System.Int32"));
    dt.Columns.Add("UnitName",Type.GetType("System.String"));
    dt.Columns.Add("TotalMoney",Type.GetType("System.Double"));
    DataColumn[] dc = { dt.Columns["GID"] };
    dt.PrimaryKey = dc;
}
//3.将内存表设置为 DataGridView 控件的 DataSource
private void FillGridView()
{
    gvPurchaseDetails.DataSource = dt;
}
```

(11)在"采购入库"窗体的"Load"事件中添加如下代码,以实现 DataGridView 控件与自定义内存表的绑定:

```
private void FrmPurchase_Load(object sender,EventArgs e)
{
    InitDataTableColumn();
    FillGridView();
}
```

4. 注意点

(1)注意各控件的命名规则,有时会混乱。

(2)"private DataTable dt=new DataTable();",要放在类"FrmPurchase"的开始位置。

(3)注意"gvPurchaseDetails"的各种属性值,以及列的属性值设置,以免达不到预期的效果。

任务 4.3　采购入库初始化

1.任务要求

在实际业务中,除了采购进货功能之外,还有采购退货功能,两者之间的区别在于,采购入库后增加库存,采购退货后减少库存。因此,可以设置标记字段,用来判定当前操作是入库还是退货。另外,需要初始化供应商信息和商品信息。

2.操作步骤

本任务具体步骤如下:

(1)在 VS 2010 的"解决方案资源管理器"中双击"SysUtility.cs"文件,修改该文件内容为如下代码:

```
/*此处命名空间同前*/
namespace HcitPos
{
    public class SysUtility
    {
        public enum OperationMethod
        {
            Insert,Edit,Delete
        }
        public enum PurchaseMethod        //增加部分
        {
            Purchase = 1,Return
        }
    }
}
```

(2)双击"FrmPurchase.cs"文件,添加如下代码:

```
//1.定义私有变量,标识当前是采购入库还是退货
SysUtility.PurchaseMethod method = SysUtility.PurchaseMethod.Purchase;
//2.公有方法,供父窗体调用,设置是入库还是退货
public void SetActionMethod(SysUtility.PurchaseMethod method)
{
    this.method = method;
    if(method = = SysUtility.PurchaseMethod.Purchase)
        this.Text = "采购入库";
    if(method = = SysUtility.PurchaseMethod.Return)
        this.Text = "采购退货";
}
```

(3)添加代码,初始化供应商信息和商品下拉列表框:

```
//1.初始化供应商信息
private void InitComboSupplier()
{
    DbHelper db = new DbHelper();
    string sql = "select * from supinfo";
    DataSet ds = db.ExecuteDataSet(sql);
```

```
    comboSupplier.DataSource = ds.Tables[0];
    comboSupplier.DisplayMember = "supname";
    comboSupplier.ValueMember = "supid";
    comboSupplier.SelectedIndex = -1;
}
```

//2.初始化商品信息
```
private void InitComboGoods()
{
    DbHelper db = new DbHelper();
    string sql = "select gid,gname from ginfo";
    DataSet ds = db.ExecuteDataSet(sql);
    cboGName.DataSource = ds.Tables[0];
    cboGName.DisplayMember = "gname";
    cboGName.ValueMember = "gid";
    cboGName.SelectedIndex = -1;
}
```

（4）修改"Form_Load"事件方法，完成初始化控件功能。
```
private void FrmPurchase_Load(object sender,EventArgs e)
{
    InitDataTableColumn();
    FillGridView();
    InitComboSupplier();
    InitComboGoods();
}
```

（5）在 VS 2010 的"解决方案资源管理器"中双击"FrmMain.cs"文件，并切换到"查看代码"视图，然后在该文件头部添加"using HcitPos.Bussiness;"。

（6）在"FrmMain"窗体的设计视图中选择"业务处理"菜单，然后双击"采购入库"菜单项，添加如下代码：
```
private void 采购入库ToolStripMenuItem_Click(object sender,EventArgs e)
{
    FrmPurchase frm = new FrmPurchase();
    frm.SetActionMethod(SysUtility.PurchaseMethod.Purchase);
    frm.ShowDialog();
}
```

（7）选择"业务处理"菜单，然后双击"采购退货"菜单项，添加如下代码：
```
private void 采购退货ToolStripMenuItem_Click(object sender,EventArgs e)
{
    FrmPurchase frm = new FrmPurchase();
    frm.SetActionMethod(SysUtility.PurchaseMethod.Return);
    frm.ShowDialog();
}
```

（8）运行程序，测试功能是否实现。

3. 注意点

（1）注意如下四条语句：
```
comboSupplier.DisplayMember = "supname";
```

```
comboSupplier.ValueMember = "supid";

cboGName.DisplayMember = "gname";

cboGName.ValueMember = "gid";
```

用来设置下拉组合框的显示成员和值成员信息。

(2)第(6)步采购入库与第(7)步的采购退货是通过"SysUtility.PurchaseMethod"类中的枚举值区别的。

任务 4.4　实现辅助录入功能

1. 任务要求

对于添加入库商品功能,如图 2-41 所示,由于在商品信息表中已经保存了品名、条码和单位等信息,所以当用户选择商品品名时,条码和单位等信息应自动添加到相应的控件中,请实现这个录入功能。

图 2-41　添加入库商品信息

2. 操作步骤

本任务的具体步骤如下:

(1)在类开始处增加命名空间引用:

```
using System.Data;

using System.Data.SqlClient;
```

(2)右击"cboGName"控件,在弹出的快捷菜单中选择"属性",在其"SelectedIndexChanged"事件中添加如下代码:

```
private void cboGName_SelectedIndexChanged(object sender,EventArgs e)
{
    txtUnitName.Text = "";
    txtBarcode.Text = "";
    if(cboGName.SelectedIndex! = - 1)
    {
        DbHelper db = new DbHelper();
        string sql = "select gid,gname,unitName,barcode,lastpprice from ginfo,gunit where
        ginfo.gunit = gunit.unitid and gid = @gid";
        db.AddParameter("gid",cboGName.SelectedValue.ToString());
        SqlDataReader dr = db.ExecuteReader(sql);
        if(dr.Read())
        {
            txtUnitName.Text = dr["UnitName"].ToString();
            txtBarcode.Text = dr["barcode"].ToString();
            txtUnitPrice.Text = dr["lastpprice"].ToString();
        }
    }
}
```

（3）选择"txtBarCode"控件，在其"Leave"事件中添加如下代码：

```
private void txtBarcode_Leave(object sender,EventArgs e)
{
    if(txtBarcode.Text.Trim()! = "")
    {
        DbHelper db = new DbHelper();
        string sql = "select gid,gname,unitname,lastpprice from ginfo,gunit where ginfo.
        gunit = gunit.unitid and barcode = @barcode";
        db.AddParameter("barcode",txtBarcode.Text);
        SqlDataReader dr = db.ExecuteReader(sql);
        if(dr.Read())
        {
            cboGName.SelectedValue = dr["gid"].ToString();
            txtUnitName.Text = dr["unitname"].ToString();
            txtUnitPrice.Text = dr["lastpprice"].ToString();
        }
    }
}
```

（4）自动计算合计金额，选择"txtUnitPrice"控件，在其"Leave"事件中添加如下代码：

```
private void txtUnitPrice_Leave(object sender,EventArgs e)
{
    if(txtPCount.Text! = ""&&txtUnitPrice.Text! = "")
    {
        double totalMoney = Convert.ToDouble(txtUnitPrice.Text) *
        Convert.ToDouble(txtPCount.Text);
        txtTotal.Text = totalMoney.ToString();
    }
}
```

②选择"txtPCount"控件，将其"Leave"事件的方法设置为"txtUnitPrice_Leave"，如图 2-42 所示。

3. 注意点

（1）本任务使用到"txtPCount"和"txtBarCode"控件的"txtPCount_Leave()"事件方法，且两者使用同一事件方法。

（2）本任务使用到"cboGName"控件的"cboGName_SelectedIndexChanged()"事件方法。

图 2-42　设置"txtPCount"的事件

任务 4.5　实现采购入库功能

1. 知识准备

📖 **事务处理方法**

实现采购入库时，需要实现三表（进货信息表、商品信息表和进货明细表）联动，如果一个表中数据操作存在问题，将取消对三表的一切操作，因此必须用到事务处理方法：

①开始事务：BeginTransaction()；　　　//属于 SqlConnection 的方法

②提交事务：Commit()；　　　　　　　//属于 SqlCommand.Transation 的方法

③回滚事务：Rollback()；　　　　　　　　//属于 SqlCommand. Transation 的方法

事务属于 SqlTransaction 类的实例，创建事务的语句如下：

```
SqlConnection sqlConn = new SqlConnection();
SqlTransaction myTran = sqlConn. beginTransaction();
```

📖 创建"采购入库打印"的数据库视图

在 SQL Server 2008 R2 的 HcitPos 中创建如下视图：

```
if exists(select * from sys. objects where name = 'VPDetails')
drop view VPDetails
go
create view VPDetails
as
select P1. PID,G1. GID,GName,UnitPrice,PCount,UnitName,UnitPrice * PCount TotalMoeny,SupName,U. UserID
from SupInfo S,PInfo P1,PDetails P2,GInfo G1,GUnit G2,UsersInfo U
where s. SupID = p1. SupID and p1. UserID = U. UserID and p2. GID = g1. GID
and g1. GUnit = g2. UnitID and P1. PID = p2. PID
```

2. 任务要求

实现采购入库功能：

(1)保存入库单据到进货信息表和进货明细表。

(2)添加入库商品信息(库存数量等)到商品信息表。

3. 操作步骤

本任务具体操作步骤如下：

(1)在 VS 2010 的"解决方案资源管理器"中，双击"FrmPurchase. cs"，切换到"采购入库"窗体，双击"添加"按钮，添加如下代码：

```
private void btnDetailsAdd_Click(object sender,EventArgs e)
{
    //查看是否已经存在该记录,若不存在则新添加,存在则在数量上添加
    DataRow drold = dt. Rows. Find(cboGName. SelectedValue);
    if(drold = = null)
    {
        DataRow dr = dt. NewRow();
        dr["GID"] = cboGName. SelectedValue;
        dr["GName"] = cboGName. Text;
        dr["UnitPrice"] = txtUnitPrice. Text;
        dr["PCount"] = txtPCount. Text;
        dr["UnitName"] = txtUnitName. Text;
        dr["TotalMoney"] = txtTotal. Text;
        dt. Rows. Add(dr);
    }
    else
    {
        int newCount = Convert. ToInt32(drold["PCount"]) + Convert. ToInt32(txtPCount. Text);
        drold["PCount"] = newCount;
        double totalMoney =  Convert. ToDouble(drold["UnitPrice"]) * newCount;
        drold["TotalMoney"] = totalMoney;
```

```
    }
}
```

（2）双击"删除"按钮，添加如下代码：

```
private void btnDetailsDelete_Click(object sender,EventArgs e)
{
    //删除"DataGridView"中选定的行
    foreach(DataGridViewRow gvr in gvPurchaseDetails.SelectedRows)
    {
        DataRow dr = dt.Rows.Find(gvr.Cells["GoodsID"].Value);
        dt.Rows.Remove(dr);
    }
}
```

（3）双击"保存单据"按钮，添加如下代码，实现保存入库单功能：

```
//定义变量,标识是否保存了入库单
private bool dataSaved = false;
//保存入库单操作
private void btnSave_Click(object sender,EventArgs e)
{
    DbHelper db = new DbHelper();
    db.BeginTransaction();
    Double totalMoney = 0;
    //1.根据是进货还是退货计算加减号
    int action = (int)method;
    string o = " + ";
    if(action = = 1)
        o = " + ";
    else
        o = " - ";
    try
    {
        //2.入库单
        string insertinfo = "insert into pinfo (pid,pdate,supid,userid,pmoney,ptype) values (@
        pid,@pdate,@supid,@userid,@pmoney,@ptype)";
        db.AddParameter("pid",txtPID.Text);
        db.AddParameter("pdate",dtpPDate.Value);
        db.AddParameter("supid",cboSupName.SelectedValue);
        db.AddParameter("userid",SysUtility.UserID);
        db.AddParameter("pmoney",o + totalMoney.ToString());
        db.AddParameter("ptype",method);
        db.ExecuteNonQuery(insertinfo,DbHelper.ConnState.KeepOpen);
        foreach(DataGridViewRow gvr in gvPurchaseDetails.Rows)
        {
            //3.修改库存,与插入明细操作不能颠倒
            string update = "update ginfo set storenum = storenum" + o + "@storenum,Lastpprice
            = @Lastpprice where gid = @gid";
```

```
            db.AddParameter("storenum",gvr.Cells["pCount"].Value);
            db.AddParameter("lastpprice",txtUnitPrice.Text);
            db.AddParameter("gid",gvr.Cells["GID"].Value);
            db.ExecuteNonQuery(update,DbHelper.ConnState.KeepOpen);
            //4.插入明细
            string insert = "insert into pdetails(pid,gid,unitprice,pcount) values (@pid,@
            gid,@unitprice,@pcount)";
            db.AddParameter("pid",txtPID.Text);
            db.AddParameter("gid",gvr.Cells["GID"].Value);
            db.AddParameter("unitprice",gvr.Cells["UnitPrice"].Value);
            db.AddParameter("pcount",o + gvr.Cells["PCount"].Value);
            totalMoney + = Convert.ToDouble(gvr.Cells["TotalMoney"].Value);
            db.ExecuteNonQuery(insert,DbHelper.ConnState.KeepOpen);
        }
        //5.更新进货信息表中销售总金额
        string update1 = "update pinfo set pMoney = " + o + totalMoney + "where pid = @pid";
        db.AddParameter("pid",txtPID.Text);
        db.ExecuteNonQuery(update1,DbHelper.ConnState.KeepOpen);
        db.CommitTransaction();
        dataSaved = true;
        if(DialogResult.Yes = = MessageBox.Show("是否打印单据?","打印",
        MessageBoxButtons.YesNo))
        {
            btnPrint_Click(sender,e);
        }
    }
    catch(Exception ex)
    {
        MessageBox.Show(ex.Message);
        db.RollbackTransaction();
    }
    finally
    {
        db.Dispose();
    }
}
```

(4)执行 FrmMain,选择菜单"业务处理"下的"采购入库"菜单项,根据需要输入入库信息,单击"保存单据"按钮,执行结果如图 2-43 所示。

限于篇幅原因,本单元删除了"采购入库"单报表功能。

4. 注意点

(1)由于需要同时将记录插入到采购入库表和入库明细表中,这里采用了 ADO.NET 的事务处理机制。所谓事务,是指一系列操作的集合,这些操作必须全部实现,如果其中某个操作出现错误,则回滚所有操作。

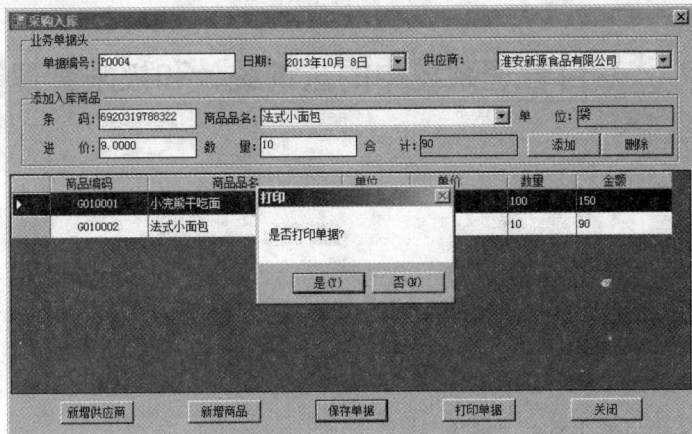

图 2-43　输入"采购入库"信息

（2）因为进货信息表、进货明细表是主从表，所以必须先保存信息到主表——进货信息表中，后保存信息到进货明细表中，同时更新商品信息表的相关库存数据量等信息，同时，进货汇总金额还没有保存到进货信息表中，在最后必须保存汇总金额到进货信息表中。具体实现代码如下：

```
string update1 = "update pinfo set pMoney = " + o + totalMoney + " where pid = @pid";
db.AddParameter("pid",txtPID.Text);
db.ExecuteNonQuery(update1,DbHelper.ConnState.KeepOpen);
```

还必须考虑在事务提交语句之前完成：

```
db.CommitTransaction();
```

（3）由于进货信息表与用户表（员工表）存在主从关系，所以要修改"SysUtility"类中的静态变量 UserID 的初始值，必须在用户表中存在该 UserID 号，如用户编号（工号）为"test01"。

（4）执行采购入库保存单据，必须到 SQL Server 2008 R2 中查看是否保存成功且数据库保持一致性。

单元小结

本单元主要介绍两部分内容：基础资料和采购入库。

（1）以基础资料设置模块为例，演示了如何实现对数据库记录的增、删、改、查操作，并给出了在实际项目开发中如何利用 Windows 窗体实现与数据库进行交互。注意要经常运行程序查看代码是否正确，不要等所有代码写完了才运行程序；另外，需要注意模块化的编程思想，将功能相近的代码写在不同的方法中，从而保证程序具有良好的可读性。

基础资料模块重点应用了 DataGridView 控件、TreeView 控件、Panel 控件和 ComboBox 控件，读者可继续查阅 MSDN 等文献资料，进一步掌握以上控件的应用。

（2）讲述了"POS 进销存管理系统后台管理子系统"中"采购入库"功能的实现过程。在该流程中，用户首先输入入库单号和供应商信息，然后逐项录入采购商品，最后将单据保存在数据库中并打印单据（打印功能设计略）。

为了实现上述功能，第二部分主要涉及两个新知识点，即内存表和 ADO.NET 的事务处理功能。读者应反复练习，掌握采购入库管理的开发流程。

本单元要点

- 掌握查询统计功能界面的设计方法；
- 掌握复杂 SQL 语句的编写方法；
- 实现将数据导出到 Excel 功能；
- 掌握"TreeView"控件的高级应用；
- 实现用户登录功能；
- 实现用户权限管理；
- 理解委托与事件。

任务 3.1　查询统计模块功能实现

任务 1.1　理解查询统计模块功能

1.任务要求

理解查询统计模块功能。

2.任务分析

（1）功能描述

查询统计是应用程序中的重要功能，从查询统计功能分析，对于"POS 进销存管理系统后台管理子系统"来说，应包括的功能明细见表 3-1。

表 3-1　查询统计功能

功能模块	功能细分	功能说明
采购入库	商品采购查询	查询某些商品的进货数量和进货总金额等
	采购流水查询	打印商品进货流水单据
	商品分类采购统计	按类别汇总商品进货信息
	供应商采购统计	按供应商汇总商品进货信息
商品销售	商品销售查询	查询某些商品的销售数量和销售总金额等
	销售流水查询	打印商品销售流水单据
	商品分类销售统计	按类别汇总商品销售信息
	营业员销售统计	按营业员汇总商品销售信息
库存统计	当前库存查询	按商品类别和名称等查询商品库存
	库存盘点报表	打印库存盘点表

（2）Excel 报表

查询统计功能的主要难点在于 SQL 语句的编写，程序代码本身并不太难，该模块将以"商

品分类采购统计"功能为例,重点讲解 Excel 报表的实现。以商品采购汇总查询为例,其界面
设计如图 3-1 所示。

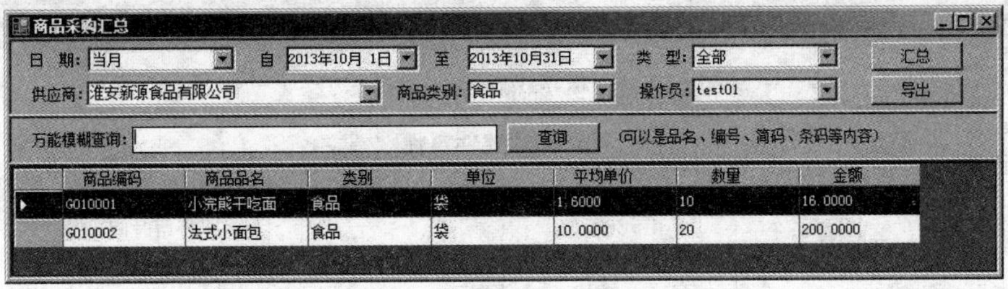

图 3-1　商品采购汇总查询界面

任务 1. 2　"商品采购汇总"功能界面设计

1. 任务要求

实现商品采购汇总功能界面设计。

2. 任务分析与操作步骤

由于商品分类采购统计功能属于查询统计模块,为了与其他功能模块予以区别,可以新建
一个名为"Query"的文件夹,具体实现步骤如下:

(1)在 VS 2010 的"解决方案资源管理器"中,选择"HcitPos"并右击,在弹出的快捷菜单中
执行"添加"→"新建文件夹"命令,将文件夹命名为"Query"。

(2)右击"Query"文件夹,在弹出的快捷菜单中执行"添加"→"新建文件夹"命令,并将文
件夹命名为"Purchase";同理,新建"Sale"和"Store"文件夹,实现统计窗体的分类存放。

(3)右击"Purchase"文件夹,在弹出的快捷菜单中执行"添加"→"新建项"命令,在"添加新
项"对话框中选择"Windows 窗体",并将该窗体命名为"FrmPurchaseCollect. cs"。

(4)将"FrmPurchaseCollect"窗体的各项属性修改为如表 3-2 所示的值。

表 3-2　　　　　　　　商品分类采购汇总界面属性值

属　性	值	说　明
FormBorderStyle	Sizable	窗体设置为大小可自定义
MaximizeBox	True	保留窗体的最大化按钮
MinimizeBox	False	取消窗体的最小化按钮
StartPosition	CenterParent	相对于程序主界面的位置
Text	商品分类采购汇总	窗体标题栏文字

(5)在 VS 2010 的"工具箱"中选择"容器"选项卡,拖动"Panel"控件到采购入库窗体上,这
里需要 4 个"Panel"控件,其属性见表 3-3。

表 3-3　　　　　　　　　　"Panel"控件属性

控件名	属　性	值	说　明
panel1	Dock	Top	panel1 位于窗体上方
	Size	807,41	
panel2	Dock	Fill	panel2 位于窗体下方
panel3	Dock	Top	panel3、panel4 位于 panel2 中
	Size	807,38	
panel4	Dock	Fill	

(6)在"panel1"容器中添加如图 3-2 所示控件,部分控件名称及文本属性见表 3-4。

图 3-2 "panel1"容器控件

表 3-4   "panel1"控件属性

控件类型	名　称	文本属性	说　明
DateTimePicker	dtpBegin		开始时间
	dtpEnd		结束时间
ComboBox	cboDayRange		日期
	cboPType		采购类型
	cboOperator		操作员
	cboGClass		商品类别
	cboSupName		供应商名
Button	btnCollect	汇总	
	btnExport	导出	

(7)选中 ComboBox 控件"cboDayRange",其"Items"属性设置如图 3-3 所示。

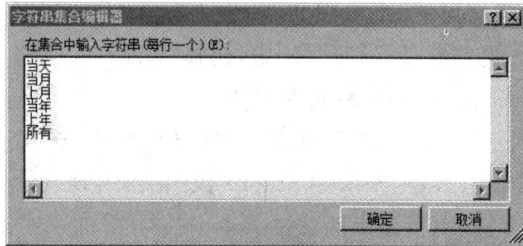

图 3-3 设置 ComboBox 控件"cboDayRange"的"Items"属性

(8)选中"ComboBox"控件"cboPType",其"Items"属性设置为"全部""进货"和"退货"三个值,具体操作与图 3-3 类似。

(9)在"panel3"容器中添加如图 3-4 所示控件,各个控件名称及属性值见表 3-5。

图 3-4 "panel3"容器控件

表 3-5   "panel3"控件属性

控件类型	名　称	文本属性
Lable	lable1	万能模糊查询:
	label2	(可以是品名、编号、简码和条码等内容)
Button	btnSearch	查询
TextBox	txtSearch	

(10)在 VS 2010 的"工具箱"中选择"数据"选项卡,选择"DataGridView"控件,拖到"panel4"容器控件中,并设置该控件的"Name"属性为"gvPurchaseCollect","Dock"属性为"Fill","SelectionMode"属性为"FullRowSelect"。

(11)选择刚添加的 DataGridView 控件,单击该控件右上角的三角箭头,在弹出的对话框中取消选中"启用添加""启用编辑""启用删除"复选框,单击"编辑列"选项,弹出"编辑列"对话框,添加 DataGridView 控件与采购入库功能的映射列,如图 3-5 所示,各个列属性见表 3-6。

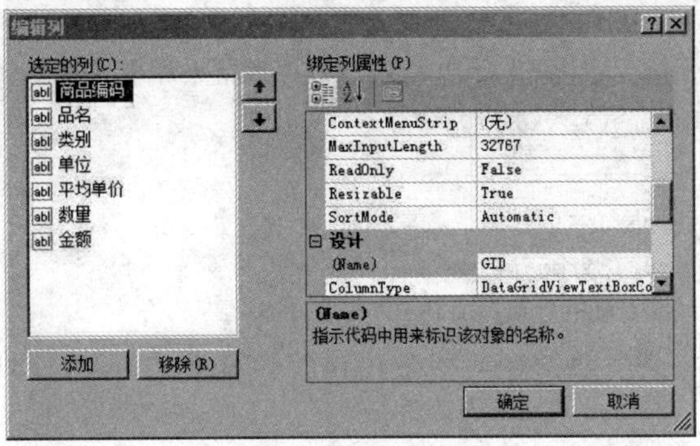

图 3-5　"gvPurchaseCollect"编辑列

表 3-6　　　　　　　　　　"gvPurchaseCollect"控件的各列属性

序　号	Name 属性	DataPropertyName 属性	HeaderText 属性
1	GID	GID	商品编号
2	GName	GName	品名
3	ClassName	ClassName	类别
4	UnitName	UnitName	单位
5	UnitPrice	UnitPrice	平均价格
6	Pcount	Pcount	数量
7	TotalMoney	TotalMoney	金额

任务 1.3　"商品采购汇总"功能初始化

1. 任务要求

(1)实现对"商品采购汇总"中"日期"下拉组合框的初始化。

(2)实现对"供应商""操作员""类型"和"商品类别"下拉组合框的初始化。

2. 任务分析

在"商品采购汇总"功能中,当用户在下拉列表框中选择"当天"和"当月"等条件时,"DataTimePicker"控件的内容应随之变化。另外,为了防止 DataGridView 控件自动生成列,需要将其"AutoGenerateColumns"属性设置为 false。

3. 操作步骤

本任务的具体步骤如下:

(1)双击下拉列表框控件"comboDayRange",在代码编辑页面添加代码(此处略)。

(2)对"供应商"下拉组合框进行初始化。在"商品采购汇总"窗体代码中添加如下代码:

```
private void InitComboSupplier()
{
    DbHelper db = new DbHelper();
    string sql = "select * from supinfo";
    DataSet ds = db.ExecuteDataSet(sql);
    cboSupName.DataSource = ds.Tables[0];
    cboSupName.DisplayMember = "supname";
    cboSupName.ValueMember = "supid";
```

```
        cboSupName.SelectedIndex = - 1;
    }
```

（3）对"商品类别"下拉组合框进行初始化。在"商品采购汇总"窗体代码中添加如下代码：

```
public void InitGoodsClass()
{
    DbHelper db = new DbHelper();
    string sql = "select * from gclass";
    DataSet ds = db.ExecuteDataSet(sql);
    cboGClass.DataSource = ds.Tables[0];
    cboGClass.DisplayMember = "classname";
    cboGClass.ValueMember = "classid";
    cboGClass.SelectedIndex = - 1;
}
```

（4）对"操作员"下拉组合框进行初始化。在"商品采购汇总"窗体代码中添加如下代码：

```
public void InitComboOperator()
{
    DbHelper db = new DbHelper();
    string sql = "select * from usersinfo";
    DataSet ds = db.ExecuteDataSet(sql);
    cboOperator.DataSource = ds.Tables[0];
    cboOperator.DisplayMember = "username";
    cboOperator.ValueMember = "userid";
    cboOperator.SelectedIndex = - 1;
}
```

（5）在"商品采购汇总"主界面的"Load"事件中，添加如下代码：

```
private void FrmPurchaseCollect_Load(object sender,EventArgs e)
{
    gvPurchaseCollect.AutoGenerateColumns = false;
    InitComboSupplier();
    InitComboOperator();
    InitGoodsClass();
    cboDayRange.SelectedIndex = 0;
    cboPType.SelectedIndex = 0;
}
```

（6）在 VS 2010 的"解决方案资源管理器"中双击"FrmMain.cs"文件，并切换到代码视图，然后在该文件头部添加"using HcitPos.Query.Purchase;"。

（7）在"FrmMain"窗体的设计视图中选择"查询统计"菜单，然后双击"商品分类采购统计"菜单项，添加如下代码：

```
    private void 商品采购查询ToolStripMenuItem_Click(object sender,EventArgs e)
    {
        FrmPurchaseCollect frm = new FrmPurchaseCollect();
        frm.ShowDialog();
    }
```

(8)运行程序,测试结果如图 3-6 所示。

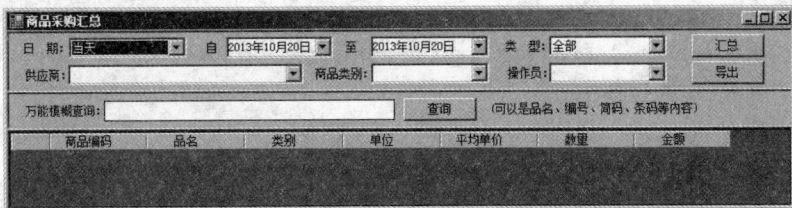

图 3-6　"商品采购汇总"测试界面

4.注意点

注意步骤(2)、(3)、(4)三个下拉组合框的初始化代码中为其赋值的两行代码,如"供应商"下拉组合框初始化代码:

```
cboSupName.DisplayMember = "supname";    //显示在下拉组合框的信息对应列为"supname"
cboSupName.ValueMember = "supid";        //程序操作的值成员对应列为"supid"
```

任务 1.4　实现"商品采购汇总"功能

1.知识准备

📖 **数据库聚合函数**

与查询统计模块功能相关的数据库聚合函数如下:

(1)count():统计满足条件的记录个数;

(2)max():统计满足条件的最大值;

(3)mix():统计满足条件的最小值;

(4)avg():统计满足条件的平均值;

(5)sum():统计满足条件的和。

📖 **StringBuilder 类**

一个可变的字符序列。该类被设计用作 StringBuffer 的一个简易替换,用在字符串缓冲区被单个线程使用的时候(这种情况很普遍)。如果可能,建议优先采用该类,因为在大多数实现中,它比 StringBuffer 要快。

在 StringBuilder 上的主要操作是 append()和 insert()方法。每个方法都能有效地将给定的数据转换成字符串,然后将该字符串的字符添加或插入到字符串生成器中。

append()方法始终将这些字符添加到生成器的末端;而 insert()方法则在指定的位置添加字符。

StringBuilder 的实例化方式如下:

```
StringBuilder sb = new StringBuilder();
```

2.任务要求

实现对商品采购汇总的关键是写出 SQL 查询语句。例如,查询"所有"商品且"汇总日期"在"2013-10-01"至"2013-10-31"之间,"供应商"为"GYS0001","操作员"为"test01"的采购汇总SQL 语句如下:

```
select a.gid,gname,classname,ginfo.classid,unitname,barcode,shortcode,
a.pcount,a.unitprice,a.pcount * a.unitprice as totalmoney
from (select sum(pcount) as pcount,avg(unitprice) as unitprice,gid
from pdetails,pinfo
```

where pdetails. pid = pinfo. pid and pinfo. supid = 'GYS0001' and pinfo. userid = 'test01' and pinfo.

pdate> = '2013-10-01 00:00:00' and pinfo. pdate < = '2013-10-31 23:59:59' group by gid)

as a,ginfo,gclass,gunit where gclass. classid = ginfo. classid and ginfo. gid = a. gid and

ginfo. gunit = gunit. unitid

3. 任务分析

商品分类采购统计功能的核心在于 SQL 语句,读者可参考 SQL 方面的书籍,从而更好地理解代码。本任务的关键是实现商品分类采购统计 SQL 语句,具体代码详见任务中介绍。

4. 操作步骤

具体操作步骤如下:

(1)在"商品采购汇总"界面上双击"汇总"按钮,添加如下代码:

```
private void btnCollect_Click(object sender,EventArgs e)
{
    DbHelper db = new DbHelper();
    StringBuilder sql = new StringBuilder();      //StringBuilder 类
    sql. Append("select a. gid,gname,classname,ginfo. classid,unitname,barcode,
    shortcode,a. pcount,a. unitprice,a. pcount * a. unitprice as totalmoney from ");
    sql. Append(" (select sum(pcount) as pcount,avg(unitprice) as unitprice,gid ");
    sql. Append("from pdetails,pinfo where pdetails. pid = pinfo. pid ");
    if(cboSupName. SelectedIndex> = 0)
        sql. Append(" and pinfo. supid = '" + cboSupName. SelectedValue. ToString() + "'");
    if(cboPType. SelectedIndex> = 1)
        sql. Append(" and pinfo. ptype = " + cboPType. SelectedIndex. ToString());
    if(cboOperator. SelectedIndex> = 0)
        sql. Append(" and pinfo. userid = '" + cboOperator. SelectedValue. ToString() + "'");
    if(cboDayRange. Text! = "所有")
    {
        sql. Append(" and pinfo. pdate> = '" + dtpBegin. Value. ToString("yyyy-MM-dd HH:mm:ss") + "'");
        sql. Append(" and pinfo. pdate < = '" + dtpEnd. Value. ToString("yyyy-MM-dd HH:mm:ss") + "'");
    }
    sql. Append(" group by gid as a,ginfo,gclass,gunit");
    sql. Append(" where gclass. classid = ginfo. classid and ginfo. gid = a. gid and ginfo. gunit =
    gunit. unitid");
    if(cboGClass. SelectedIndex> = 0)
        sql. Append(" and gclass. classid = '" + cboGClass. SelectedValue. ToString() + "'");
    DataSet ds = db. ExecuteDataSet(sql. ToString());
    gvPurchaseCollect. DataSource = ds. Tables[0]. DefaultView;
}
```

(2)为 DataGridView 控件"gvPurchaseCollect"的"DataBindingComplete"事件编写如下代码,从而使显示的数据更加友好:

```
private void gvPurchaseCollect_DataBindingComplete(object sender,DataGrid
ViewBindingCompleteEventArgs e)
{
    foreach(DataGridViewRow gvr in gvPurchaseCollect. Rows)
```

```
    {
        for(int i = 1; i < = 6; i + + )
        {
            if(gvr.Cells[i].Value.ToString().Trim() = = "")
                gvr.Cells[i].Value = "0";
        }
    }
}
```

(3)运行程序,执行效果如图 3-6 所示。

5. 注意点

限于篇幅,本任务"商品采购汇总"功能的其他辅助代码,详见教学资源库相关内容。

任务 1.5　实现"商品采购汇总"导出 Excel 功能

1. 知识准备

窗体控件和 ADO. NET 对象已经在前面的任务有所讲解,这里就不再赘述。

本任务主要讲解使用 Excel 进行报表输出,讲解更加复杂的 Excel 报表。本任务从
DataGridView 控件中读取数据输出到 Excel 中。

2. 任务要求

向 Excel 中输出"商品采购汇总",其运行效果如图 3-7 所示。

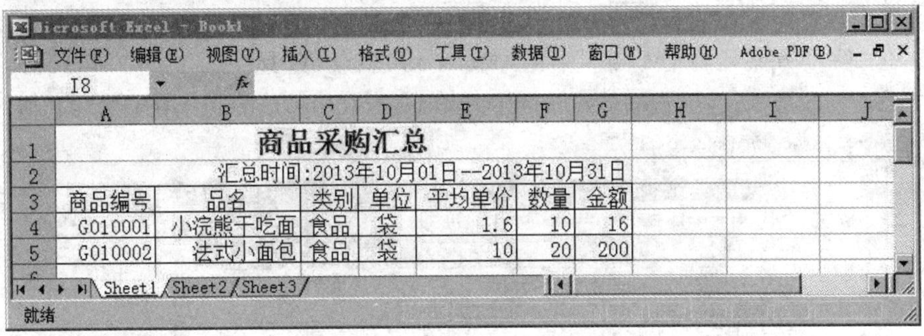

图 3-7　"商品采购汇总"输出至 Excel

3. 任务分析

Excel 中各对象的创建如下:

```
Excel.Application myExcel = new Excel.Application();    //定义 Application 对象
Excel.Workbooks mybooks = xlsapp.Workbooks;            //定义工作簿集
Excel.Workbook mybook = xlsbooks.Add(Missing.Value);   //定义工作簿
Excel.Sheets mysheets = xlsbook.Worksheets; ;          //定义工作簿中的工作集
//定义一个工作表为工作簿中第一个工作表
Excel.Worksheet myxlssheet = (Excel.Worksheet)xlsheets.get_Item(1);
xlsrange = myxlssheet.get_Range("B1","I1");    //设置工作表选择区域"B1:I1"
xlsrange.NumberFormatLocal = "@";              //设置单元格为文本格式
xlsrange = myxlssheet.get_Range("B26","B35");//选择选择区域
xlsrange.MergeCells = true;                    //合并列选区,注意与行选择区域合并不同
//xlsrange.Merge(true);                        //合并行选择区域
```

```
xlsrange.WrapText = true;                        //选择区域文本自动换行
```

4.操作步骤

(1)在 VS 2010 的"解决方案资源管理器"中选择"添加引用"选项,弹出"添加引用"对话框,在".NET"选项卡中,选择"Microsoft.Office.Interop.Excel"选项,如图 3-8 所示。

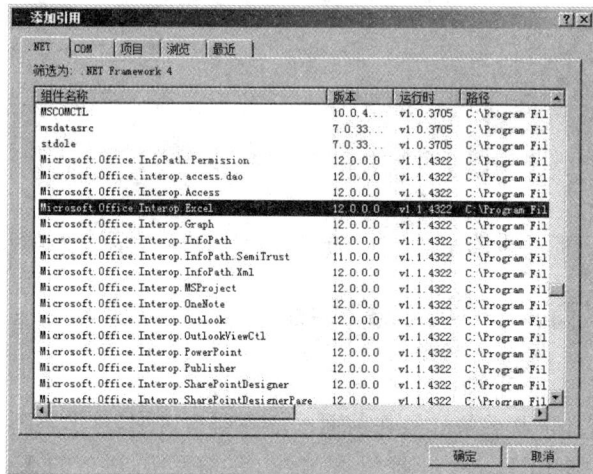

图 3-8　"添加引用"对话框

(2)在商品分类采购统计功能的代码编辑页面顶部添加如下引用:

```
using System.Reflection;
using Excel = Microsoft.Office.Interop.Excel;
```

(3)右击"解决方案资源管理器"中的"HcitPos"节点,选择"引用"→"Microsoft.Office.Interop.Excel",选择"属性",设置"Microsoft.Office.Interop.Excel 引用属性"的"嵌入互操作类型"属性为"False",如图 3-9 所示。

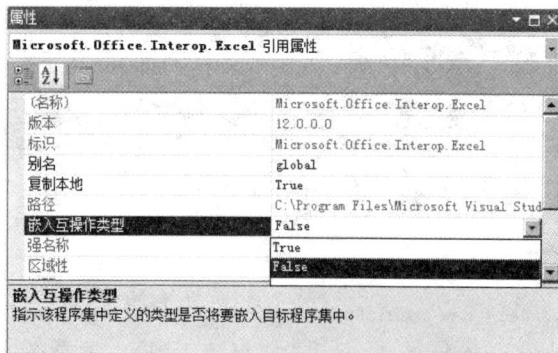

图 3-9　"属性"对话框

(4)切换至窗体设计界面,双击"导出"按钮,添加如下代码:

```
private void btnExport_Click(object sender,EventArgs e)
{
    Excel.Application myExcel = new Excel.Application();
    myExcel.Visible = false;                          //1.Excel 是否可见
    myExcel.DisplayAlerts = false;                    //2.屏蔽一些弹出窗口
    //3.在工作簿集中建立一个工作簿
    Excel.Workbook myBook = myExcel.Workbooks.Add(System.Type.Missing);
```

//4. 指定一个 Sheet 页

```
Excel.Worksheet mySheet = (Excel.Worksheet)myBook.Worksheets[1];
```

//5. 标题列

```
myExcel.Cells[1,1] = "商品采购汇总";
```

//6. 汇总日期

```
myExcel.Cells[2,1] = "汇总时间:" + dtpBegin.Value.ToString("yyyy 年 MM 月 dd 日") + "--" +
dtpEnd.Value.ToString("yyyy 年 MM 月 dd 日");
```

//7. 设置列标题

```
myExcel.Cells[3,1] = "商品编号";
myExcel.Cells[3,2] = "品名";
myExcel.Cells[3,3] = "类别";
myExcel.Cells[3,4] = "单位";
myExcel.Cells[3,5] = "平均单价";
myExcel.Cells[3,6] = "数量";
myExcel.Cells[3,7] = "金额";
```

//8. 从网格 gvPurchaseCollect 中读取数据

```
for(int i = 0; i < gvPurchaseCollect.Rows.Count; i++)
{
    for(int j = 0; j < gvPurchaseCollect.ColumnCount; j++)
        myExcel.Cells[i+4,j+1] = gvPurchaseCollect.Rows[i].Cells[j].Value.ToString();
}
```

//9. 将列标题和实际内容选中

```
Excel.Range r = myExcel.get_Range(myExcel.Cells[1,1],myExcel.Cells[1,7]);
r.HorizontalAlignment = Excel.XlHAlign.xlHAlignCenter;
r.VerticalAlignment = Excel.XlVAlign.xlVAlignCenter;
r.Merge(true);
r.Font.Name = "宋体";
r.Font.Size = "16";
r.Font.Bold = true;
r = mySheet.get_Range(mySheet.Cells[2,1],mySheet.Cells[2,7]);
r.HorizontalAlignment = Excel.XlHAlign.xlHAlignRight;
r.VerticalAlignment = Excel.XlVAlign.xlVAlignCenter;
r.Merge(true);
```

//10. 设置内容区域单元格边框

```
r = mySheet.get_Range(mySheet.Cells[3,1],mySheet.Cells[3 + Convert.ToInt32
(gvPurchaseCollect.Rows.Count),7]);
r.HorizontalAlignment = Excel.XlHAlign.xlHAlignRight;
r.VerticalAlignment = Excel.XlVAlign.xlVAlignCenter;
r.Columns.AutoFit();
r.Borders.Weight = 2;
myExcel.Visible = true;
}
```

（5）运行程序，可以发现 Excel 导出功能已经实现，见图 3-7。

（6）切换至窗体设计界面，双击"查询"按钮，添加如下代码：

```
private void btnSearch_Click(object sender, EventArgs e)
{
    if(txtSearch.Text.Trim()! = "")
    {
        DataView dv = (DataView)gvPurchaseCollect.DataSource;
        dv.RowFilter = "gid like '%" + txtSearch.Text + "%'or gname like '%" +
        txtSearch.Text + "%' or shortcode like '%" + txtSearch.Text + "%' or barcode like '%" +
        txtSearch.Text + "%'";
    }
}
```

5.注意点

(1)关于 Excel 的代码,可以参考 Excel VBA 相关书籍。

(2)注意代码中带序号的注释。

(3)查询其他统计功能与本任务相似,但略有不同。例如,"商品分类采购汇总"界面如图 3-10 所示。

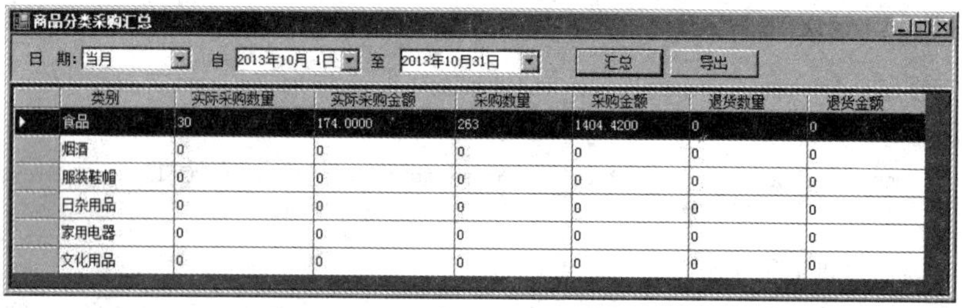

图 3-10　"商品分类采购汇总"效果图

这里就不再赘述,请读者参照"POS 进销存管理系统后台管理子系统"中相应模块代码,完成其他模块功能。

(4)特别注意 Excel"引用"及其"属性"设置、Excel 的命名空间的添加。

任务 2　实现用户管理功能

用户管理功能包含用户信息的添加、修改和停用等,在添加用户信息的同时,设置用户的权限,如图 3-11 所示。

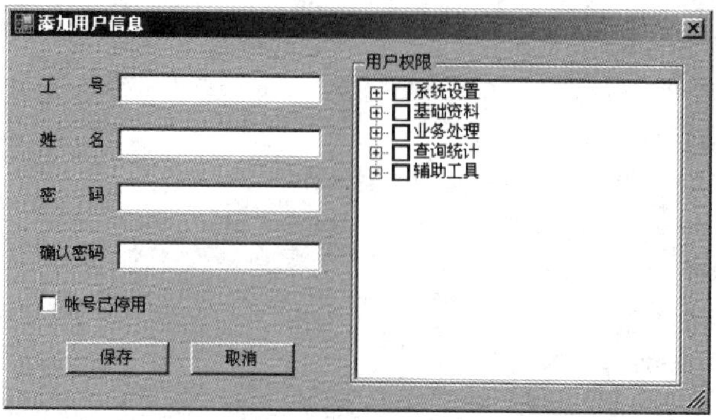

图 3-11　添加用户的同时设置用户权限

任务 2.1　显示用户信息

1. 任务要求

实现显示用户信息。

2. 任务分析

用户信息的数据库表结构见表 3-7 和表 3-8。

表 3-7　　　　　　　　　　　　UsersInfo（用户信息表）

序　号	列　名	数据类型	长　度	小数位	主　键	说　明
1	UserID	varchar	20		√	用户编号
2	UserName	varchar	10			真实姓名
3	Password	varchar	50			密码
4	Rights	varchar	MAX			用户权限
5	Available	bit		0		是否可用

表 3-8　　　　　　　　　　　　RightsInfo（权限信息表）

序　号	列　名	数据类型	长　度	小数位	主　键	说　明
1	RightID	int	4	0	√	权限编号
2	RightName	varchar	50			权限名称
3	ParentID	int	4	0		上层权限

在数据库中添加的用户权限数据见表 3-9，和系统菜单项——对应。

表 3-9　　　　　　　　　　　用户权限表数据

RightID	RightName	ParentID	RightID	RightName	ParentID
1	系统设置	0	34	库存预警	3
2	基础资料	0	41	商品采购查询	4
3	业务处理	0	42	采购流水查询	4
4	查询统计	0	43	商品分类采购统计	4
5	辅助工具	0	44	供应商采购统计	4
6	帮助	0	45	商品销售查询	4
11	基本资料	1	46	销售流水查询	4
12	用户设置	1	47	商品分类销售统计	4
13	密码修改	1	48	营业员销售统计	4
14	数据库备份	1	49	当前库存查询	4
15	数据库还原	1	410	库存盘点报表	4
21	商品类别设置	2	51	计算器	5
22	商品信息设置	2	52	记事本	5
23	供应商信息设置	2	53	日常提醒	5
31	采购入库	3	61	帮助	6
32	采购退货	3	62	关于软件	6
33	库存盘点	3			

3. 操作步骤

显示用户信息界面是用户信息设置子模块的主界面，具体实现步骤如下：

(1)在 VS 2010 的"解决方案资源管理器"中,选择"HcitPos"并右击,在弹出的快捷菜单中执行"添加"→"新建文件夹"命令,将文件夹命名为"SystemSet"。

(2)右击"SystemSet"文件夹,在弹出的快捷菜单中执行"添加"→"新建项"命令,在"添加新项"对话框中选择"Windows 窗体",并将该窗体命名为"FrmUserInfo.cs"。

(3)将"FrmUserInfo"窗体的相关属性修改为表 3-10 所示的值。

表 3-10 　　　　　　　　　　　用户信息窗体属性值

属　　性	值	说　　明
FormBorderStyle	FixedSingle	窗体设置为固定大小
MaximizeBox	False	取消窗体的最大化按钮
MinimizeBox	False	取消窗体的最小化按钮
StartPosition	CenterParent	相对于程序主界面的位置
Text	用户设置	窗体标题栏文字

(4)在 VS 2010 的"工具箱"中选择"容器"选项卡,拖动 2 个"Panel"控件到"添加用户信息"窗体上,将其中一个的"Dock"属性设置为"Bottom",另一个的"Dock"属性设置为"Fill"。

(5)在 VS 2010 的"工具箱"中选择"数据"选项卡,选择"DataGridView"控件,拖到容器控件中,设置"DataGridView"控件的"Name"属性为"gvUser","Dock"属性为"Fill","SelectionMode"属性为"FullRowSelect"。

(6)选择刚添加的"DataGridView"控件,单击该控件右上角的三角箭头,在弹出的对话框中取消选中"启用添加""启用编辑"和"启用删除"复选框,单击"编辑列"选项,弹出"编辑列"对话框,添加 DataGridView 控件与用户信息表中相关字段的映射列,如图 3-12 所示。

(7)在底部的 Panel 控件中添加 4 个按钮,分别命名为"btnAdd"(添加)、"btnEdit"(修改)、"btnStop"(停用)和"btnClose"(退出),如图 3-13 所示。

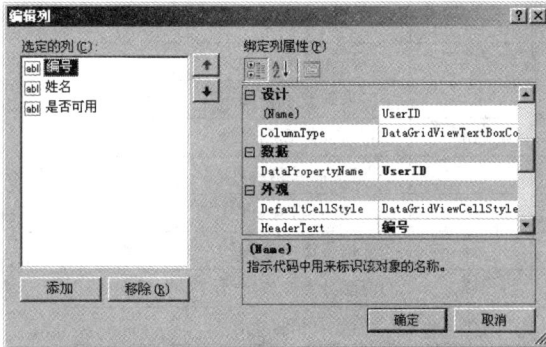

图 3-12　添加 DataGridView 控件的列

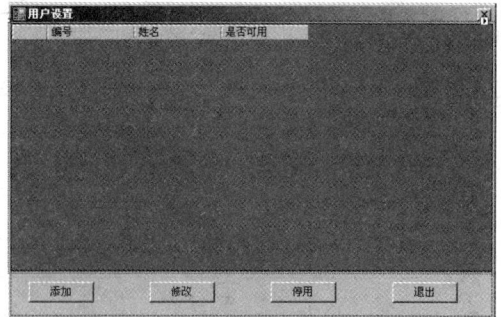

图 3-13　用户信息设置主界面

(8)在"用户设置"窗体的代码编辑器中,添加初始化网格控件的方法。代码如下:

```
private void InitGridview()
{
    DbHelper db = new DbHelper();
    string select = "select * from usersinfo";
    DataSet ds = db.ExecuteDataSet(select);
    gvUser.DataSource = ds.Tables[0].DefaultView;
}
```

(9)在"FrmUserInfo.cs"文件中,右击"查看设计器",回到窗体设计界面,选择"添加用户

信息"窗体后,双击该窗体,在该事件中添加如下代码:

```
private void FrmUserInfo_Load(object sender,EventArgs e)
{
    gvUser.AutoGenerateColumns = false;
    InitGridview();
}
```

(10)在 VS 2010 的"解决方案资源管理器"中双击"FrmMain.cs"文件,切换到应用程序主界面,在主界面中选择"系统设置"菜单,然后双击"用户设置"菜单项,在生成的"用户设置 ToolStripMenuItem_Click"事件中添加如下代码:

```
private void 用户设置 ToolStripMenuItem_Click(object sender,EventArgs e)
{
    FrmUserInfo frm = new FrmUserInfo();
    frm.ShowDialog();
}
```

(11)运行程序,通过执行菜单中的"系统设置"→"用户设置"命令来测试程序代码,运行结果如图 3-14 所示。

4. 注意点

需要在代码顶部添加"using HcitPos.SystemSet;"。

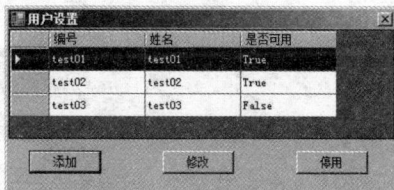

图 3-14　"用户设置"主界面

任务 2.2　添加、修改用户信息及用户权限

1. 知识准备

📖 **TreeView 控件简介**

TreeView 控件显示 Node 对象的分层列表。TreeView 一般用于显示文档标题、索引入口以及磁盘上的文件和目录,或能被有效地分层显示的其他种类信息。创建了 TreeView 控件之后,可以通过设置属性与调用方法对各 Node 对象进行操作,包括添加、删除、对齐等。可以编程展开与折回 Node 对象来显示或隐藏所有子节点。

(1)TreeView 节点创建

```
TreeNode node = new TreeNode();      //树节点的创建
node.Text = "节点文本";              //获取或设置在树节点或标签中显示的文本
node.Tag = "节点对象";               //获取或设置包含有关树节点数据的对象
treeView.Nodes.Add(node);            //向 TreeView 实例 treeView 中添加节点
```

(2)TreeView 子节点创建

```
TreeNode subNode = new TreeNode();
subNode.Text = "子节点文本";
subNode.Tag = "子节点对象";
node.Nodes.Add(subNode);             //向节点 node 添加子节点
```

2. 任务要求

使用 TreeView 控件,添加、修改用户信息及用户权限。

3. 操作步骤

添加、修改用户信息的具体操作步骤如下:

(1)在 VS 2010 的"解决方案资源管理器"中,右击"SystemSet"文件夹,在弹出的快捷菜单中执行"添加"→"新建项"命令,在"添加新项"对话框中选择"Windows 窗体",并将该窗体命名为"FrmUserSet. cs"。

(2)将"FrmUserSet"窗体的各项属性修改为如表 3-11 所示的值。

表 3-11　　　　　　　　　　　　**用户设置窗体属性值**

属　性	值	说　明
FormBorderStyle	FixedSingle	窗体设置为固定大小
MaximizeBox	False	取消窗体的最大化按钮
MinimizeBox	False	取消窗体的最小化按钮
StartPosition	CenterParent	相对于程序主界面的位置
Text	用户设置	窗体标题栏文字

(3)在"添加用户信息"窗体上添加如图 3-15 所示的控件,将控件依次命名为"txtUserID" "txtUserName""txtPasswd""txtConfirmPwd""cbStop""tvRights"(TreeView 控件) "btnSave"和"btnCancel",并将 TreeView 控件的"CheckBoxes"属性设置为"True"。

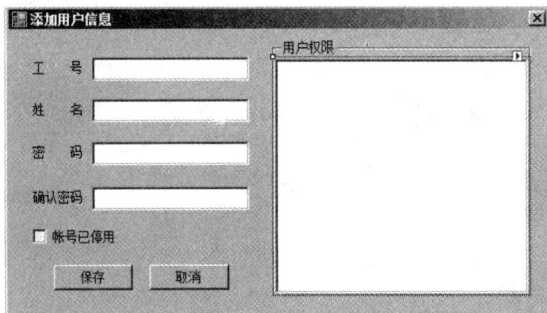

图 3-15　"添加用户信息"界面

(4)切换到代码编辑页面,在代码顶端添加"using System. Data. SqlClient;"。在 "FrmUserSet"类中,添加自定义方法 SetActionMode 来设置窗体状态,供父窗体调用,以决定该窗体功能为添加记录还是修改记录。代码如下:

```
private SysUtility. OperationMethod action = SysUtility. OperationMethod. Insert;
public void SetActionMode(SysUtility. OperationMethod method)
{
    this. action = method;
    if(method = = SysUtility. OperationMethod. Insert)
        this. Text = "添加用户信息";
    else
        this. Text = "编辑用户信息";
}
```

(5)添加如下方法初始化 TreeView 控件:

```
private void InitTreeView()
{
    DbHelper db = new DbHelper();
    //1. 取得根节点
    string select = "select  *  from rightsinfo where parentid = 0";
```

```
        SqlDataReader dr = db.ExecuteReader(select);
        while(dr.Read())
        {
            TreeNode node = new TreeNode();
            node.Text = dr["RightName"].ToString();
            node.Tag = dr["RightID"].ToString();
            tvRights.Nodes.Add(node);
            DbHelper subdb = new DbHelper();
            //2.取得子节点
            string subselect = "select * from rightsinfo where parentid = @parentid";
            subdb.AddParameter("parentid",node.Tag);
            SqlDataReader subdr = subdb.ExecuteReader(subselect);
            while(subdr.Read())
            {
                TreeNode subNode = new TreeNode();
                subNode.Text = subdr["RightName"].ToString();
                subNode.Tag = subdr["RightID"].ToString();
                node.Nodes.Add(subNode);
            }
        }
}
```

（6）在"FrmUserSet"窗体的"Load"事件中，添加如下代码：

```
private void FrmUserSet_Load(object sender,EventArgs e)
{
        InitTreeView();
}
```

（7）添加方法"CheckForParent(TreeNode node)"，判断 TreeView 控件中当前节点的父节点是否需要选中。代码如下：

```
private void CheckForParent(TreeNode node)
{
        bool parentChecked = true;
        foreach(TreeNode brotherNode in node.Parent.Nodes)
        {
            //当前节点的兄弟节点中有一个未选中，则不选中其父节点
            if(!brotherNode.Checked)
            {
                parentChecked = false;
                break;
            }
        }
        node.Parent.Checked = parentChecked;
}
```

（8）切换到窗体编辑界面，选择 TreeView 控件"tvRights"，为其"AfterCheck"事件添加代

码,该代码的作用是如果 TreeView 当前节点的子节点全部被选中,则当前节点也切换为选中状态,否则当前节点为未选中状态。代码如下:

```
private void tvRights_AfterCheck(object sender,TreeViewEventArgs e)
{
    if(e.Action = = TreeViewAction.ByMouse)
    {
        //1.判断是否选中某个节点
        if(e.Node.Checked)
        {
            if(e.Node.Nodes.Count>0)//2.判断该节点是否有子节点
            {
                foreach(TreeNode node in e.Node.Nodes)
                {
                    node.Checked = true;
                }
            }
            else        //3.该节点为叶子节点
            {
                CheckForParent(e.Node);
            }
        }
        else   //4.取消选中某个节点
        {
            if(e.Node.Nodes.Count>0)
            {
                foreach(TreeNode node in e.Node.Nodes)
                {
                    node.Checked = false;
                }
            }
            else
            {
                e.Node.Parent.Checked = false;
            }
        }
    }
}
```

(9)添加"GetUserRights"方法,用于根据 TreeView 控件节点的选中状态来组合用户权限字符串。代码如下:

```
private string GetUserRights()
{
    string rights = "";
    foreach(TreeNode node in tvRights.Nodes)
```

```
        {
            foreach(TreeNode subnode in node.Nodes)
            {
                if(subnode.Checked)
                {
                    rights += subnode.Text + ",";
                }
            }
        }
        return rights;
    }
```

(10)添加"ClearControl"方法和"InsertRecords"方法,实现添加记录操作。代码如下:

```
//清空控件的值,为下一次添加记录做准备
private void ClearControl()
{
    txtUserName.Text = "";
    txtPasswd.Text = "";
    txtConfirmPwd.Text = "";
    txtUserID.Text = "";
}
private void InsertRecords()
{
    DbHelper db = new DbHelper();
    string insert = "insert into usersinfo (userid,username,password,rights,
    available) values (@userid,@username,@password,@rights,@available)";
    db.AddParameter("userid",txtUserID.Text);
    db.AddParameter("username",txtUserName.Text);
    db.AddParameter("password",txtPasswd.Text);
    db.AddParameter("rights",GetUserRights());
    db.AddParameter("available",!cbStop.Checked);
    db.ExecuteNonQuery(insert);
    MessageBox.Show("操作成功!");
    ClearControl();
}
```

(11)切换到设计界面,双击"保存"按钮,添加代码如下:

```
private void btnSave_Click(object sender,EventArgs e)
{
    if(action == SysUtility.OperationMethod.Insert)
        InsertRecords();
}
```

(12)在 VS 2010 的"解决方案资源管理器"中双击"FrmUserInfo.cs"文件,切换到"用户设置"主界面。在其中双击"添加"按钮,并编写如下代码:

```
private void btnAdd_Click(object sender,EventArgs e)
```

```
        {
            FrmUserSet frm = new FrmUserSet();
            frm.SetActionMode(SysUtility.OperationMethod.Insert);
            frm.ShowDialog();
            InitGridview();
        }
```

（13）运行程序，通过执行"系统设置"→"用户设置"命令，打开"用户设置"对话框，单击其中的"添加"按钮来测试添加用户功能是否实现。

（14）对于修改操作，添加初始化控件方法"InitControl(string userid)"，代码如下：

```
//1.私有字段 rights,用于存储权限串
private string rights = "";
//2.如果为编辑用户信息,初始化相关的控件
public void InitControl(string userid)
{
        DbHelper db = new DbHelper();
        string select = "select * from usersinfo where userid = @userid";
        db.AddParameter("userid",userid);
        SqlDataReader dr = db.ExecuteReader(select);
        if(dr.Read())
        {
            txtUserID.Text = dr["userid"].ToString();
            txtUserID.ReadOnly = true;
            txtUserName.Text = dr["username"].ToString();
            txtPasswd.Enabled = false;
            txtConfirmPwd.Enabled = false;
            rights = dr["rights"].ToString();
            cbStop.Checked = ! Convert.ToBoolean(dr["available"].ToString());
        }
        dr.Close();
}
```

（15）添加初始化权限方法"InitRights(string rights)"，设置 TreeView 控件的"CheckBox"是否选中（以节点是否选中为标识）。代码如下：

```
private void InitRights(string rights)
{
    //1.扫描每一个根节点的子节点,判断是否出现在权限串中
    foreach(TreeNode node in tvRights.Nodes)
    {
        foreach(TreeNode subnode in node.Nodes)
        {
            //2.若当前子节点文字出现在权限串中,则将其选中
            if(rights.IndexOf(subnode.Text + ",") >= 0)
            {
                subnode.Checked = true;
```

```
                }
            }
        }
    //3.扫面每一个根节点,若其中有一个子节点未选中,则不选中当前节点
    foreach(TreeNode node in tvRights.Nodes)
    {
        bool parentChecked = true;
        foreach(TreeNode subnode in node.Nodes)
        {
            if(!subnode.Checked)
            {
                parentChecked = false;
                break;
            }
        }
        node.Checked = parentChecked;
    }
}
```

(16)将"FrmUserSet_Load"事件的代码修改如下:

```
private void FrmUserSet_Load(object sender,EventArgs e)
{
    InitTreeView();
    if(action = = SysUtility.OperationMethod.Edit)
        InitRights(rights);

}
```

(17)添加"EditRecords"方法,实现修改记录操作。代码如下:

```
private void UpdateReocrds()
{
    DbHelper db = new DbHelper();
    string update = "update usersinfo set username = @username,rights = @rights,
    available = @available where userid = @userid";
    db.AddParameter("username",txtUserName.Text);
    db.AddParameter("rights",GetUserRights());
    db.AddParameter("available",!cbStop.Checked);
    db.AddParameter("userid",txtUserID.Text);
    db.ExecuteNonQuery(update);
    MessageBox.Show("操作成功!");
    Close();
}
```

(18)将"保存"按钮的"Click"事件的代码修改如下:

```
private void btnSave_Click(object sender,EventArgs e)
{
    if(action = = SysUtility.OperationMethod.Insert)
        InsertRecords();
```

```
    if(action = = SysUtility.OperationMethod.Edit)
        UpdateReocrds();
}
```

（19）双击"取消"按钮，添加如下代码：

```
private void btnCancel_Click(object sender,EventArgs e)
{
    Close();
}
```

（20）在"用户设置"界面中双击"修改"按钮，添加如下代码：

```
private void btnEdit_Click(object sender,EventArgs e)
{
    FrmUserSet frm = new FrmUserSet();
    frm.SetActionMode(SysUtility.OperationMethod.Edit);
    frm.InitControl(gvUser.SelectedRows[0].Cells["userid"].Value.ToString());
    frm.ShowDialog();
    InitGridview();
}
```

（21）运行程序，通过执行"系统设置"→"用户设置"命令，打开"用户设置"对话框，单击其中的"添加"按钮，执行结果如图 3-16 所示。

（22）运行程序，通过执行"系统设置"→"用户设置"命令，打开"用户设置"对话框，单击其中的"修改"按钮，执行结果如图 3-17 所示。

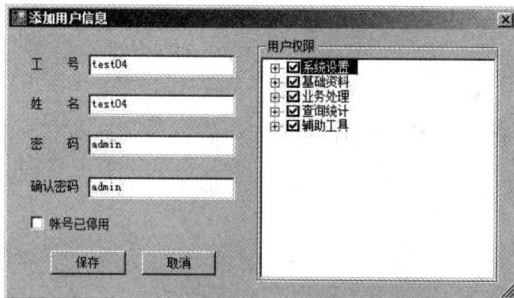

图 3-16　"添加用户信息"运行效果图　　　　　图 3-17　"修改用户信息"运行结果图

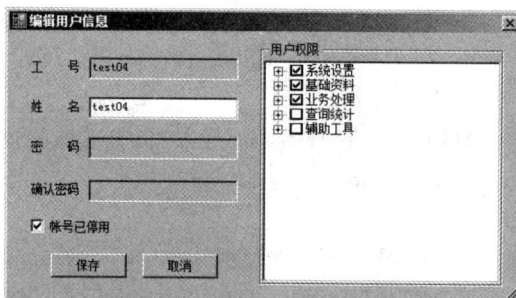

任务 2.3　权限控制功能实现

1.任务要求

实现用户权限控制功能。

2.任务分析

在用户登录系统后，可以通过隐藏系统菜单或快捷工具栏的某些项来实现权限控制功能。

3.操作步骤

本任务具体操作步骤如下：

（1）在 VS 2010 的"解决方案资源管理器"中双击"FrmMain.cs"文件，切换至代码编辑页面，添加"CheckRights"方法，以判定当前控件是否需要隐藏。该方法具有两个参数，分别用来保存控件的"Text"属性和控件类型。代码如下：

```
private bool CheckRights(ToolStripItem mi,string menuType)
{
        //1.显示所有的分隔符
        if(mi.Name.IndexOf("toolStripSeparator")>=0)
            return true;
        if(mi.Name.IndexOf(menuType)>=0)
        {
            //2.取菜单项中的汉字部分
            string miRight = mi.Name.Substring(0,mi.Name.IndexOf(menuType));
            DbHelper db = new DbHelper();
            string select = "select rights from usersinfo where userid = @userid";
            db.AddParameter("userid",SysUtility.UserID);
            SqlDataReader dr = db.ExecuteReader(select);
            if(dr.Read())
            {
                string rights = dr["rights"].ToString();
                //3.判断权限串中是否有该菜单项
                if(rights.IndexOf(miRight + ",")>=0)
                    return true;
            }
        }
        return false;
}
```

（2）添加"SetMenuRights"方法和"SetToolButtonRights"方法，分别用于设置菜单和工具栏的权限。代码如下：

```
private void SetMenuRights()
{
    foreach(ToolStripMenuItem mi in menuMain.Items)
    {
        foreach(ToolStripItem submi in mi.DropDownItems)
        {
            if(!CheckRights(submi,"ToolStripMenuItem"))
                submi.Visible = false;
        }
    }
    密码修改 ToolStripMenuItem.Visible = true;
    退出系统 ToolStripMenuItem.Visible = true;
    记事本 ToolStripMenuItem.Visible = true;
    计算器 ToolStripMenuItem.Visible = true;
    帮助 ToolStripMenuItem1.Visible = true;
    关于软件 ToolStripMenuItem.Visible = true;
}
private void SetToolButtonRights()
{
```

```
    foreach(ToolStripItem mi in toolStrip1.Items)
    {
        if(! CheckRights(mi,"toolStripButton"))
            mi.Enabled = false;
    }
}
```

（3）修改系统主界面的"Load"事件代码如下：

```
private void FrmMain_Load(object sender,EventArgs e)
{
    FrmLogin frm = new FrmLogin();
    frm.ShowDialog();
    SetMenuRights();
    SetToolButtonRights();
}
```

（4）运行程序，根据预先设置的用户权限，菜单栏中的某些菜单项将会隐藏，从而实现权限控制功能。

4. 注意点

（1）当选择的用户不同时，其菜单功能项也不尽相同。

（2）当用户被停用时，菜单项只有"修改密码"和"退出系统"等简单功能可用。

任务 2.4　实现工具栏功能

1. 知识准备

📖 **委托（略）**

📖 **事件**

事件在实际生活中的例子比比皆是，如下课铃响事件和期中考试事件等。一个事件从发生到结束涉及多个要素：什么事件、事件的发布者、事件的接收者及事件引发的处理动作。

事件发布者和接收者的职责归纳如下：

（1）事件的发布者职责为定义事件（报社），为订阅者订阅事件（邮局），将发生的事件通知给订阅对象（邮局）。

（2）事件的接收者（订阅者）职责为接收（订阅）事件和处理事件。

2. 任务要求

实现菜单项与工具栏按钮具有相同功能。

3. 任务分析

为实现菜单项与工具栏按钮具有相同功能，工具栏按钮不必再定义对应的事件方法，只需要使用事件与委托，把工具栏按钮的事件通过委托与对应菜单项的事件方法绑定即可。

4. 操作步骤

（1）双击"FrmMain.cs"窗体，右击工具栏上某按钮，如图 3-18 所示，在弹出的快捷菜单中选择"属性"。

（2）在"属性"对话框中选择按钮对应的菜单项的事件方法，如图 3-19 所示。

（3）在"FrmMain.designer.cs"的"Windows 窗体设计器"生成的代码中查询如图 3-20 所示的代码。

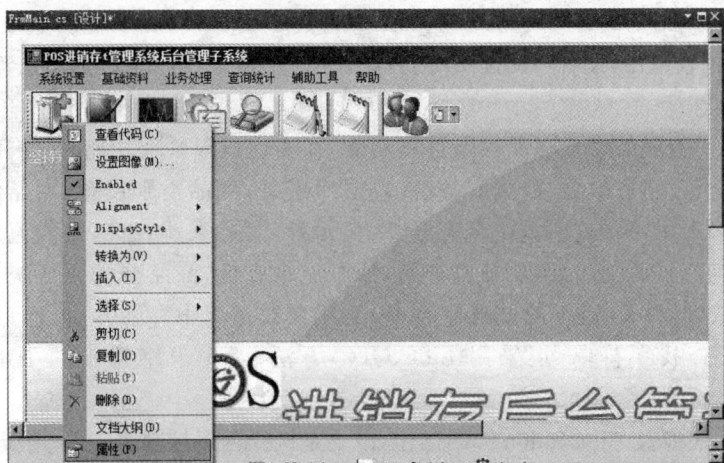

图 3-18　工具栏按钮的右键快捷菜单

this.采购入库 toolStripButton1.Click + = new System.
EventHandler(this.采购入库 ToolStripMenuItem_Click);

代码行左侧代码中"this.采购入库 toolStripButton1.
Click"是工具栏按钮"采购入库"的"Click"事件,右侧
"this.采购入库 ToolStripMenuItem_Click"是菜单项中
"采购入库"的事件方法,而"EventHandler"为委托类型。
这就是事件与委托的具体应用。

(4)依次选择工具栏上的各个按钮,按(1)、(2)步操作
方法完成所有按钮对应的事件方法。

5.注意点

(1)充分理解事件与委托的含义,然后去理解事件与
委托的具体应用。

图 3-19　选择按钮事件对应的
菜单项事件方法

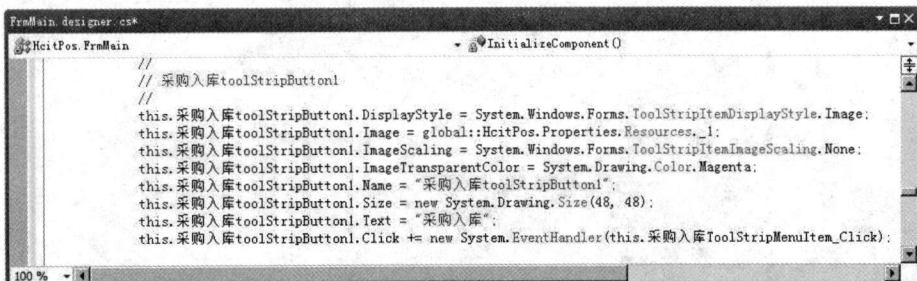

图 3-20　"Windows 窗体设计器"生成的代码

(2)不要将工具栏按钮事件与菜单项事件方法对应错。

(3)"Windows 窗体设计器"生成的代码不需要自己编写,属于自动生成。

单元小结

本单元讲解了"POS 进销存管理系统后台管理子系统"查询统计和用户管理两个任务。

(1)查询统计

本任务讲解了"POS 进销存管理系统后台管理子系统"统计功能的实现过程。在查询统计功

能中,重要的是 SQL 语句的编写。另外,本单元中讲述了 Excel 导出功能的实现方法,该功能在实际项目开发中比较常用,读者可阅读 Excel VBA 相关书籍,学习 Excel 的语法和函数等。

(2)用户管理

本任务实现了用户信息管理及权限管理功能,在实现权限管理功能时,将用户所具备的权限保存为"基本资料,用户设置,数据库备份,数据库恢复,商品类别设置,商品信息设置,供应商信息设置,采购入库,采购退货,库存盘点,库存预警,商品采购查询,采购流水查询,商品分类采购统计,供应商采购统计,商品销售查询,销售流水查询,商品分类销售统计,营业员销售统计,当前库存查询,日常提醒"格式的字符串,虽然在数据库中存在冗余,但是极大地方便了程序操作。对于查找字符串,可采用 IndexOf()方法;对于求字符串的子串操作,可采用 SubString()方法。

另外,本单元还涉及 Application 类的操作,该类是应用程序控制类。Form 类中的 Close()方法只能关闭自身,而不能退出应用程序;而通过 Application.Exit()方法,可以退出整个应用程序。

本单元要点

- 掌握销售 POS 全屏软件的布局方法；
- 掌握销售 POS 键盘事件的处理方式；
- 实现销售 POS 商品销售功能。

　　POS(Point of Sales)系统即销售点信息系统，是指通过自动读取设备(如收银机)在销售商品时直接读取商品销售信息(如商品名称、单价、销售数量、销售时间、销售商和购买顾客等)，并通过通信网络和计算机系统传送至有关部门进行分析加工，以提高经营效率的系统。POS 系统最早应用于零售业，之后逐渐扩展至如金融、旅馆等服务行业，利用 POS 系统的范围也从企业内部扩展到整个供应链。

　　POS 是一种多功能终端，把它安装在信用卡的特约商户和受理网点中，与计算机联成网络，就能实现电子资金自动转账。POS 具有支持消费、预授权、余额查询和转账等功能，使用起来安全、快捷、可靠。

　　POS 主要适用于大中型超市、连锁店、大卖场、大中型饭店及一些高水平管理的零售企业。POS 具有 IC 卡功能，可使用会员卡和内部发行 IC 卡及有价证券。可外接扫描枪、打印机等多种外设。还具有前、后台进、销、存、配送等大型连锁超市管理功能。餐饮型具有餐饮服务功能，可外接多台厨房打印机和手持点菜机等外设。

　　按通讯方式可以将 POS 分为两大类：固定 POS 机和无线POS 机。固定 POS 机如图 4-1 所示。

　　固定 POS 机的优点是软件升级和维护比较容易、网络传输速度快、POS 交易清算比较容易；缺点是需要连线操作，客人需要到收银台付账。固定 POS 机适用于一体化改造项目的商户。

图 4-1　一种固定销售 POS 机

任务描述

　　本 POS 进销存管理系统中的商品销售功能系统(前台子系统)为独立的软件系统，包括操作帮助、收款、小票打印、退货、锁屏、挂单、取单和交班等功能。注意，前台收款系统是一个全屏软件，在实际应用中，前台客户端除了本软件，是不允许运行其他程序的，而且采用全键盘操作，客户端(POS)机器一般不配置鼠标。

　　另外，销售成功后，相应商品的库存数量应该减少，商品库存信息保存在商品信息表中。

任务 1   数据库设计

1. 知识准备

为了支持本单元销售 POS 系统功能,需要采用主从表的形式,与之相关的有 5 张表,分别为商品计量单位表(GUnit)、商品信息表(GInfo)、销售信息(汇总)表(SInfo)、销售明细表(SDetails)和用户表(UserInfo),这 5 张表的数据字典见表 4-1、表 4-2、表 4-3、表 4-4 和表 4-5(不含有与销售 POS 系统相关列)。

表 4-1 GUnit(商品计量单位表)

序 号	列 名	数据类型	长 度	列名含义	说 明
1	UnitID	varchar	4	计量单位编号	主键
2	UnitName	varchar	10	计量单位名称	非空

表 4-2 GInfo(商品信息表)

序 号	列 名	数据类型	长 度	列名含义	说 明
1	GID	varchar	50	商品编号	主键
2	ClassID	varchar	10	商品类别	外键,GClass(ClassID)
3	GName	varchar	250	商品名称	非空
5	BarCode	varchar	20	条形码	唯一性约束
6	GUnit	varchar	10	单位	非空
7	Price	money		单价	默认值 0

表 4-3 SInfo(销售信息(汇总)表)

序 号	列 名	数据类型	长 度	列名含义	说 明
1	SID	varchar	50	销售单号	主键
3	SMoney	money		销售金额	默认值 0
4	UserID	varchar	20	操作员	外键,UsersInfo(UserID)
5	STime	datetime		销售时间	默认值 getdate()

表 4-4 SDetails(销售明细表)

序 号	列 名	数据类型	长 度	列名含义	说 明	
1	ID	int		编号	标识列	
2	SID	varchar	50	销售单号	外键,SInfo(SID)	主键
3	GID	varchar	50	商品编号	外键,GInfo(GID)	
4	SCount	int		数量	默认值 0	
5	UnitPrice	money		单价	默认值 0	

表 4-5 UserInfo(用户表)

序 号	列 名	数据类型	长 度	列名含义	说 明
1	UserID	varchar	20	用户编号	主键
2	UserName	varchar	10	用户名	非空
3	Password	varchar	50	密码	

2. 任务要求

(1)表示表与表之间的关系有多种形式,请画出表与表之间的 E-R 图和关系图;

（2）建立五个表之间的视图，视图名为"VSDetails"，为打印销售小票服务。

3. 任务分析

上述 5 张表之间，都存在关系，其关系描述如下：

（1）计量单位表（GUnit）与商品信息表（GInfo）之间存在主从关系，外键为计量单位编号（UnitID/GUnit）；

（2）商品信息表（GInfo）与销售明细表（SDetails）存在主从关系，外键为商品编号（GID）；

（3）销售汇总表（SInfo）表与销售明细表（SDetails）存在主从关系，外键为销售单号（或小票编号）（SID）；

④销售汇总表（SInfo）与用户表（UserInfo）表之间存在主从关系，外键为工号（UserID）。

4. 操作步骤

（1）使用 Microsoft Office Visio 或 Microsoft Office Word 画 E-R 图，如图 4-2 所示。

（2）使用 Microsoft Office Visio 或 Microsoft Office Word 画 5 个表的关系，如图 4-3 所示。

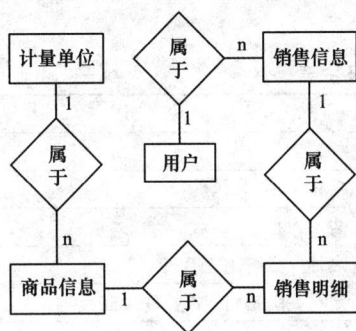

图 4-2　与销售 POS 有关的表的 E-R 图　　图 4-3　与销售 POS 有关的表的关系图

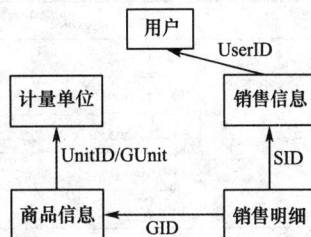

注意：表与表之间的箭头指向的表是主表，箭头线旁的列名是从表中的主外键。其中，"UnitID/GUnit"中 UnitID 是计量单位表的主键，GUnit 是商品信息表的外键。

（3）为了实现销售小票打印，必须创建一个含有销售单号（SID）、商品编号（GID）、商品名称（GName）、销售单位（UnitPrice）、销售数量（SCount）和销售时间（STime）（或用系统时间作为打印小票时间）的视图作为 RDLC 报表的数据表（表或视图）。

具体代码如下：

```
use HcitPos
go
if exists(select * from sys.objects where name = 'VSDetails')
    drop view VSDetails
go
create view VSDetails
as
    select SID,S.GID,GName,BarCode,UnitPrice,SCount,UnitName
    from GUnit G1,GInfo G2,SDetails S
    where G1.UnitID = G2.GUnit and G2.GID = S.GID
```

5. 注意点

（1）创建视图前判定视图是否存在的语句中的"sys.objects"适用于表、视图、存储过程和触发器等创建的判定。数据库存在的判定采用"sys.databases"，索引存在的判定采用"sys.

indexes"。

(2)视图中的查询语句可以采用 on 的形式,代码如下:

```
select SID,S.GID,GName,BarCode,UnitPrice,SCount,UnitName
from GUnit G1 inner join GInfo G2
on G1.UnitID = G2.GUnit
inner join SDetails S
on G2.GID = S.GID
```

(3)注意(2)中的连接条件不可缺少,否则,报表输出结果将无法理解和想象。

任务2　商品销售 POS 系统主界面设计

1. 知识准备

与商品销售系统相关的 Visual Studio 2010 中 C#的控件列表及其主要属性以及任务中控件的属性值见表 4-6。

表 4-6　　　　　　窗体中使用的控件及主要属性

控　件	属　性	说　明
Label	Text	标题
	Font.Size	字体大小
	AutoSize	自动大小
	Name	名称
	Dock	定义要绑定到容器控件边框
Button	Text	标题(与控件有关的文本)
	Name	名称
Form	FormBorderStyle	窗体为全屏,不需要标题栏
	KeyPreview	支持键盘事件
	Text	窗体标题栏文字
	TopMost	使该窗体总在最前出现
	WindowState	将窗体以最大化方式启动
DataGridView	Name	名称
	DataPropertyName	绑定到有数据源属性和数据库列的名称
	HeaderText	列标题文本
	Dock	定义要绑定到容器控件边框
StatusStrip	toolStripStatusLabel	指定代码中用来标识该对象的名称
	Text	在项上显示的文本

2. 任务要求

创建如图 4-4 所示的商品销售 POS 系统的主界面。

(1)要使主窗体能全屏显示,不需要标题栏,支持键盘事件。

(2)DataGridView 控件位于窗体中间,其"Dock"属性值为"Fill"。

(3)其他控件随着窗体的放大或缩小而变化。

(4)窗体布局如图 4-5 所示。

3. 任务分析

(1)根据任务要求,主界面的属性及其值见表 4-7。

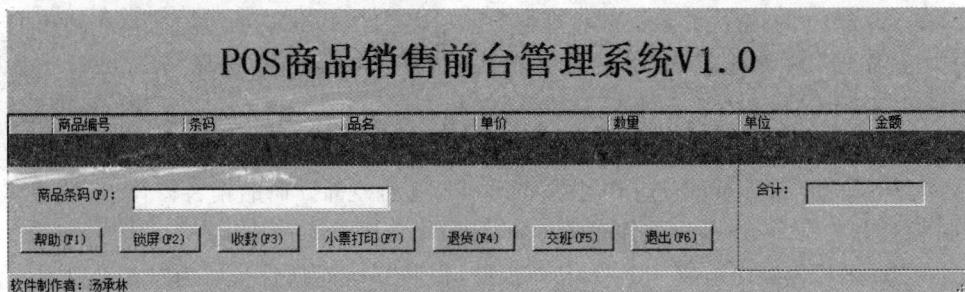

图 4-4　商品销售 POS 系统主界面

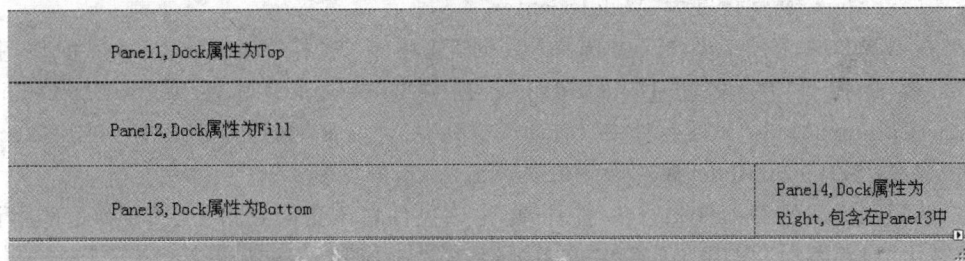

图 4-5　商品销售 POS 系统主界面布局

表 4-7　　　　　　　　商品销售 POS 系统主界面属性值

属　性	值	说　明
FormBorderStyle	None	窗体为全屏，不需要标题栏
KeyPreview	True	支持键盘事件：KeyDown、KeyUp、KeyPress
Text	销售管理	窗体标题栏文字
TopMost	False	使该窗体不总在最前出现
WindowState	Maximized	将窗体以最大化方式启动

（2）DataGridView 控件需要考虑的属性见表 4-8。

表 4-8　　　　　　　　DataGridView 属性值

属　性	值	说　明
Name	DataGridView	名称
AutoSizeColumnsMode	Fill	确定可见列自动调整模式
Dock	Fill	定义要绑定到容器控件边框
MultiSelect	Nono	指示用户不支撑多行多列单元格的选择
SelectionMode	FullRowSelect	指示选择单元格的形式为"全行选中"
AllowUserToAddRows	False	禁止启用添加行
AllowUserToDeleteRows	False	禁止启用删除行
ReadOnly	True	禁止启用编辑单元格
AllowUserToOrderColumns	False	禁止启用列排序

4. 操作步骤

由于销售系统为独立的软件系统，所以需要新建一个名为"HcitPosSales"的 WinForms 应用程序，以区别于超市进销存后台管理系统，具体实现步骤如下：

（1）打开 VS 2010，执行"新建"→"项目"命令，新建一个名为"HcitPosSales"的 Windows 应用程序。

（2）在 VS 2010 的"解决方案资源管理器"中，选择"HcitPosSales"并右击，在弹出的快捷菜单中执行"添加"→"新建项"命令，在弹出的"添加新项"对话框中选择"Windows 窗体"，将该窗体命名为"FrmMain. cs"。

（3）将"FrmMain"窗体的各项属性修改为表 4-7 所示各列的值。

（4）在 VS 2010"工具箱"中选择"容器"选项卡，拖动控件到商品销售窗体上，这里需要 4个 Panel 控件和 1 个 StatusBar 控件完成布局，其布局见图 4-5。

（5）在"panel1"容器中添加一个"Label"控件，将其"Dock"属性设置为"Fill"，"Font"属性设置为"宋体，26. 25 pt，style＝Bold"，"Text"属性设置为"POS 商品销售前台管理系统V1.0"，"TextAlign"属性设置为"MiddleCenter"。

（6）在 VS 2010 的"工具箱"中选择"数据"选项卡，选择"DataGridView"控件，拖到"panel2"容器控件中，设置 DataGridView 控件的"Name"属性为"gvSaleDetails"，"AutoSizeColumnsMode"属性为"Fill"（自动调整列宽），"Dock"属性为"Fill"，"MultiSelect"属性为"False"，"SelectionMode"属性为"FullRowSelect"，详见表 4-8。

（7）选择刚添加的 DataGridView 控件，单击该控件右上角的三角箭头，在弹出的对话框中取消选中"启用添加""启用编辑"和"启用删除"复选框，如图 4-6 所示。

（8）单击"编辑列"选项，弹出"编辑列"对话框，添加 DataGridView 控件与商品销售功能的映射列，如图 4-7 所示。各个列属性见表 4-9。

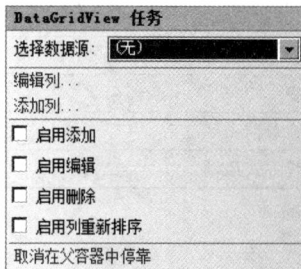

图 4-6　DataGridView 任务选择　　　图 4-7　DataGridView"编辑列"对话框

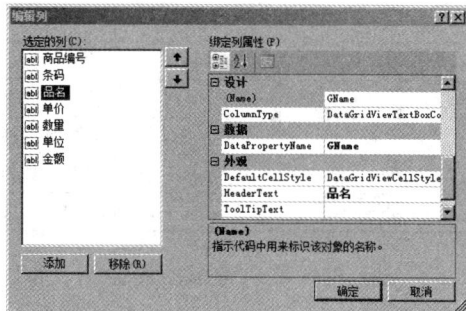

表 4-9　　　　　　DataGridView 控件"gvSaleDetails"的各列属性

序　号	Name 属性	DataPropertyName 属性	HeaderText 属性
1	GID	GID	编号
2	BarCode	BarCode	条码
3	GName	GName	商品名称
4	GUnit	GUnit	单位
5	Price	Price	单价
6	SaCount	SCount	数量
7	TotalMoney	TotalMoney	金额

（9）在"panel3"容器中添加如图 4-8 所示控件，各个控件的值依次为"txtSearch""btnHelp""btnLockScreen""btnTrade""btnPrint""btnReturn""btnOffWork"和"btnClose"。

（10）在"panel4"容器中添加如图 4-9 所示控件，将 TextBox 控件命名为"txtTotal"。

（11）从 VS 2010 的"工具箱"中选择"StatusStrip"控件，拖到销售程序主界面上，可仿照进销存后台程序设置相关信息。

图 4-8 "panel3"容器控件

图 4-9 在"panel4"容器控件

(12)运行程序,系统界面见图 4-4。

5.注意点

(1)窗体布局中"Dock"属性设置过程中经常不能达到窗体布局要求,注意要慢慢调整,特别注意"panel4"面板一定要在"panel3"中。

窗体属性"TopMost"必须设置成"False",这样,登录窗体就会显示在主窗体的前面,否则无法登录。

(2)DataGridView 控件的属性中,"AutoSizeColumnsMode"属性设置为"Fill"而不要设置为"Nono",否则,设置编辑列时无法固定列宽,本任务中仅设置为"Nono";"MultiSelect"属性一定要设置为"False",保证在选择行时不允许同时选择多行多列。

(3)选择"启用编辑""启用删除""启用排序"和"启用添加",单击"DataGridView"右上角的三角箭头"▶"即可。

任务 3 商品销售 POS 的初始化

1.知识准备

📖 **静态变量**

静态变量的一般语法格式如下:

[访问修饰符] static <变量类型>变量名[= 初始值];

📖 **枚举类型(略)**

为使系统记录当前销售方式处于销售状态还是返回状态,采用枚举类型设置销售方式。枚举类型的一般定义格式:

[访问修饰符] enum <枚举类型名>

{

成员 1[= 值 1],成员 2[= 值 2],…,成员 n[= 值 n]

}

📖 **数据库连接串**

数据库连接串有两种模式:

(1)Windows 模式

SqlConnectionString ConString = "Data Source = <服务器名>;Initial Catalog = <数据库名>;Integrated Security = True";

(2)SQL Server 混合模式

SqlConnectionString ConString = "sever = <服务器名>;database = <数据库名>;uid = [登录名];

pwd＝［登录密码］"；

📖 **数据库访问类及访问方法（略）**

2. 任务要求

（1）使用静态变量定义操作员的用户编号（工号）和收款与打印方式状态。

（2）使用枚举类型定义销售方式。

（3）在配置文件"App. config"中定义数据库连接串。

（4）定义一个数据库访问类，实现数据库访问的各种操作。

3. 任务分析

（1）使用静态变量和枚举类型定义工号和销售方式，需要定义一个类；

（2）在配置文件"App. config"中定义数据库连接串，该文件采用 XML 语言形式。具体格式如下：

```
＜? xml version = "1.0" encoding = "utf-8" ?＞
＜configuration＞
    ＜connectionStrings＞
        ＜add name = 连接串名 connectionString = 数据库连接串 providerName = 数据库驱动程序供应商/＞
    ＜/connectionStrings＞
＜/configuration＞
```

（3）具体数据库访问类代码详见单元 1 相关内容。

4. 操作步骤

（1）定义 SystemUtility 类。右击"解决方案资源管理器"中的"HcitPosSales"节点，在弹出的快捷菜单中，选择"添加"项下的"类"。

（2）进入类定义对话框，设置类名为"SystemUtility. cs"。添加如下代码：

```
//SystemUtility. cs
using System;
using System. Collections. Generic;
using System. Windows. Forms;
namespace HcitPosSales                       //命名空间:HcitPosSales
{
    public class SysUtility                  //类:SysUtility
    {
        public static string UserID = "unLogined";   //采用静态变量定义工号(用户编号)
        public static bool dataSave = false;         //采用静态变量定义收款与打印状态
        public enum SaleMethod                       //采用枚举类型定义销售方式
        {
            Sale = 1,Return
        }
    }
}
```

（3）定义数据库连接串。右击"解决方案资源管理器"中的"HcitPosSales"节点，在弹出的快捷菜单中选择"添加"项下的"新建项"，进入如图 4-10 所示的对话框，单击"应用程序配置文件"。

（4）双击"App. config"文件，修改其代码如下：

```
//App. config
```

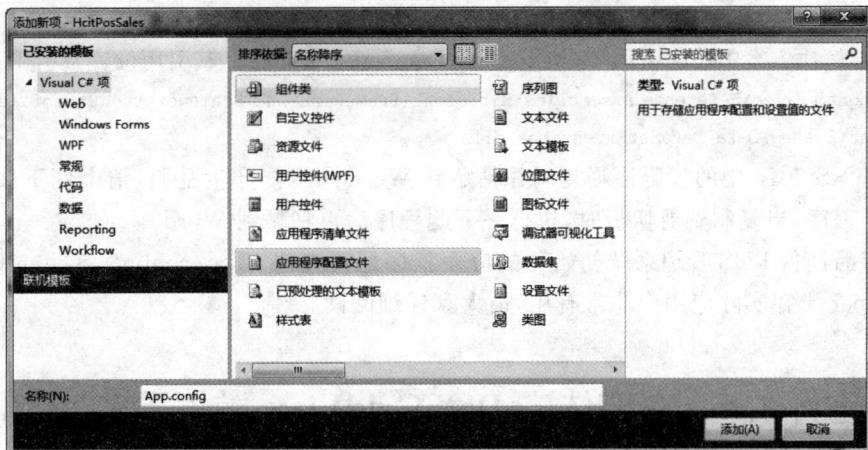

图 4-10   应用程序配置文件

```xml
<?xml version = "1.0" encoding = "utf-8" ?>
<configuration>
  ...
  <connectionStrings>
    <add name = "HcitPosConnectionString" connectionString = "Data Source = .;
    Initial Catalog = HcitPos; Integrated Security = True"
    providerName = "System.Data.SqlClient"/>        <!--数据库驱动程序名-->
    <!--如下连接串在打印小票时生成 RDLC 报表数据源时自动产生-->
    <!--sa 登录名,123 登录密码-->
    <add name = "HcitPosSales.Properties.Settings.HcitPosConnectionString"
    connectionString = "Server = TCL-PC;Database = HcitPos;UID = sa;PWD = 123"
    providerName = "System.Data.SqlClient"/>        <!--TCL-PC 服务器名,HcitPos 为数据库名-->
  </connectionStrings>
</configuration>
```

(5)创建数据库访问类 DBHelper(同实训部分单元 1,代码省略)。

5. 注意点

(1)代码中的注释表示对本行或本段代码(方法)功能的解释,请大家注意同名方法;

(2)DBHelper 类整体包括如下几类方法,其参数个数和参数类型不尽相同:

①SqlConnection 连接串类:DBHelper()、DBHelper(string connString),其中 DBHelper()为默认构造函数;

②SqlParameter 参数添加类:AddParameter();

③事务处理类:BeginTransaction()、CommitTransaction()、RollBackTransaction();

④记录插入、删除和更新类:ExecuteNonQuery();

⑤读取表中第一行第一列元素类:ExecuteScalar();

⑥记录读取类:ExecuteReader();

⑦返回数据集类:ExecuteDataSet()。

商品销售 POS 管理系统根据实际需要可选择其中部分方法。

(3)要使用类 ConfigurationManager,必须增加一行命名空间引用:

`using System.Configuration;`

此类无法被继承。

然后在解决方案中添加引用"System.Data.DataSetExtensions",其引用位置及引用 ∗.dll 为：

C:\Program Files\Reference Assemblies\Microsoft\Framework\.NETFramework\v4.0\Profile
\Client\System.Data.DataSetExtensions.dll

(4)将 VS 2010 中的代码注释复制并粘贴到 Word 中可能产生乱码,请上网下载"解决剪切板乱码"程序,当复制到剪切板时,执行一下此程序后再粘贴到 Word 中。

(5)商品销售 POS 管理系统初始化的应用程序配置文件"App.config"、SystemUtility 类和 DBHelper 类在实际应用中非常有用,请大家仔细阅读。

任务 4.4　主窗体中 DataGridView 数据源的定义

1.知识准备

为了能够显示商品销售信息,需要对内存表操作,将 DataGridView 控件的数据源设置为内存表"DataTable"。

因此,需要定义 DataTable,其关键语句如下：

(1)表的定义

DataTable 表名 = new DataTable();

(2)列的定义

DataColumn 列名 = new DataColumn("列标题",Type.GetType(System.数据类型类));

或

DataColumn 列名 = new DataColumn("列标题",typeof(数据类型));

(3)绑定列的方法 Add()

＜表名＞.Columns.Add(＜列的 Name＞);

下面是创建一个空白的 DataTable,并定义相关的字段：

DataTable dt;

dt = new DataTable("员工表");

DataColumn c1 = new DataColumn("年月",Type.GetType(System.Int32));

DataColumn c2 = new DataColumn("部门",Type.GetType (System.String));

DataColumn c3 = new DataColumn("员工号",Type.GetType(System.String));

DataColumn c4 = new DataColumn("员工姓名",Type.GetType(System.String));

DataColumn c5 = new DataColumn("日期",Type.GetType(System.DateTime));

…

dt.Columns.Add(c1);

dt.Columns.Add(c2);

dt.Columns.Add(c3);

dt.Columns.Add(c4);

dt.Columns.Add(c5);

(4)列数组与表的主键确定

列数组与表的主键一般格式如下：

DataColumn[] 数组名 = {表名.Columns[列名]};

表名.Primarykey = 列名;

例如:

```
DataColumn[] dc = {dt.Columns[c3]};
dt.Primarykey = dc;
```

2. 任务要求

要求创建一个 DataTable 实例"dt",实现与"gvSaleDetails"(FrmMain 中定义)绑定,"dt"含有如下列:

GID(商品编号)、GName(品名)、BarCode(条码)、Price(价格)、SCount(数量)、UnitName(单位)和 TotalMoney(金额)。

3. 任务分析

要获取表中列的值,需要从 DataSet 对象"ds"中获取 DataRow 对象"dr"中的表 Table[0] 的 Row[0]中的行,具体操作如下:

```
DBHelper db = new DBHelper();            //1.上一任务中已定义的数据库访问类
Datatable dt = new Datatable();          //2.定义表对象 dt
DataRow dr = new DataRow();              //3.定义行对象
//4.定义查询字符串
string sqlString = "ginfo. * , gunit. * from ginfo, gunit where ginfo. Gunit = GUnit. UnitID and
barcode = @barcode";
db.AddParameter("barcode",txtSearch.Text);   //5.从文件框 txtSearch. Text 获取条码的值
DataSet ds = db.ExecuteDataSet(sqlString);   //6.获取数据集对象 ds
dr = ds.Table[0].Row[0];                 //7.给 dr 赋值
dt.Rows.Add(dr);                         //8.把 dr 添加为 dt 表的行
```

4. 操作步骤

(1)在 FrmMain.cs 中定义 DataTable 对象"dt",具体代码如下:

```
public partial class FrmMain:Form
{
    private DataTable dt = new DataTable();
}
```

(2)在 FrmMain.cs 中编辑初始化"dt"的方法 InitDataTableColumn(),具体代码如下:

```
private void InitDataTableColumn()
{
    dt.Rows.Clear();
    dt.Columns.Clear();
    dt.Columns.Add("GID",Type.GetType("System.String"));
    dt.Columns.Add("GName",Type.GetType("System.String"));
    dt.Columns.Add("BarCode",Type.GetType("System.String"));
    dt.Columns.Add("SCount",Type.GetType("System.Int32"));
    dt.Columns.Add("UnitName",Type.GetType("System.String"));
    dt.Columns.Add("Price",Type.GetType("System.Double"));
    dt.Columns.Add("TotalMoney",Type.GetType("System.Double"));
    DataColumn[] dc = {dt.Columns["GID"]};
    dt.PrimaryKey = dc;
}
```

(3)在主界面 FrmMain 的"Load"事件中,添加如下代码,从而完成控件初始化工作:

```
private void FrmMain_Load(object sender,EventArgs e)
{
    InitDataTableColumn();
    gvSaleDetails.AutoGenerateColumns = false;
    gvSaleDetails.DataSource = dt;
}
```

5.注意点

(1)gvSaleDetails 的数据源绑定,表"dt"为其数据源:

gvSaleDetails.DataSource = dt;

(2)代码"DataColumn[] dc = {dt.Columns["GID"]};",定义 DataColumn 数组"dc";代码"dt.PrimaryKey = dc;",定义表"dt"的主键"dc",用于控制 gvSaleDetails 中不出现相同商品信息行,当输入相同商品的条码时,会自动增加商品数量(SCount)的值。

任务5　实现主窗体的 KeyDown 功能

1.知识准备

📖 **Form.KeyPreview 属性 (System.Windows.Forms)**

当此属性设置为 true 时,窗体将接收所有 KeyPress、KeyDown 和 KeyUp 事件。在窗体的事件处理程序处理完该击键操作后,将该击键分配给具有焦点的控件。例如,如果 KeyPreview 属性设置为 true,而且当前选定的控件是 TextBox,则在窗体的事件处理程序处理了击键后,TextBox 控件将接收所按的键。如果要仅在窗体级别处理键盘事件并且不允许控件接收键盘事件,需将窗体的 KeyPress 事件处理程序中的 KeyPressEventArgs.Handled 属性设置为 true。

可以使用此属性处理应用程序中的大部分击键事件,并可以处理击键事件或调用适当的控件来处理击键事件。例如,当应用程序使用功能键时,可能希望在窗体级别处理这些击键,而不是为可能接收击键事件的每个控件编写代码。如何在窗体级别处理键盘输入?例如,KeyDown 事件的使用。

本示例中,判断用户是否按下特殊键,如果是,则显示在窗体的一个标签上。程序主要代码如下:

```
using System;
using System.Collections.Generic;
using System.ComponentModel;
using System.Data;
using System.Drawing;
using System.Linq;
using System.Text;
using System.Windows.Forms;
namespace KeyDown 使用
{
    public partial class FrmKeyDown:Form
    {
        public FrmKeyDown()
```

```
    {
        InitializeComponent();
    }
    private void textBox1_KeyDown(object sender,KeyEventArgs e)
    {

        string KeyDownMode = "";
        //1.e.KeyCode 表示 KeyUp 事件的键盘代码(字符);
        //2.e.Modifiers 获取 KeyUp 事件的修饰符标识,它指示标识按下的 Shift、Alt 和 Ctrl
        //    键的组合;
        //3.e.KeyData 获取 KeyUp 事件的键的数据;
        //4.e.KeyData 获取 KeyUp 事件的键的值;
        string KeyDownText = e.KeyCode + ":" + e.Modifiers + ":" + e.KeyData + ":" + "(" + e.
        KeyValue + ")";
        if(e.Shift = = true)
            KeyDownMode = ",Shift 键被按下";
        if(e.Control = = true)
            KeyDownMode = ",Ctrl 键被按下";
        if(e.Alt = = true)
            KeyDownMode = ",Alt 键被按下";
        this.label1.Text = KeyDownText + KeyDownMode;
    }
}
```

KeyDown 事件使用如图 4-11 所示。

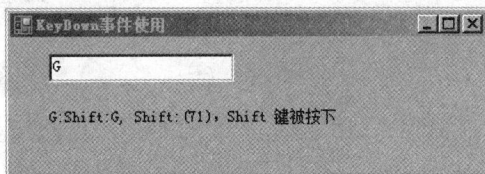

图 4-11　KeyDown 事件使用

注意:上面的代码中,KeyDown 事件取得了一个 KeyEventArgs 对象"e",并返回相关的按键信息。KeyEventArgs 参数提供数个属性值,这些属性根据键盘上被按下的按键返回对应值。KeyEventArgs 属性值说明 Control 获取一个值,该值指示是否曾按下 Ctrl 键;KeyCode 获取 KeyUp 事件的键盘代码;KeyData 获取 KeyUp 事件的键数据;KeyValue 获取 KeyUp 事件的键盘值;Modifiers 获取 KeyUp 事件的修饰符标识。

2.任务要求

(1)当按下 F1 键,获取按键帮助;

(2)当按下 F2 键,锁屏(锁屏任务略,详见教学资源);

(3)当按下 F3 键,收款;

(4)当按下 F7 或 P 键,打印小票;

(5)当按下 F4 键,退货;

(6)当按下 F5 键,交班;

(7)当按下 F6 键,退出。

录入商品的操作过程为:当用户手工输入商品条码后,按回车键或扫描器自动扫描商品条码后,如果该商品为新增商品,则在内存表中新增该商品信息;否则修改该商品的销售数量和销售金额等信息,并在屏幕右下方的合计中自动统计商品的总金额。

在添加商品后,通过 G 键将焦点切换到 DataGridView 控件上,通过上下箭头来选择商品,通过"+"键实现增加当前商品数量,通过"-"键实现减少当前商品数量。

3. 任务分析

(1)当按下 F1 键,获取按键帮助,调用帮助窗体,显示各个按键的功能;

(2)当按下 F2 键,锁屏,调用锁屏窗体,停止商品销售;

(3)当按下 F3 键,收款,调用找零收费窗体;

(4)当按下 F7 或 P 键,调用打印小票,实现小票的打印(本系统仅实现模拟打印小票);

(5)当按下 F4 键,退货;

(6)当按下 F5 键,交班;

(7)当按下 F6 键,退出;

(8)当按下 F 键,文本框获得焦点;

(9)当按下 G 键,DataGridView 获得焦点,通过按"+""-"键,实现对商品销售数量的加 1 或减 1 操作(这种操作不能在笔记本上操作,需要有小键盘)。

4. 操作步骤

右击 FrmMain 窗体,在弹出的快捷菜单中选择"属性"项,单击"属性"对话框中工具栏上的事件按钮"⚡",双击 KeyDown 右边的空白位置,进入 FrmMain_KeyDown 事件方法,输入如下代码:

```
private void FrmMain_KeyDown(object sender,KeyEventArgs e)
{
    switch(e.KeyCode)
    {
        case Keys.F1:
            btnHelp_Click(sender,e);                //1.调用帮助窗体
            break;
        case Keys.F2:
            btnLockScreen_Click(sender,e);          //2.调用锁屏窗体
            break;
        case Keys.F:                                 //3.文本框获得焦点
            txtSearch.Focus();
            break;
        //4.当输入商品条码回车后或扫描器扫描条码后调用 AddGoods()方法
        case Keys.Return:
            AddGoods();
            break;
        case Keys.Add:                               //5.增加商品销售数量
            ChangeGoodsCount(1);
            break;
```

```
        case Keys.Subtract:
            ChangeGoodsCount(-1);              //6.减少商品销售数量
            break;
        case Keys.G:                           //7.网格获得焦点
            txtSearch.Text = "";
            gvSaleDetails.Focus();
            break;
        case Keys.F3:                          //8.收款
            btnTrade_Click(sender,e);
            break;
        case Keys.F4:
            btnReturn_Click(sender,e);         //9.退货
            break;
        case Keys.P:                           //10.打印小票
            btnPrint_Click(sender,e);
            break;
        case Keys.F7:                          //11.也可以打印小票
            btnPrint_Click(sender,e);
            break;
    }
}
```

5.注意点

(1)人工输入条码后要按回车键,才能自动读取数据库表中商品信息。

(2)使用扫描器不需要回车,扫描器扫描后自动回车。

(3)收款后才能打印小票,本系统为了便于学习,采用了模拟打印设计。

任务 6　实现商品信息的录入功能

1.知识准备

📖 **DataGridView 数据控件知识**

使用 DataGridView 控件,可以显示和编辑来自多种不同类型的数据源的表格数据。

将数据绑定到 DataGridView 控件非常简单和直观,在大多数情况下,只需设置 DataSource 属性即可。

通常绑定到 BindingSource 组件,并将 BindingSource 组件绑定到其他数据源或使用业务对象填充该组件。BindingSource 组件为首选数据源,因为该组件可以绑定到各种数据源,并可以自动解决许多数据绑定问题。更多有关信息,请参见 BindingSource 组件。

本系统需要的 DataGridView 的 DataRow 属性如下:

(1)"DataGridViewRow"表示 DataGridView 控件中的行。

(2)"DataGridViewRow.SelectedRow"表示获取用户选定行的集合。

(3)"DataRow"表示 DataGridViewRow 绑定表中的一行。

属性见表 4-8。

2. 任务要求

录入商品的操作过程为：当用户手工输入商品条码后，按回车键或扫描器自动扫描商品条码后，如果该商品为新增商品，则在内存表中新增该商品信息；否则修改该商品的销售数量和销售金额等信息，并在屏幕右下方的合计中自动统计商品的总金额。在添加商品后，通过 G 键将焦点切换到 DataGridView 控件上，通过上下箭头来选择商品，通过"＋"键实现增加当前商品数量，通过"－"键实现减少当前商品数量。

3. 任务分析

(1)从"gvSaleDatils"对象的行中获取一行数据需要使用：

DataGridViewRow.SelectedRow[0](第 0 行)；

(2)获取查询结果集中表 dt 关于主键的行需要使用：

DataRow dr = dt.Rows.Find(主键)；

4. 操作步骤

(1)在"FrmMain"类中添加并编写方法"GetSalesGoodByBarCode"(获取商品条码)，用于根据输入的条形码获得商品信息。代码如下：

```
//GetSalesGoodByBarCode()方法
private DataRow GetSalesGoodByBarCode()
{
    DbHelper db = new DbHelper();//1.新建数据库访问类对象
    //2.根据商品条码，获取商品信息
    string sqlString = "select ginfo. * ,gunit. * from ginfo,gunit
    where ginfo.Gunit = GUnit.UnitID and barcode = @barcode";
    db.AddParameter("barcode",txtSearch.Text);
    //3.返回查询结果的数据集
    DataSet ds = db.ExecuteDataSet(sqlString);
    if(ds.Tables[0].Rows.Count>0)
        return ds.Tables[0].Rows[0];//4.返回数据集中第 0 张表的第 0 行
    return null;
}
```

(2)继续在"FrmMain"类中添加"AddGoods"方法，向内存表中存储数据，其中调用上述"GetSalesGoodByBarCode"方法。代码如下：

```
private void AddGoods()
{
    //1.根据用户输入添加商品
    DataRow drGoods = GetSalesGoodByBarCode();
    if(drGoods = = null)
        return;
    //2.察看是否已经存在该记录，若不存在则新添加，否则在数量上添加
    DataRow drold = dt.Rows.Find(drGoods["gid"].ToString());
    if(drold = = null)
    {
        DataRow dr = dt.NewRow();
        dr["GID"] = drGoods["GID"];
```

```
            dr["GName"] = drGoods["GName"];
            dr["Barcode"] = drGoods["Barcode"];
            dr["Price"] = drGoods["Price"];
            dr["SCount"] = 1;
            dr["UnitName"] = drGoods["UnitName"];
            dr["TotalMoney"] = drGoods["Price"];
            dt.Rows.Add(dr);
        }
        else
        {
            //3.数量列的值加 1
            int newCount = Convert.ToInt32(drold["SCount"]) + 1;
            drold["SCount"] = newCount;
            //4.计算金额列的值
            double totalMoney = Convert.ToDouble(drold["Price"]) * newCount;
            drold["TotalMoney"] = totalMoney;
        }
        txtSearch.Text = "";
}
```

（3）继续添加"ChangeGoodsCount"方法，以增加或减少 DataGridView 控件当前选择行的商品数量，修改销售金额。代码如下：

```
private void ChangeGoodsCount(int num)
{
        gvSDetails.Focus();//1.gvSaleDetails 获得焦点
        //2.选定 gvSaleDetails 的行
        DataGridViewRow gvr = gvSDetails.SelectedRows[0];
        if(gvr! = null)
        {
            //3.从网格单元中获取商品编号
            string gid = gvr.Cells[0].Value.ToString();
            //4.根据主键商品编号 gid,获取表 dt 的行
            DataRow drold = dt.Rows.Find(gid);
            int newCount = Convert.ToInt32(drold["SCount"]) + num;
            drold["SCount"] = newCount;
            //5.计算行中的金额
            double totalMoney = Convert.ToDouble(drold["Price"]) * newCount;
            drold["TotalMoney"] = totalMoney;
        }
}
```

（4）在输入销售商品信息后，应能自动计算合计金额，该功能通过设置 DataGridView 控件的"DataBindingComplete"事件来实现。代码如下：

```
private void gvSaleDetails_DataBindingComplete(object sender,
DataGridViewBindingCompleteEventArgs e)
```

```
{
    if(gvSDetails.Rows.Count>0)
    {
        Double totalMoney = 0;
        foreach(DataGridViewRow gvr in gvSDetails.Rows)
            totalMoney + = Convert.ToDouble(gvr.Cells["TotalMoney"].Value);
        //改变合计金额
        txtTotal.Text = totalMoney.ToString();
    }
}
```

5.注意点

(1)方法"GetSalesGoodByBarCode()"的返回值类型为 DataRow。

(2)方法"gvSaleDetails_DataBindingComplete()",表示每当数据源更改时引发该事件方法,实现对合计金额的更新。

(3)"DataRow drold＝dt.Rows.Find(drGoods["gid"].ToString());"语句用来根据商品编号产生表"dt"的行,其中"Find()"方法解释如图 4-12 所示。

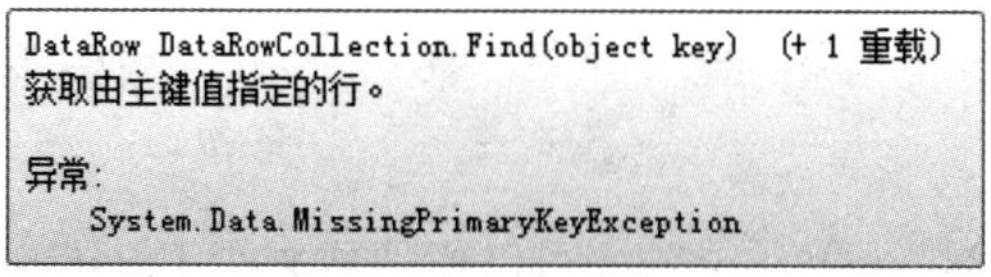

```
DataRow DataRowCollection.Find(object key)    (+ 1 重载)
获取由主键值指定的行。

异常:
    System.Data.MissingPrimaryKeyException
```

图 4-12 "Find()"方法解释

任务 7 实现商品销售功能

1.知识准备

📖 事务处理方法

实现商品销售时,必须用到如下事务处理方法:

(1)开始事务:BeginTransaction();   //属于 SqlConnection 的方法

(2)提交事务:Commit();   //属于 SqlCommand.Transation 的方法

(3)回滚事务:Rollback();   //属于 SqlCommand.Transation 的方法

事务属于 SqlTransaction 类的实例,创建事务语句如下:

```
SqlConnection sqlConn = new SqlConnection();

SqlTransaction myTran = sqlConn.beginTransaction();
```

2.任务要求

(1)当录入商品信息后,单击主窗体中的"收款"按钮,能够自动生成销售单号,并在销售信息表中填写销售单号、销售日期和操作员信息。

(2)在插入完销售信息表中的记录的同时保存销售明细信息到销售明细表中。

3.任务分析

根据实际商品销售过程的要求,必须在向销售信息表中插入记录的同时,也要向销售明细表中插入销售明细记录,具体要求如下:

(1)向销售信息表(主表)插入记录在先;

(2)向销售明细表(从表)插入相关记录在后;

（3）上述步骤必须作为一个整体事务进行处理，否则，前后向两个表中插入的记录信息不一致。

4. 操作步骤

实现商品销售功能的具体操作如下：

（1）在"FrmMain"类中添加"GenerateSalesID"方法，用于自动生成销售单号。代码如下：

```
//GenerateSalesID()方法
private string GenerateSalesID()
{
    DbHelper db = new DbHelper();
    //1.获取销售信息表中已有记录的最大编号
    string sqlstring = "select max(sid) as maxid from sinfo";
    string maxid = db.ExecuteScalar(sqlstring).ToString();
    //2.生成销售单号格式,如"201309240001"
    sid = DateTime.Now.ToString("yyyyMMdd") + "0001";
    if(maxid == "")
    {
        return sid;
    }
    else
    {
        if(Convert.ToInt64(sid)>Convert.ToInt64(maxid))
            return sid;
        int no = int.Parse(maxid.Substring(8,4)) + 1;
        sid = DateTime.Now.ToString("yyyyMMdd") + no.ToString("0000");
        return sid;
    }
}
```

（2）添加"ClearDatatable"方法，实现对"dt"表中数据的清除和合计值的清零。代码如下：

```
//清空 DataTable 内存:ClearDatatable()方法
private void ClearDatatable()
{
    dt.Rows.Clear();
    txtTotal.Text = "0";
}
```

（3）添加"SaleGoods"方法，实现销售功能。代码如下：

```
//销售商品功能:SaleGoods()方法
private void SaleGoods(SysUtility.SaleMethod method)
{
    //1.调用方法 GenerateSalesID()生成销售单编号(sid)
    string sid = GenerateSalesID();
    DbHelper db = new DbHelper();
    db.BeginTransaction();   //2.事务开始
    Double totalMoney = 0;
    //3.根据是进货还是退货设置加减号
    int action = (int)method;
```

```
string oSale = " + ";
string oStore = " - ";
if(action = = 1)
{
    oSale = " + ";
    oStore = " - ";
}
else
{
    oSale = " - ";
    oStore = " + ";
}
try
{
    //4.插入记录于销售信息表中
    string insertinfo = "insert into sinfo (sid, stime, userid, smoney, stype) values (@sid,
    @stime, @userid, @smoney, @stype)";
    db.AddParameter("sid", id);
    db.AddParameter("stime", DateTime.Now);
    db.AddParameter("userid", SysUtility.UserID);
    db.AddParameter("smoney", oSale + totalMoney.ToString());
    db.AddParameter("stype", method);
    db.ExecuteNonQuery(insertinfo, DbHelper.ConnState.KeepOpen);
    foreach(DataGridViewRow gvr in gvSDetails.Rows)
    {
        //5.插入记录于销售明细表中
        string insert = "insert into sdetails (sid, gid, unitprice, scount) values (@sid, @
        gid, @unitprice, @scount)";
        db.AddParameter("sid", sid);
        db.AddParameter("gid", gvr.Cells["GID"].Value);
        db.AddParameter("unitprice", gvr.Cells["Price"].Value);
        db.AddParameter("scount", oSale + gvr.Cells["Scount"].Value);
        totalMoney + = Convert.ToDouble(gvr.Cells["TotalMoney"].Value);
        db.ExecuteNonQuery(insert, DbHelper.ConnState.KeepOpen);
        //6.修改商品信息表中的库存数量
        string update = "update ginfo set storenum = storenum" + oStore + "@storenum where
        gid = @gid";
        db.AddParameter("storenum", gvr.Cells["Scount"].Value);
        db.AddParameter("gid", gvr.Cells["GID"].Value);
        db.ExecuteNonQuery(update, DbHelper.ConnState.KeepOpen);
    }
    //7.更新销售信息表中的销售总金额
    string update1 = "update sinfo set SMoney = " + oSale + totalMoney + " where SID = @sid";
    db.AddParameter("sid", sid);
    db.ExecuteNonQuery(update1, DbHelper.ConnState.KeepOpen);
```

```
    db.CommitTransaction();         //8.事务提交
    ClearDatatable();               //9.清除 dt 表中的数据并对合计清零
}
catch(Exception ex)
{
    MessageBox.Show(ex.Message);
    db.RollbackTransaction();       //10.回滚事务
}
finally
{
    MessageBox.Show("操作成功");
    db.Dispose();
}
}
```

（4）找零窗体的设计。

在 VS 2010 的"解决方案资源管理器"中，选择"HcitPosSales"并右击，在弹出的快捷菜单中执行"添加"→"新建项"命令，在弹出的"添加新项"对话框中选择"Windows 窗体"，将该窗体命名为"FrmChange. cs"，用于实现结账找零提示功能。该窗体布局如图4-13所示（运行后的窗体效果），TextBox 控件命名自上而下分别为"txtTotalMoney""txtRecMoney"和"txtChange"，设置"FrmChange"窗体的"AcceptButton"属性为"btnConfirm"（"确定"按钮）。"FrmChange"窗体及其上控件属性见表 4-10。

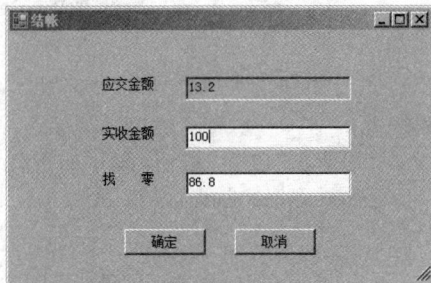

图 4-13　结账找零功能窗体布局

表 4-10　　　　　　　　　　FrmChange 窗体及其上控件属性值

控　件	属　性	值	说　明
Form	Name	FrmChange	FrmChange
	Text	结账	
	StartPosition	CenterScreen	
Label	Name	label1	label1
	Text	应交金额	
	Name	label2	label2
	Text	实收金额	
	Name	label3	label3
	Text	找零	
TextBox	Name	txtTotalMoney	txtTotalMoney,应收金额,只读
	ReadOnly	True	
	Name	txtRecMoney	实收金额,使用 TextCHanged 事件
	Name	txtChange	找零
Button	Name	btnbtnConfirm	确定按钮,使用 Click 事件
	Text	确定	
	Name	btnCancel	使用 Click 事件
	Text	取消	

（5）为该窗体添加公有方法"SetTotalMoney"，用于接收来自父窗体的消息。代码如下：

```csharp
public void SetTotalMoney(string money)
{
    txtTotalMoney.Text = money;
}
```

（6）为实收金额的文本输入框控件添加"TextChanged"事件，实现找零提示功能。代码如下：

```csharp
//txtRecMoney_TextChanged()事件方法
private void txtRecMoney_TextChanged(object sender,EventArgs e)
{
    double totalMoney = Convert.ToDouble(txtTotalMoney.Text);
    double recMoney = 0;
    if(txtRecMoney.Text! = "")
    {
        recMoney = Convert.ToDouble(txtRecMoney.Text);
    }
    txtChange.Text = Convert.ToString(recMoney - totalMoney);
}
```

（7）双击"收款"按钮，编写如下代码，实现收款功能：

```csharp
private void btnTrade_Click(object sender,EventArgs e)
{
    FrmChange frm = new FrmChange();
    frm.SetTotalMoney(txtTotal.Text);       //1.传送合计金额,调用找零窗体
    frm.ShowDialog();
    SaleGoods(SysUtility.SaleMethod.Sale); //2.调用 SaleGoods()方法实现商品销售
    SysUtility.dataSave = true;       //3.保存信息后,更新静态变量 dataSave 的值为 true
}
```

（8）双击"退货"按钮，编写如下代码，实现退货功能：

```csharp
private void btnReturn_Click(object sender,EventArgs e)
{
    FrmChange frm = new FrmChange();
    frm.SetTotalMoney(txtTotal.Text);
    frm.ShowDialog();
    SaleGoods(SysUtility.SaleMethod.Return);     //退货
}
```

（9）运行程序，录入数据，测试销售功能是否实现，如图 4-14 所示为运行结果。

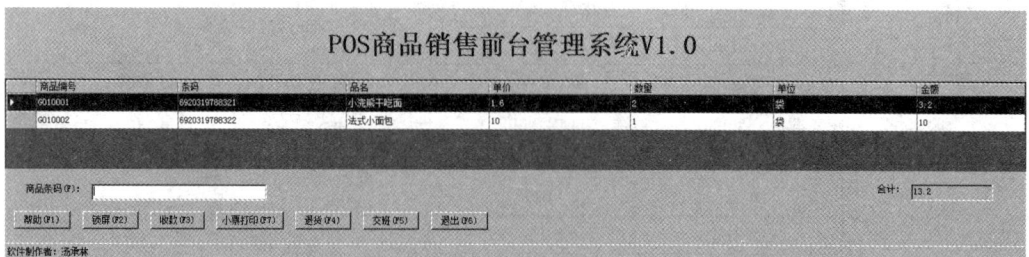

POS商品销售前台管理系统V1.0

商品编号	条码	品名	单价	数量	单位	金额
G010001	6920319788321	小洗麻干吧面	1.6	2	袋	3.2
G010002	6920319788322	法式小面包	10	1	袋	10

商品条码(F3): [　　　　　　　]　　　　合计: [13.2]

[帮助(F1)] [锁屏(F2)] [收款(F3)] [小票打印(F7)] [退货(F4)] [交易(F5)] [退出(F6)]

软件制作者:范来林

图 4-14　商品销售操作结果图

5. 注意点

(1)注意从"FrmMain"窗体向其他窗体传送的数据信息。

(2)注意静态变量的值的变化。

(3)TextBox 对象"txtRecMoney"的"TextChanged"事件,在控件上更改文本属性值时触发,也即修改文本值时自动改变"找零"文本框中的值;

(4)销售商品的方法"SaleGoods()"代码中,一定要先向销售信息表(SInfo)中插入记录,后向销售明细表(SDetails)中插入记录,否则违反主从表的外键约束关系;

(5)如下代码:

```
db.CommitTransaction();        //事务提交
ClearDatatable();              //清除 dt 表中数据并对合计清零
```

表示先提交了事务,后清除表"dt"中的信息,否则无法实现小票信息打印。

(6)注意代码中的注释,这能提高对代码功能的理解能力。

(7)注意各种方法编写的先后顺序。

任务 8　使用 RDLC 报表实现小票打印功能

1. 知识准备

为了能快速理解与掌握 RDLC 报表的功能,我们以商品销售 POS 管理系统的小票打印为例进行了讲解。

2. 任务要求

当录入销售的商品信息后,单击"收票"按钮,把销售信息插入到销售信息表(SInfo)和销售明细表(SDetails)后,就应打印销售小票给顾客,要求打印的小票格式如图 4-15 所示。

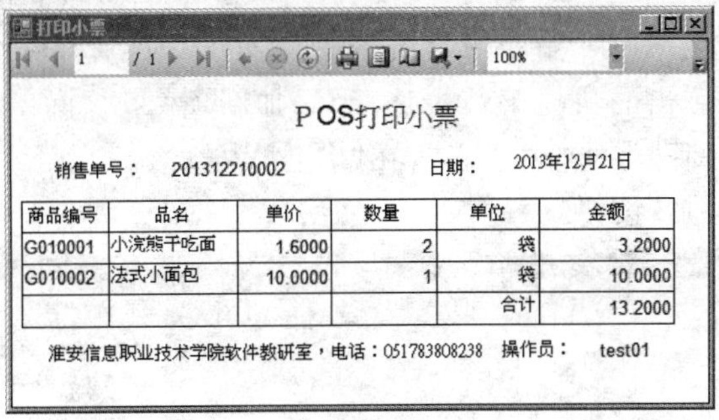

图 4-15　小票打印效果

3. 任务分析

从图 4-15 看出,小票具有三部分:

(1)页眉部分:包括标题文本、小票号(销售单号)和打印日期(注意格式要求);

(2)票体部分:包括记录标题和记录行,外加一行合计;

(3)页脚部分:含有销售单位信息和操作员工号。

为实现此小票打印功能,需要为报表设计三个参数:

(1)销售单号(sID):从刚插入的销售信息表中提取;

(2)销售日期(sDateTime):从系统日期中获取;

(3)操作员工号(userID):从静态变量获取。

4. 操作步骤

实现小票打印的操作步骤如下：

(1)在 VS 2010 的"解决方案资源管理器"中，选择"HcitPosSales"并右击，在弹出的快捷菜单中执行"添加"→"新建项"命令，在弹出的"添加新项"对话框中选择"Windows 窗体"，将该窗体命名为"FrmPrint"，其上控件及属性值见表 4-11。

表 4-11　　　　　　　　　　FrmPrint 及其上控件属性值

控 件	属 性	值	说 明
Form	Name	FrmPrint	FrmPrint，窗体处于屏幕中心
	Text	打印小票	
	StartPosition	CenterScreen	
ReportViewer	Name	reportView1	reportView 报表预览控件
	Dock	Fill	

(2)在工具箱"报表"(如图 4-16 所示)选项卡上拖动"RepoftViewer"控件到窗体"FrmPrint"上，设置其属性见表 4-11，"FrmPrint"窗体设计界面如图 4-17 所示。

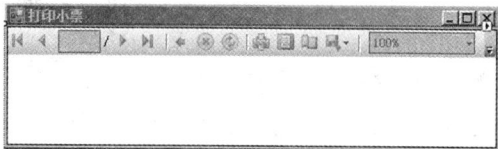

图 4-16　"报表"选项卡　　　　　　图 4-17　任务 4.8 设计界面

(3)右击"reportViewer1"报表控件，在弹出的快捷菜单中选择"属性"，设置"ShowToolBar"属性为"False"，如图 4-18 所示。

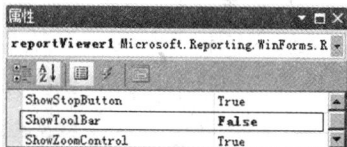

(4)创建 RDLC 报表。右击"解决方案资源管理器"中的"HcitPosSales"节点，在弹出的快捷菜单中选择"添加新项"，出现如图 4-19 所示的对话框，选择"报表"，在"名称"中输入"Report1. rdlc"，单击"添加"按钮。

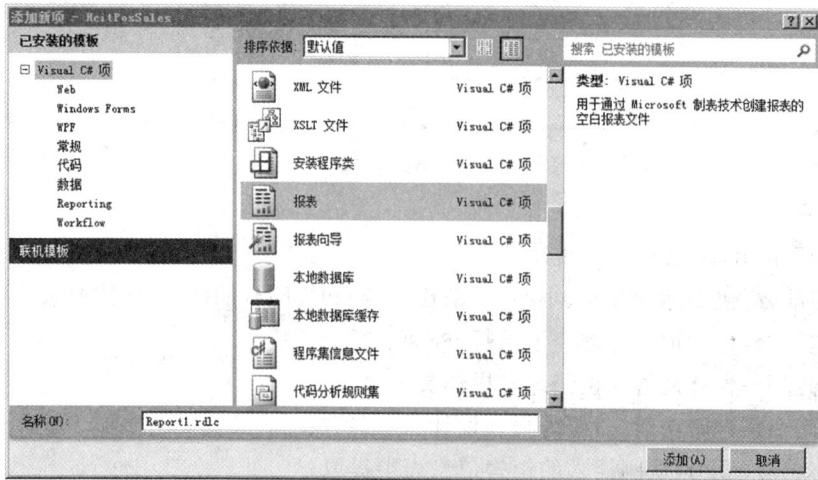

图 4-18　"reportView1"属性设置

图 4-19　创建"报表"实例

（5）创建数据集。双击"Report1.rdlc"报表，在 VS 2010"视图"菜单中选择"报表数据"，出现如图 4-20 所示的"报表数据"窗体，选择左侧的"新建"→"数据集"。

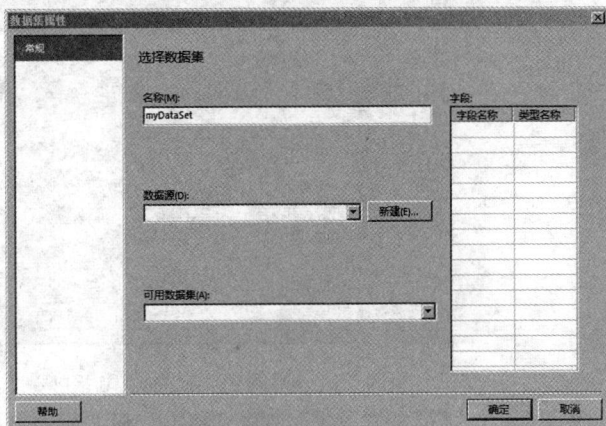

（6）之后，出现如图 4-21 所示的界面，在"名称"文本框中输入"myDataSet"。

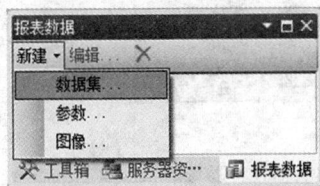

图 4-20 "报表数据"窗体　　　　　　　　　图 4-21 "数据集属性"窗体 1

（7）单击"新建"按钮，出现"数据源配置向导"窗体。创建"数据集"，选择"数据库"，单击"下一步"按钮，继续选择"数据集"，如图 4-22 所示。

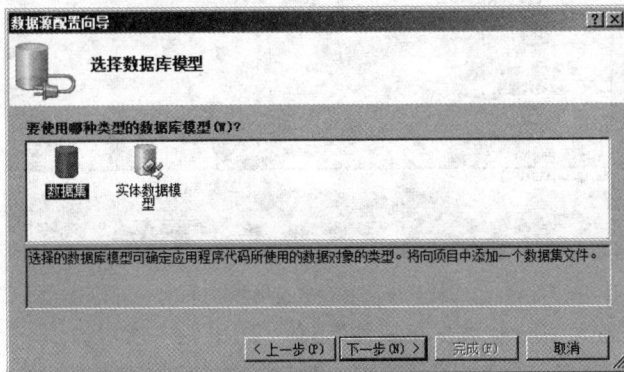

图 4-22 "数据源连接向导"1

（8）出现如图 4-23 所示的界面，单击"连接字符串"前的"＋"号，展开"连接字符串"。

（9）单击"下一步"按钮，则在"App.config"配置文件中增加如下代码：

```
<!--Windows 身份验证-->
<add name = "HcitPosSales.Properties.Settings.HcitPosConnectionString"
connectionString = "Data Source = .;Initial Catalog = HcitPos;Integrated Security = True"
providerName = "System.Data.SqlClient"/>
```

也可修改为"SQL Server 混合模式"，其代码为：

```
<!--SQL Server 混合模式-->
<add name = "HcitPosSales.Properties.Settings.HcitPosConnectionString"
connectionString = "Server = .;Database = HcitPos;Uid = sa;Pwd = 123"
providerName = "System.Data.SqlClient"/>
```

（10）单击"下一步"按钮，出现如图 4-24 所示的界面，展开"视图"节点，选择"VSDetails"（前面在 SQL Server 2008 R2 中已经创建的视图）。设置 DataSet 名称为"HcitPosDataSet"。

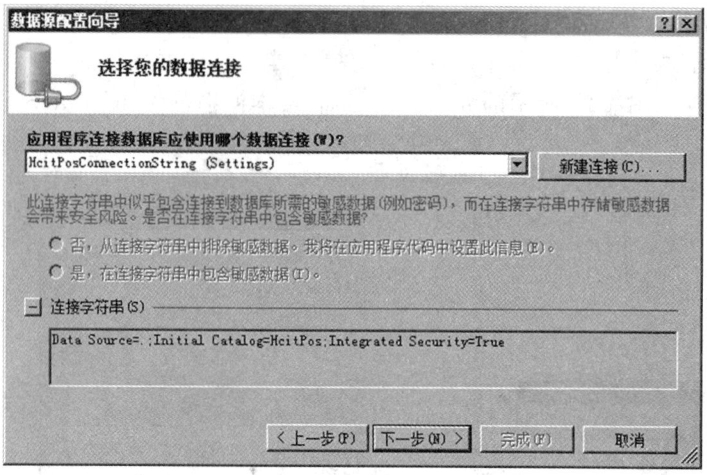

图 4-23   "数据源连接向导"2

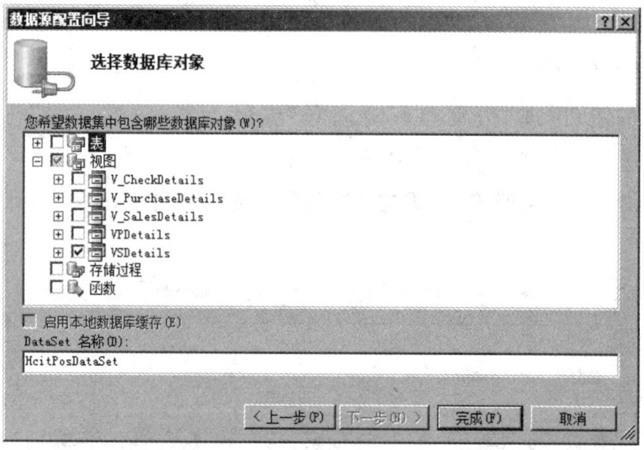

图 4-24   "数据源连接向导"3

(11)单击"完成"按钮,呈现"数据集属性"窗体,如图 4-25 所示。

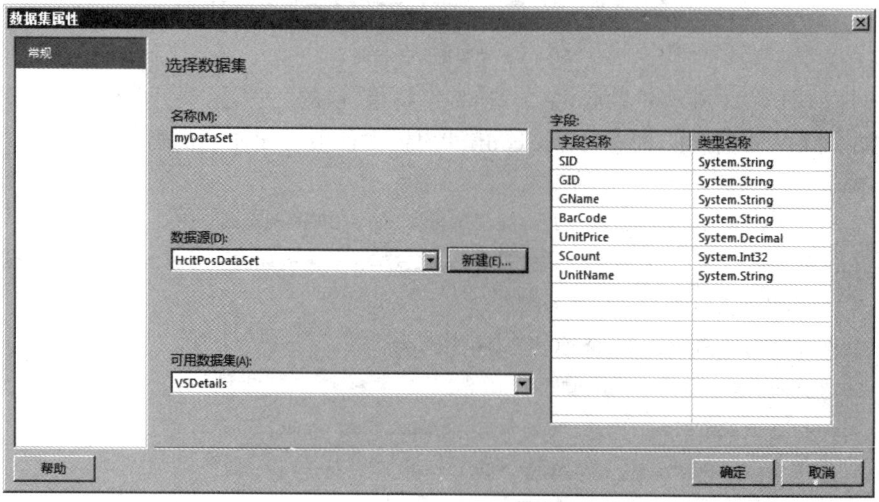

图 4-25   "数据集属性"窗体 2

(12)最后在"报表数据"窗体中出现数据集"HcitPosDataSet"和数据表"myDataSet";在

"解决方案资源管理器"中出现"HcitPosDataSet. xsd"数据集,如图 4-26 所示。

图 4-26   报表数据和数据集

(13)右击"Report1. rdlc"报表空白处,出现如图 4-27 所示的界面。

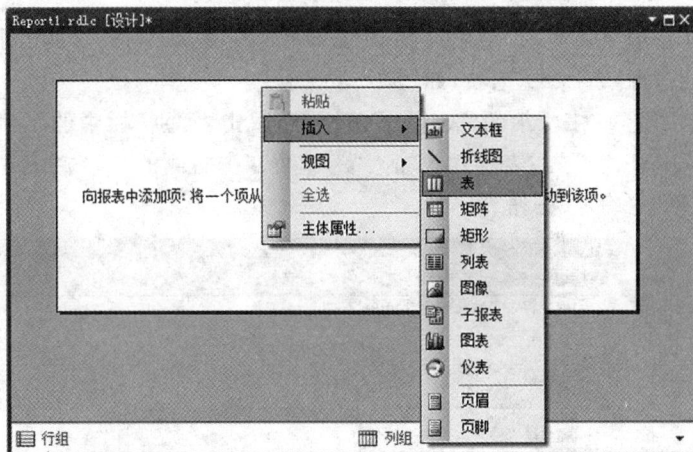

图 4-27   报表设计 1

(14)选择"插入"→"表"选项,出现如图 4-28 所示的界面。

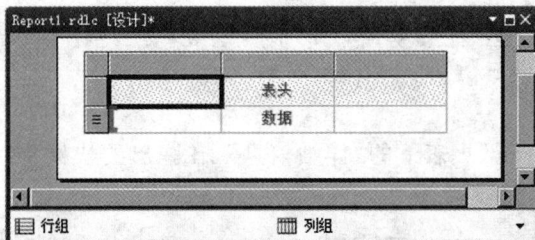

图 4-28   报表设计 2

(15)拖动"报表数据"中的"myDataset"下各列到"Report1. rdlc"中,最后出现如图 4-29 所示的界面。

或者选中列右击,在弹出的快捷菜单中选择"插入列"→"靠右"(或"靠左"),如图 4-30所示。

图 4-29　报表设计 3　　　　　　　　　　　　　图 4-30　报表设计 4

在新增加的列上面的文本框中输入列标题(使用中文),如"商品编号";在新增加的列下面的文本框中单击图标"▤",选择列名,如"GIDNo"(对应于"商品编号"),如图 4-31 所示,继续执行此步骤,直至所有列都设置好。

(16)或修改拖动产生的报表列标题,其列标题为中文,并调整列宽,如图 4-32 所示。

图 4-31　报表设计 5

商品编号	品名	单价	数量	单位
[GID]	[GName]	[UnitPrice]	[SCount]	[UnitName]

图 4-32　报表设计 6

(17)在报表最右边增加一列"金额"(其值为"单价"和"数量"的积),右击下面的文本框,在弹出的快捷菜单中选择"表达式"选项,如图 4-33 所示。

(18)之后弹出如图 4-34 所示的"表达式"对话框,双击"类别"栏中的"字段",然后双击右侧的"值"栏中的"UnitPrice",在表达式中输入" ＊ ",再双击右侧的"值"栏中的"SCount"(右括号")"不可忽略),单击"确定"按钮。

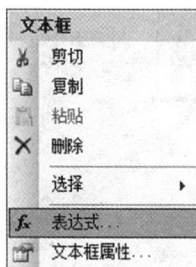

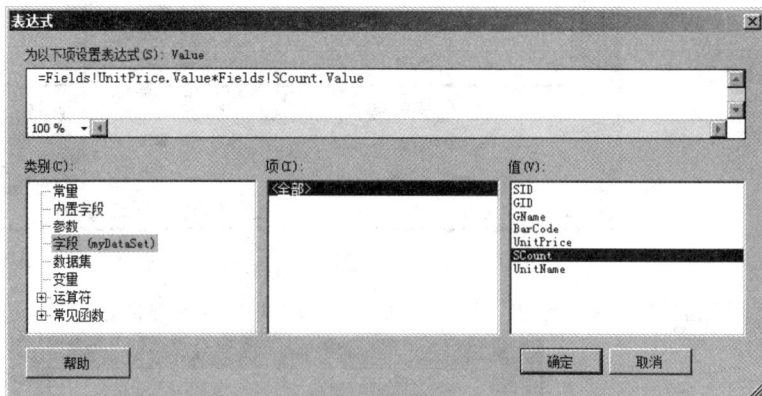

图 4-33　报表设计 7　　　　　　　　　图 4-34　报表设计"表达式"对话框

(19)右击"Report1.rdlc"报表下的"详细信息",在弹出的快捷菜单中选择"添加总计"→"晚于",如图 4-35 所示。

(20)之后在报表第二行后增加一行,在"单位"文本框下方的空白文本框中输入"合计",在"合计"文本框右侧的文本框中输入表达式"＝Sum(Fields! UnitPrice. Value ＊ Fields! SCount. Value)"。

(21)选择任意一个文本框并右击,出现如图 4-33 所示的快捷菜单,选择"文本框属性",弹出"文本框属性"对话框,如图 4-36 所示,选择"边框"选项卡,双击"外边框",设置好输出表格边框。

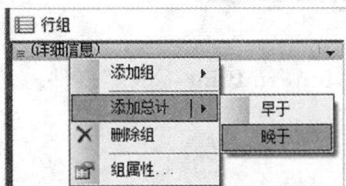

图 4-35　报表设计"插入行"　　　　　　　　　图 4-36　"文本框属性"对话框

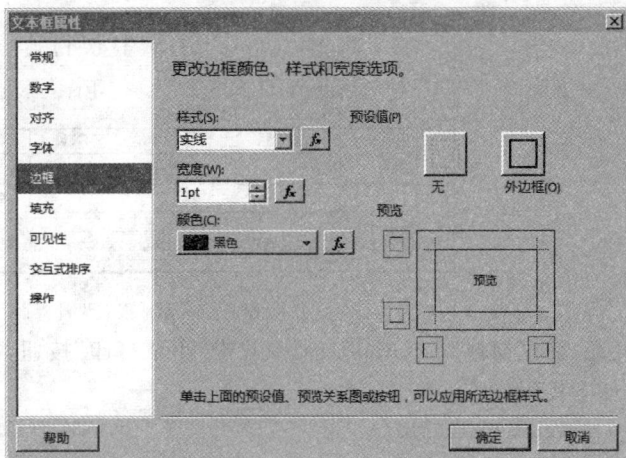

（22）为报表添加"报表参数"。在"报表数据"中右击"参数"节点，在弹出的快捷菜单中选择"添加参数"，如图 4-37 所示。弹出如图 4-38 所示的对话框，共添加"sID"（销售单号）、"userID"（操作员工号）和"sDateTime"（销售时间）三个报表参数。

图 4-37　在"报表数据"中添加报表参数　　　　图 4-38　"报表参数属性"对话框

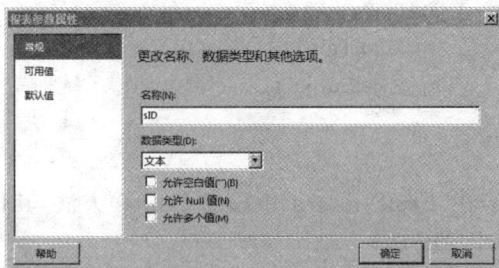

（23）为报表添加"页眉"和"页脚"。右击报表设计界面下方空白处，弹出如图 4-39 所示菜单，选择"添加页眉"和"添加页脚"（或在右击报表设计界面弹出的菜单中选择"插入"菜单项下的"页眉"和"页脚"）。

（24）调整报表设计界面。插入一张图片，在如图 4-40 所示的"工具箱"中拖动几个文本框，在相应文本框中设置文本框内容，并拖动三个报表参数至相应文本框。最终的报表设计效果如图 4-41 所示。

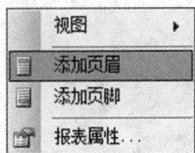

图 4-39　添加"页眉"和"页脚"　　　　　　　图 4-40　报表设计"工具箱"

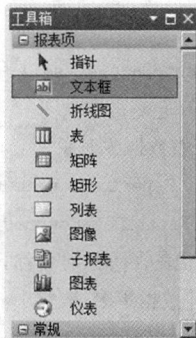

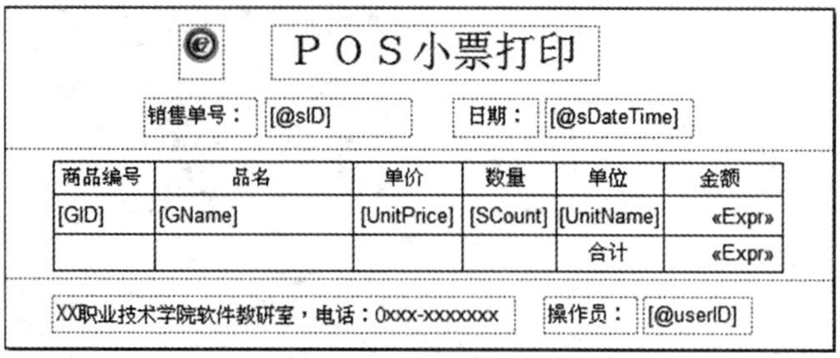

图 4-41 调整报表设计界面

（25）在主窗体"FrmMain. cs"中双击"小票打印"按钮，在"btnFrmPrint_Click"事件方法中输入如下代码：

```
//btnPrint_Click()方法
private void btnPrint_Click(object sender,EventArgs e)
{
    if(!SysUtility.dataSave)
        btnTrade_Click(sender,e);
    else
    {
        FrmPrint fp = new FrmPrint();
        fp.Print(sid);
        fp.ShowDialog();
    }
}
```

（26）在"FrmPrint. cs"中添加 Print()方法，其代码如下：

```
//Print()方法
public void Print(string sid)
{
    //1.创建数据表和数据集
    DataTable da;
    DbHelper db = new DbHelper();
    DataSet ds = new DataSet();
    string sql = "select * from VSDetails where sid = @sid";
    db.AddParameter("sid",sid);
    try
    {
        ds = db.ExecuteDataSet(sql);
        da = ds.Tables[0];
        //2.建立报表数据源对象
        Microsoft. Reporting. WinForms. ReportDataSource rsource = new Microsoft. Reporting.
        WinForms.ReportDataSource();
        /* 3.获取报表数据源的名称,注:如果绑定数据源时未重新命名,则在此处必须设数据源名
            称为[数据集名_表名]*/
        rsource.Name = "myDataSet";
        //4.封装绑定的数据集给报表数据源
```

```
        rsource.Value = da;
        //5.清除本地缓存中的报表数据
        this.reportViewer1.LocalReport.DataSources.Clear();
        //6.加载设置的新报表数据源
        this.reportViewer1.LocalReport.DataSources.Add(rsource);
        //7.添加报表参数
        ReportParameter rp1 = new ReportParameter("sID",sid);
        ReportParameter rp2 = new ReportParameter("userID",SysUtility.UserID);
        ReportParameter rp3 = new ReportParameter("sDateTime",DateTime.Now.ToString("yyyy 年
        MM 月 dd 日"));
        //8.设置本发报表路径及报表参数属性
        this.reportViewer1.LocalReport.ReportPath = "Report1.rdlc";
        this.reportViewer1.LocalReport.SetParameters(new ReportParameter[]{ rp1,rp2,rp3 });
        //9.刷新报表数据
        this.reportViewer1.RefreshReport();
    }
    catch(Exception ex)
    {
        MessageBox.Show(ex.Message);
    }
    finally
    {
        db.Dispose();
        SysUtility.dataSave = false;
    }
}
```

(27)运行"POS 商品销售前台销售系统",录入商品条码,并单击"收款"和"小票打印"按钮,其打印效果图如图 4-15 所示。

5. 注意点

(1)本任务并不难以理解,报表设计仍然采用 ADO.NET 对象的数据集与报表对象绑定,因而在设计过程中特别注意数据集的生成。总结如下:

①连接串

```
connString = System.Configuration.ConfigurationManager.
ConnectionStrings["StuScoreConnectionString"].ConnectionString;
```

②T-SQL 查询语句

```
myCmd.CommandText = "Select * from tblStuScore where ClassID = @classID and Term = @term";
```

③绑定报表数据源

```
Microsoft.Reporting.WinForms.ReportDataSource rsource = new Microsoft.Reporting.winForms.
ReportDataSource();
rsource.Name = "myDataSet";
rsource.Value = myDataSet.Tables[0];
this.reportViewer1.LocalReport.DataSources.Add(rsource);
```

④设置报表路径

```
this.reportViewer1.LocalReport.ReportPath = AppDomain.CurrentDomain.BaseDirectory + "Report1.
rdlc";
```

（2）本任务 RDLC 报表没有实现页面设置和分页打印功能，仅供初学者学习 RDLC 报表使用。

任务 4.9　商品销售 POS 操作过程

1. 知识准备

我们在超市里购买商品时，经常看到销售人员手持一台条码扫描器，对着商品包装上的条码扫描，销售的商品信息会自动出现在电脑屏幕上；另一方面也可以通过单击屏幕或键盘输入一定的商品信息实现商品销售。

2. 任务要求

理解商品 POS 销售过程。

（1）实现当执行商品销售 POS 程序后，输入操作员（销售员）的登录信息，出现商品销售 POS 主界面。

（2）实现当扫描商品条码或手动输入条码时会自动读取商品信息并显示在屏幕上。

（3）实现扫描同样的商品或销售信息中已有的商品时，会自动增加该商品销售数量。

（4）当单击"收款"按钮时，会出现找零窗口。

（5）当单击"打印小票"按钮时，出现商品销售模拟打印小票信息。

3. 任务分析

根据任务要求，商品销售 POS 管理系统操作流程如图 4-42 所示。

4. 操作步骤

（1）执行商品销售 POS 程序，进入如图 4-43 所示的操作界面，输入操作员的工号和密码，单击"确定"按钮。

（2）输入登录信息后，进入销售主界面，使用扫描器或手动输入三种商品的条码，则在网格中自动产生相关商品的商品编号、条码、品名、单价、数量、单位和金额信息，并在合计中自动统计销售单中的总金额，见图 4-14。

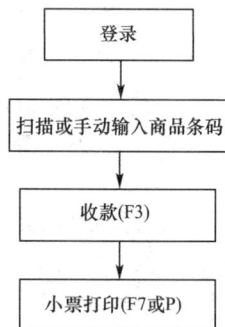

图 4-42　操作流程

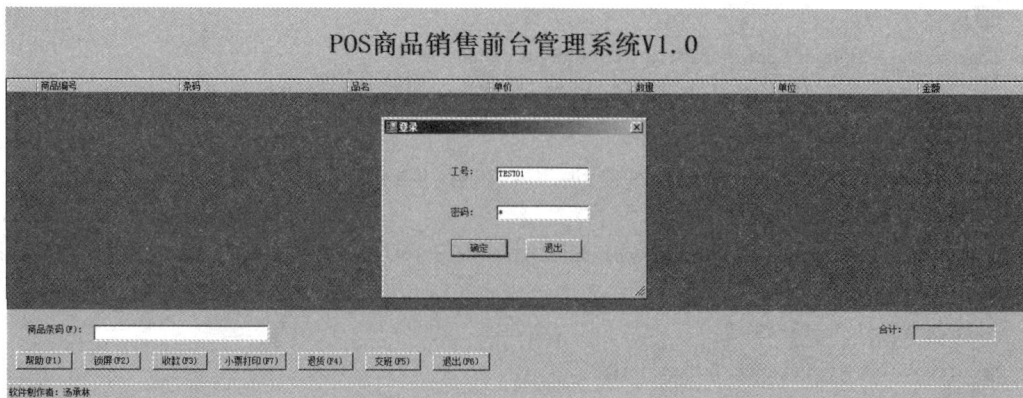

图 4-43　登录界面

（3）单击"收款"按钮（或按 F4 键），出现如图 4-13 所示的找零界面。

（4）单击"小票打印"按钮（或按 F7 键或 P 键），出现如图 4-44 所示的打印预览界面。

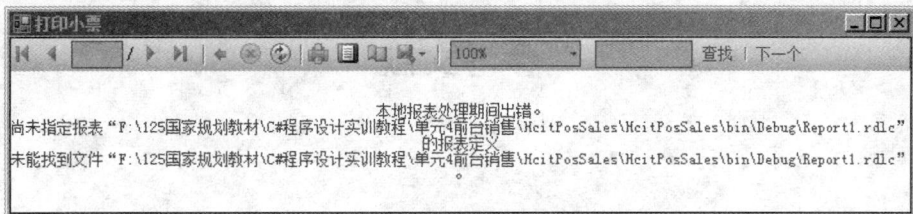

图 4-44　小票打印预览问题

5. 注意点

（1）请读者按操作步骤操作，注意前后数据的一致性。

（2）输入工号为"TEST01"、密码为"1"。

（3）输入第一件商品条码为"6920319788321"，第二件商品条码为"6920319788322"，第三次仍输入第一件商品条码，观察第一件商品的销售数量的变化。

（4）在单击"小票打印"按钮后，可能无法看到报表预览效果，出现如图 4-44 所示的错误提示，出现此问题时把"HcitPosSales \ HcitPosSales"文件夹下的"Report1. rdlc"文件复制到"HcitPosSales \ HcitPosSales \ bin \ debug"文件夹下。

单元小结

本单元讲述了商品进销售存管理系统中前台销售子系统（商品销售 POS 前台管理系统）的实现过程。该子系统由于要安装到不同的客户端上，所以将其开发为一个独立的应用程序。由于在实际运行环境中客户端没有鼠标，所以本模块内容涉及窗体的键盘事件处理这一新知识点。

至此，POS 进销存系统前后台的开发过程及核心代码已经介绍完毕，读者可以结合源代码反复练习，并认真体会开发流程。

参考文献

[1] 李林,项刚.C♯程序设计[M].北京:高等教育出版社,2013.

[2] 邵顺增,李琳.C♯程序设计:Windows项目开发[M].北京:清华大学出版社,2008.

[3] 李德奇.Windows程序设计案例教程(C♯)[M].大连:大连理工大学出版社,2007.

[4] 张怀庆,谢益诚,洪槲.Visual C♯.NET编程精粹150例[M].北京:冶金工业出版社,2005.

[5] 林邦杰.深入浅出C♯程序设计[M].北京:中国铁道出版社,2005.

[6] Visual C♯ 2010程序设计基础与实例教程[M].北京:研究出版社,2008.

[7] 耿肇英,周真真,耿燚.C♯应用程序设计教程[M].北京:人民邮电出版社,2007.

[8] Visual C♯ 2010程序设计基础与实例教程[M].北京:研究出版社,2008.

[9] 徐布克,朱丽娟..NET程序设计案例教程(Visual C♯ 2008基础篇)[M].北京:中国铁道出版社,2008.

[10] 宋桂岭.C♯程序设计项目教程[M].北京:北京大学出版社,2010.

[11] 黄锐军.C♯程序设计项目实训教程[M].北京:化工出版社,2010.

[12] 张跃廷,韩阳,张宏宇.C♯数据库系统开发案例精选[M].北京:人民邮电出版社,2007.

[13] 刘培林,黄翀,史茨中.C♯可视化程序设计案例教程[M].北京:机械工业出版社,2009.

[14] 刘克成,张凌晓.C♯程序设计[M].北京:中国铁道出版社,2007.

[15] 邵顺增,李琳.C♯程序设计:Windows项目开发[M].北京:清华大学出版社,2008.

[16] 王平华.C♯程序设计项目教程[M].北京:中国铁道出版社,2008.

[17] 李德奇.Windows程序设计案例教程(C♯)[M].大连:大连理工大学出版社,2007.

[18] 徐布克,朱丽娟..NET程序设计案例教程(Visual C♯ 2008基础篇)[M].北京:中国铁道出版社,2008.